21 世纪高等学校计算机教育实用规划教材

C语言程序设计基础教程

于延 张军 主编

么丽颖 张必英 常亮 副主编

清华大学出版社

北京

内 容 简 介

本书从培养应用型人才的角度出发,系统地介绍了C语言编程的基本知识和程序设计的基本方法,内容包括C语言概述、基本数据类型、运算符和表达式、控制结构、函数、作用域和存储类别、数组、指针、字符串、结构体和共用体、编译预处理、文件。各章配有大量例题和练习。

本书可作为各类高等院校非计算机专业计算机公共基础课程的教学用书,也可作为计算机等级考试和自学参考用书。

图书在版编目(CIP)数据

C语言程序设计基础教程/于延,张军主编.—北京:清华大学出版社,2011.1
(21世纪高等学校计算机教育实用规划教材)
ISBN 978-7-302-23507-1

Ⅰ.①C… Ⅱ.①于…②张… Ⅲ.①C语言—程序设计—教材 Ⅳ.①TP312

中国版本图书馆 CIP 数据核字(2010)第 157143 号

责任编辑:付弘宇 张为民
责任校对:梁 毅
责任印制:李红英
出版发行:清华大学出版社   地   址:北京清华大学学研大厦 A 座
         http://www.tup.com.cn   邮   编:100084
         社 总 机:010-62770175   邮   购:010-62786544
         投稿与读者服务:010-62795954,jsjjc@tup.tsinghua.edu.cn
         质 量 反 馈:010-62772015,zhiliang@tup.tsinghua.edu.cn
印 装 者:北京鑫海金澳胶印有限公司
经   销:全国新华书店
开   本:185×260 印 张:19 字 数:470 千字
版   次:2011 年 1 月第 1 版   印 次:2011 年 1 月第 1 次印刷
印   数:1～3000
定   价:29.50 元

产品编号:037053-01

出版说明

随着我国高等教育规模的扩大以及产业结构调整的进一步完善,社会对高层次应用型人才的需求将更加迫切。各地高校紧密结合地方经济建设发展需要,科学运用市场调节机制,合理调整和配置教育资源,在改革和改造传统学科专业的基础上,加强工程型和应用型学科专业建设,积极设置主要面向地方支柱产业、高新技术产业、服务业的工程型和应用型学科专业,积极为地方经济建设输送各类应用型人才。各高校加大了使用信息科学等现代科学技术提升、改造传统学科专业的力度,从而实现传统学科专业向工程型和应用型学科专业的发展与转变。在发挥传统学科专业师资力量强、办学经验丰富、教学资源充裕等优势的同时,不断更新教学内容、改革课程体系,使工程型和应用型学科专业教育与经济建设相适应。计算机课程教学在从传统学科向工程型和应用型学科转变中起着至关重要的作用,工程型和应用型学科专业中的计算机课程设置、内容体系和教学手段及方法等也具有不同于传统学科的鲜明特点。

为了配合高校工程型和应用型学科专业的建设和发展,急需出版一批内容新、体系新、方法新、手段新的高水平计算机课程教材。目前,工程型和应用型学科专业计算机课程教材的建设工作仍滞后于教学改革的实践,如现有的计算机教材中有不少内容陈旧(依然用传统专业计算机教材代替工程型和应用型学科专业教材),重理论、轻实践,不能满足新的教学计划、课程设置的需要;一些课程的教材可供选择的品种太少;一些基础课的教材虽然品种较多,但低水平重复严重;有些教材内容庞杂,书越编越厚;专业课教材、教学辅助教材及教学参考书短缺,等等,都不利于学生能力的提高和素质的培养。为此,在教育部相关教学指导委员会专家的指导和建议下,清华大学出版社组织出版本系列教材,以满足工程型和应用型学科专业计算机课程教学的需要。本系列教材在规划过程中体现了如下一些基本原则和特点。

(1)面向工程型与应用型学科专业,强调计算机在各专业中的应用。教材内容坚持基本理论适度,反映基本理论和原理的综合应用,强调实践和应用环节。

(2)反映教学需要,促进教学发展。教材规划以新的工程型和应用型专业目录为依据。教材要适应多样化的教学需要,正确把握教学内容和课程体系的改革方向,在选择教材内容和编写体系时注意体现素质教育、创新能力与实践能力的培养,为学生知识、能力、素质协调发展创造条件。

(3)实施精品战略,突出重点,保证质量。规划教材建设仍然把重点放在公共基础课和专业基础课的教材建设上;特别注意选择并安排一部分原来基础比较好的优秀教材或讲义修订再版,逐步形成精品教材;提倡并鼓励编写体现工程型和应用型专业教学内容和课程体系改革成果的教材。

（4）主张一纲多本，合理配套。基础课和专业基础课教材要配套，同一门课程可以有多本具有不同内容特点的教材。处理好教材统一性与多样化，基本教材与辅助教材，教学参考书，文字教材与软件教材的关系，实现教材系列资源配套。

（5）依靠专家，择优选用。在制订教材规划时要依靠各课程专家在调查研究本课程教材建设现状的基础上提出规划选题。在落实主编人选时，要引入竞争机制，通过申报、评审确定主编。书稿完成后要认真实行审稿程序，确保出书质量。

繁荣教材出版事业，提高教材质量的关键是教师。建立一支高水平的以老带新的教材编写队伍才能保证教材的编写质量和建设力度，希望有志于教材建设的教师能够加入到我们的编写队伍中来。

21 世纪高等学校计算机教育实用规划教材编委会

联系人：魏江江 weijj@tup. tsinghua. edu. cn

前　言

　　C 语言作为一种适用于开发系统软件及应用软件的计算机语言,已经成为计算机程序设计语言的主流语种。"C 语言程序设计"课程是高校计算机专业的专业基础课,也是很多非计算机专业理科学生的必修课。虽然目前功能最强、最受用户青睐的语言是 Java 和 C++,但学 Java 或 C++来入门是不妥的,因为 C++是在 C 语言的基础上开发的,且 Java 与 C 也有千丝万缕的联系,在 Java 环境下就可以直接用 C 语言程序,因而用 C 语言作为入门语言是最佳的选择。

　　编者多年从事程序设计课程的教学以及应用软件的开发,针对软件开发应用领域中程序设计的要求,在程序设计教学过程中,避免陷入程序设计语言繁杂的语法和格式,将主要精力集中在所要解决的实际问题上,从知识点以及具体问题出发,掌握如何通过程序设计来解决问题。

　　本书基本依据 ANSI C 标准编写,并参考教育部和一些高校计算机专业的"C 语言程序设计"教学大纲,对内容进行了精心的选择和组织,以满足各个专业学习及应用计算机的要求。例题部分强调对基本概念、原理和方法的运用能力,围绕基本算法,按照循序渐进、覆盖面广、重点突出的原则进行选题,目的是解难释疑、开阔思路。

　　本书努力体现以下特色:

　　(1) 本书主要是为大学计算机程序设计首选教学语言 C 编写的教材,同时兼顾广大计算机用户和自学爱好者,适合教学和自学。

　　(2) 既介绍 C 语言的使用,又介绍程序设计的基本方法和技巧。

　　(3) 重视良好的编程风格和习惯的培养。

　　(4) 力求做到科学性、实用性、通俗性三者的统一。编者希望本书通俗易懂的叙述方式能方便广大读者的学习。

　　(5) 在内容编排上不同于以往的其他教材,充分地考虑到初学者的实际情况,由浅入深,难点分散。

　　通过本书这种特色的教学模式,可以更好地实现高等教育人才培养的目标。不仅要让学生学习程序设计的基本概念和方法,掌握编程的技术,更重要的是培养学生针对生产实际分析问题和解决问题的能力,培养学生程序设计的能力和计算机操作能力。

　　本书由于延、张军任主编,么丽颖、张必英、常亮任副主编,各章编写分工如下:于延编写第 1、6、7、8、10 章和附录,张军编写第 3、12 章,么丽颖编写第 2、11 章,张必英编写第 5、9 章,常亮编写第 4 章。全书由于延和张军统稿。

本书不但适合高等院校应用型本科专业使用,而且适合高职高专各类学校,还可作为计算机岗位培训的教学用书,或作为程序设计爱好者的学习参考书。与本书配套的习题集以及上机指导也将随后出版。本书的课件可以从清华大学出版社网站(www. tup. tsinghua. edu. cn)下载,使用中如果出现问题请联系 fuhy@tup. tsinghua. edu. cn。

由于编者水平有限,书中不妥之处在所难免,敬请广大读者批评指正。

编　者

2010 年 5 月

目 录

X

第1章 | 计算机程序设计导论

　　随着计算机的不断普及和计算机应用的不断扩展,软件开发在当今是一个非常热门的专业。在目前以及未来,软件人才将是世界上缺口最大也是最抢手的人才。计算机技术已渗透到各个行业、各个角落,计算机软件在每个行业、每个领域和每个部门中都发挥重要的作用。而目前在我国,计算机软件的应用还仅仅局限在"使用软件"的范围内,在很长一个时期内对计算机软件产品的需求和计算机软件人才的需求仍是非常大的。特别需要指出的是,在计算机软件人才中,复合型、交叉型的软件人才奇缺。事实证明,一个纯计算机专业的毕业生,对其他专业往往涉猎很少,这样他对于一些专业性较强的软件往往不得要领,需要和其他专业人才合作才可以完成软件设计,而且如果双方的沟通和理解不是很好,设计出的软件在功能设计和可扩展方面都会有很大局限。所以,任何一个专业的人才群体中都应该而且也需要有一定比例的、掌握计算机软件设计技术的复合型人才,这样才能更好地利用计算机技术为本专业的研究服务。

　　本章介绍程序设计、算法、流程图等有关知识。

1.1　计算机程序设计语言概述

　　在软件开发的过程中,编程语言的选择是很关键的。编程语言的优良特性加上良好的编程风格,极大地影响着软件开发的进程,对确保软件的可靠性、可读性、可测试性、可维护性以及可重用性等起着重大的作用。

　　计算机程序设计语言的发展大致经历了机器语言、汇编语言、高级语言(面向过程的程序设计语言)以及面向对象的程序设计语言四个阶段。

　　(1) 机器语言

　　机器语言是最底层的计算机语言,其指令和数据都是由二进制代码(由 0 和 1 组成)直接组合而成。用机器语言编写的程序,计算机硬件可以直接识别。对于不同的计算机硬件(主要是微处理器),其机器语言是不同的。因此,针对一种计算机所编写的机器语言程序不能在另一种计算机上运行。由于机器语言程序是直接针对计算机硬件的,因此它的执行效率比较高,能充分发挥计算机的速度性能。但是,用机器语言编写程序的难度比较大,容易出错,而且程序的直观性比较差,也不容易移植。

　　(2) 汇编语言

　　为了便于理解与记忆,人们采用能帮助记忆的英文缩写符号(称为指令助记符)来代替机器语言指令代码中的操作码,用地址符号来代替地址码。用指令助记符及地址符号书写的指令称为汇编指令(也称符号指令),而用汇编指令编写的程序称为汇编语言源程序。汇编语言又称符号语言。

汇编语言、机器语言与机器(计算机硬件系统)一般是一一对应的。因此,汇编语言也是与具体使用的计算机有关的。由于汇编语言采用了助记符,因此它比机器语言直观,容易理解和记忆。用汇编语言编写的程序也比机器语言程序易读、易检查、易修改。但是,计算机不能直接识别用汇编语言编写的程序,必须由一种专门的翻译程序将汇编语言源程序翻译成机器语言程序后,计算机才能识别并执行。这种翻译的过程称为"汇编",负责翻译的程序称为汇编程序。

（3）高级语言(面向过程的程序设计语言)

机器语言和汇编语言都是面向机器的语言,一般称为低级语言。低级语言对机器的依赖性大,用它们开发的程序通用性很差。

随着计算机技术的发展以及计算机应用领域的不断扩大,计算机用户的队伍也在不断壮大。为了使广大计算机用户也能胜任程序的开发工作,从 20 世纪 50 年代中期开始逐步发展了面向问题的程序设计语言,称为高级语言。高级语言与具体的计算机硬件无关,其表达方式接近于被描述的问题,易于接受和掌握。用高级语言编写程序要比低级语言容易得多,并大大简化了程序的编制和调试过程,使编程效率得到大幅度的提高。高级语言的显著特点是不依赖于计算机硬件,通用性和可移植性好。

目前,计算机高级语言已有上百种之多,得到广泛应用的有十几种,如 BASIC、FORTRAN、Pascal、C、COBOL、dBASE、FoxBASE 等。这些高级语言也可以称为面向过程的程序设计语言。它的主要特征是程序由过程定义和过程调用组成,即：程序＝过程定义＋过程调用。

BASIC(Beginner's All-purpose Symbolic Instruction Code,初学者通用符号指令代码)语言是国际上广泛使用的一种计算机高级语言,它是一种解释执行的交互式会话语言。BASIC 语言简单、易学,目前仍是计算机入门的主要学习语言之一。

FORTRAN(FORmula TRANslation,公式翻译)语言是目前国际上广泛流行的一种高级语言,适用于科学计算,是专门为科学、工程问题中的那些能够用数学公式表达的问题而设计的语言,主要用于数值计算。这种语言简单易学,因为可以像抄写数学教科书里的公式一样书写数学公式,它比英文书写的自然语言更接近数学语言。

COBOL(Common Business Oriented Language,面向商业的通用语言)是商业数据处理中广泛使用的语言。

Pascal 语言是 20 世纪 70 年代初发展起来的一种结构化程序设计语言,它具有丰富的数据结构类型和优良的结构化特性,最初是作为一种教学语言推出的,后来得到广泛应用。

C 语言最初作为 UNIX 操作系统所使用的主要语言,它具有很强的功能以及高度的灵活性,和其他结构化语言一样,能够提供丰富的数据类型以及功能丰富而强大的运算符。

dBASE 和 FoxBASE 语言是用 C 语言编写的、专门用来处理数据库的编程语言。

（4）面向对象的程序设计语言

面向对象的程序设计语言是一种新的程序设计范型,其主要特征是：程序＝对象＋消息。面向对象程序的基本元素是对象,其主要特点是：程序一般由类的定义和类的使用两部分组成;在主程序中定义各对象并规定它们之间传递消息的规律,程序中的一切操作都是通过向对象发送消息来实现的;对象收到消息后,启动有关方法来完成相应的操作。面向对象的程序设计语言也有很多,如 C++,C♯,Visual Basic,Delphi,LISP,PROLOG,Java 等。

关于面向对象的程序设计语言,不在本书的讨论范围,建议读者在学完本书的内容以后,再继续学习 C++语言。

1.2 关于 C 语言

1.2.1 C 语言的诞生和发展

早期的系统软件几乎都是由汇编语言编写的。汇编语言过分地依赖硬件,可移植性很差。在这台计算机上编写的软件移植到另一台计算机上很可能无法运行。一般高级语言又难于实现汇编语言的某些功能,不能很方便地对底层硬件进行灵活的控制和操作。所以人们急于寻找一种既有高级语言特点又有低级语言功能的中间语言。

在 1960 年出现了 ALGOL(Algorithmic Language,算法语言),它是所有结构化语言的先驱,它有丰富的过程和数据结构,语法严谨。由于 ALGOL 本身及历史的原因,虽然它在欧洲广泛使用,但在国际上并未被广泛采用。它是面向问题的语言,不宜用来编写系统软件。

1963 年,剑桥大学推出了 CPL 语言,比其他高级语言稍接近硬件,但规模较大、不易实现;1967 年,剑桥大学对 CPL 语言做了适当简化后又推出了 BCPL 语言;1970 年,美国贝尔实验室的 Ken Thompson 以 BCPL 为基础做了进一步简化,设计了 B 语言。这种语言更加简单,更加接近硬件。开发者用 B 语言编写了最初的 UNIX 操作系统,尽管它过于简单且功能不全。

1972—1973 年间,美国贝尔实验室的 D. M. Ritchie 在 B 语言基础上设计出了 C 语言。1973 年,K. Tompson & D. M. Ritchie 合作将 UNIX 90% 以上的代码用 C 语言进行了改写。

C 语言是在 20 世纪 70 年代初问世的。1978 年由美国电话电报公司(AT&T)贝尔实验室正式发表了 C 语言。同时,由 B. W. Kernigh 和 D. M. Ritchie 合著了著名的《THE C PROGRAMMING LANGUAGE》一书,通常简称为《K&C》,也有人称之为《K&C 标准》。但是,在《K&C》中并没有定义一个完整的 C 语言标准,后来由美国国家标准协会(ANSI)委任一个委员会对 C 语言进行标准化。美国国家标准学会在此基础上制定了一个 C 语言标准,于 1983 年发表,通常称为 ANSI C。

早期的编程语言大多是用于 UNIX 系统。由于 C 语言的强大功能和各方面的优点,它逐渐为人们所认识,到了 20 世纪 80 年代,C 语言开始进入其他操作系统,并很快在各类大、中、小和微型计算机上得到了广泛的使用,成为当代最优秀的程序设计语言之一。C 语言的产生震撼了整个计算机界,它从根本上改变了编程的方法和思路。C 语言的产生是人们追求结构化、高效率、高级语言的直接结果,可用它替代汇编语言开发系统程序。

1.2.2 C 语言的特点

C 语言发展如此迅速,成为最受欢迎的语言之一,主要因为它具有强大的功能。许多著名的系统软件如 dBASE Ⅲ PLUS、dBASE Ⅳ 都是由 C 语言编写的。用 C 语言加上一些汇编语言子程序,就更能显示 C 语言的优势了,像 PC-DOS、WORDSTAR 等就是用这种方法编写的。归纳起来,C 语言具有下列特点。

(1) C 语言是中级语言。

中级语言并没有贬义,不意味着它功能差,难以使用,或者比 BASIC、Pascal 那样的高级语言原始,也不意味着它与汇编语言相似,会给使用者带来类似的麻烦。C 语言之所以被称为中级语言,是因为它把高级语言的成分同汇编语言的功能结合起来,把高级语言的基本结构和语句与低级语言的实用性结合起来。C 语言可以像汇编语言一样对位、字节和地址进行操作,而这三者是计算机最基本的工作单元。

(2) C 语言是结构化语言。

结构化语言的显著特征是代码和数据的分离。这种语言能够把执行某个特殊任务的指令和数据从程序的其余部分分离出去,并隐藏起来。这种结构化方式可使程序层次清晰,便于使用、维护以及调试。C 语言是以函数形式提供给用户的,这些函数可方便地调用,并具有多种循环、条件语句控制程序流向,从而使程序完全结构化。

(3) C 语言功能齐全。

C 语言具有各种各样的数据类型,并引入了指针概念,可使程序效率更高。另外,C 语言也具有强大的图形功能,支持多种显示器和驱动器,而且计算功能、逻辑判断功能也比较强大,可以实现决策目的。

(4) C 语言适用范围广。

C 语言还有一个突出的优点就是适合多种操作系统,如 DOS、UNIX、Linux 等,也适用于多种机型。

1.2.3　怎样学好用好本书

面对种类繁多的编程语言,初学者往往会在究竟选择学习哪门计算机语言作为突破口而犹豫不定。有的人认为语言越新越好,传统语言已经过时,应该学习新出现的计算机语言。笔者认为,虽然“跑”比“走”要快很多,但是不学会走是不可能会跑的。对于一个计算机程序设计的初学者来说,不用说“跑”,甚至连想马上“走”好都是很困难的,所以他们必须先从“走”开始。只有认识到了这一点,我们才能不被那些目前流行的、新奇的语言所迷惑。不管一种计算机语言的功能有多强大、应用多广泛,其基本的编程思想和传统语言都是一样的,正所谓“万变不离其宗”。所以笔者认为,要想学习计算机程序设计,还是应该先从这些传统语言学起,因为它们比那些时下流行的语言更简单、简洁。

大学低年级是很重要的打基础阶段,其所选的计算机语言应该能充分适宜大学低年级加强基础、培养与训练计算机语言编程及应用能力、拓宽知识面的特色。C 语言能最好地满足这些要求,这是由 C 语言自身的众多良好特性所决定的。学好 C 语言并不是目的,掌握计算机程序设计的思想,为以后更好地应用计算机技术、学习后续编程语言打下良好的基础才是真正目的。本书是专为大学生入学后以 C 语言作为计算机第一教学语言而编写的,本书通过介绍和剖析大量的程序示例,系统地论述了 C 语言的各种数据类型和语句特性,以及用 C 语言进行程序设计的基本方法、技巧和应用,努力使读者既能熟悉一种优良的语言工具,又能掌握如何发挥这一工具效能的方法与技巧,并着力于良好的编程风格与习惯的养成，以便为读者今后进一步的程序设计实践打下良好的基础。

读者怎样才能利用本书更好地学习 C 语言程序设计这门学科呢？建议如下。

（1）阅读是最好的学习方法之一。希望读者认真阅读本书的每一个章节，必要时反复阅读多次，尽可能地在阅读阶段理解更多的内容。

很多同学只关心书中的例题而忽略其他章节或文字，以为只要把例子读懂，并上机调试正确，就已经学会了，问题就搞清楚了。其实不然，任何一个例子程序都不可能反映一种知识的全貌，建议大家不要遗漏书中任何一个章节。

（2）实践是学习程序设计的必经之路。读者应将本书的例题和习题反复上机练习，达到深刻理解、熟练掌握。对于学有余力的读者，要逐步学会自己设计程序，体会其中的乐趣。

有的读者对学习程序设计很感兴趣，学习也很刻苦，但对问题的理解只停留在纸上和脑子里，这样是不可能学好程序设计的。读者在学习程序设计时要多多上机练习程序，只有通过上机这一关，才可以说学会了程序设计。一个学生，如果只会做题而不会编程，无异于只会"吃饭"而不会"做饭"，怎么能体会到"美食"真正的味道呢？况且，社会需要的是哪类人才，相信大家都知道答案。

（3）笨鸟先飞，学会自学。很多学生在学习过程中常常会感到力不从心，一个问题还没有解决，老师又讲到了新问题；一个程序还没看懂，老师又讲了下一个程序。出现这样问题的原因在哪里呢？很简单，没有自学，或者说没有有效地通过预习来自学，所以才会感觉到吃力。

本书的读者在老师正式教之前，应该对本书有计划、有步骤、系统地自学，并做好自学笔记。在自学中，哪些问题自己已经弄懂了，哪些还不懂，均记录在案。这样在老师教的过程中，才能真正做到游刃有余。

（4）独立思考。对于书中提到的知识点及某些一时难以理解的问题，读者应首先学会"独立思考"，对问题构建自己的认识。在不经过老师"教"的情况下，如果能自己正确地理解了问题的实质，那说明非常具有程序设计的潜质；如果对所思考问题的理解不正确，那么等老师教过以后，会明白真正的答案，并可以清楚地看到自己错在哪里，自己的思路有什么问题；如果对所思考的问题还不能给出合理的解释，就先接受并尽量学会应用，千万不要在一个问题上"钻牛角尖"。

（5）百转千回，峰回路转。"重复是学习的母亲"。读者在学习本书时，要不断地、适当地重复学习已经学过的章节或知识点，这样不仅能加深对学过的知识点的理解，更可以使读者在曾经"不求甚解"的知识点面前"柳暗花明"、"豁然开朗"。

（6）开拓创新，举一反三。初学者在刚刚开始学习程序设计时应该学会模仿，待深入学习后，则应该积极主动地编写独立风格和思路的程序。向读者推荐的具体做法是：

阅读例子程序→上机调试→修改例子程序→上机调试→编写自己的程序→上机调试

（7）稳中求胜，持之以恒。C 语言是一门基础程序设计语言，初学者切忌操之过急。有很多学生在遇到一些困难之后，就盲目地认为自己不适合学习程序设计，从而退缩了；也有一些学生在取得一点成绩之后就自满了，以为自己学的知识已经足够，从而半途而废；还有的同学会被当下流行的一些语言所迷惑，认为学了 C 语言什么也做不了，从而产生厌学情绪。这些做法是十分错误的，是学习程序设计的大忌。

1.3 算法和程序

算法的设计与分析是一门独立的学科。这门学科的创立者 D. E. Knuth 曾经说过,算法是计算机科学的核心与灵魂,没有算法,就不可能有计算机的程序;而没有程序,任何计算机都不可能有任何作为。由此可见算法的重要。那么,什么是算法?

解决问题的方法和步骤就是算法。在日常生活中,每做任何一件事情,都是按照一定规则一步步进行。比如每年的高考,要经过出题、报名、考试、批卷、录取等各个环节,如何实施这些环节就是算法;在工厂中生产一部机器,先把零件按一道道工序进行加工,然后又把各种零件按一定法则组装成一部完整机器,它们的工艺流程就是算法;在广大农村,种田也有一整套的规则,有耕地、播种、施肥、锄草、中耕、收割等各个环节,这些栽培技术也是算法。总之,在任何数值计算或非数值计算的过程中所采取的方法和步骤,都称之为算法。

用计算机解决问题的方法和步骤,就是计算机的算法。计算机用于解决数值计算,如科学计算中的数值积分、解线性方程组等的计算方法,就是数值计算的算法;也用于解决非数值计算如用于信息、文字、图像、图形等的排序、分类、查找,就是非数值计算的算法。

算法并不给出问题的精确解,只是说明怎样才能得到解。每一个算法都是由一系列的操作指令组成的,这些操作包括加、减、乘、除、判断、置数等,按顺序、分支、重复等结构组成。所以,研究算法的目的就是研究怎样把各种类型的问题的求解过程分解成一些基本的操作。

计算机程序就是用某种程序设计语言对算法的具体实现。算法写好之后,要检查其正确性和完整性,再根据它编写出用某种高级语言表示的程序。程序设计的关键就在于设计出一个好的算法。所以,算法是程序设计的核心。因此,著名的计算机科学家尼克劳斯·沃思(Niklaus Wirth)提出这样一个公式:

程序＝算法＋数据结构

1.3.1 算法举例

为了帮助读者理解如何设计一个算法,下面举几个算法设计的例子。

例 1-1 设有杯子 A 和杯子 B,分别装有酒和醋,设计算法将两个杯子中的液体互换。

对于这个问题,可以马上想到一种解决办法,即将 A,B 两个杯子中的液体分别倒入另外两个空杯子 C,D 中,再将杯子 C,D 中的液体分别倒入杯子 B,A 中。问题得以解决,得到算法 1.1。

算法 1.1

(01)将 A 杯中的液体倒入空杯 C 中
(02)将 B 杯中的液体倒入空杯 D 中
(03)将 C 杯中的液体倒入 B 杯中
(04)将 D 杯中的液体倒入 A 杯中

算法 1.1 的代价是需要额外增加两个空杯子(数据)C 和 D,计算步骤为 4 步。能否对这个算法做一下改进呢? 仔细分析这个算法,不难发现,作为中间数据的杯子 C 和 D 其实只要有一个就够了,这样就得到算法 1.2。

算法 1.2

(01)将 A 杯中的液体倒入空杯 C 中
(02)将 B 杯中的液体倒入 A 杯中
(03)将 C 杯中的液体倒入 B 杯中

算法 1.2 只需要额外增加一个杯子(数据)C,计算步骤为 3 步。很显然,算法 1.2 优于算法 1.1。下面再来看一下算法 1.3。

算法 1.3

(01)将 A 杯中的酒倒入空杯 C 中
(02)将 B 杯中的醋倒入 A 杯中
(03)将 C 杯中的酒倒入 B 杯中

对于这个算法,大家不会否认它的正确性。但不得不承认这个算法只适用于例 1-1 这个问题。如果杯子 A 和杯子 B 中的液体不是酒和醋,这个算法就不能使用了。而算法 1.2 却是一个对于任何液体都适用的通用算法,也就是说,不管问题中杯子 A 和杯子 B 里的液体是什么,算法 1.2 都无需任何修改就可以适用此类问题。由此可见,虽然两个算法都是正确的,但算法 1.2 的通用性要比算法 1.3 好,这一点对于算法设计非常重要。

设计算法的最终目的就是对所研究的问题得到一个计算步骤尽量少、所需额外数据(占用计算机内存)尽量少的正确的算法。在专业书籍中,这两个指标被分别称为算法的时间复杂度和空间复杂度。更为详细的内容请阅读有关算法的书籍。

例 1-2 已知有 10 个数 N1,N2,…,N10,从中选出一个最大的数。

这个问题的一般形式(推广)是从若干个备选元素中根据某些特定条件选出一个最大(优)的元素。我们很容易就可以想到体育比赛中为了选出冠军所用的淘汰法,每一轮都是两两比较,优胜者可以参加下一轮的比较,直至剩下最后一个优胜者即为冠军。据此得到算法 1.4。

算法 1.4

(01)将 N1 与 N2 比较,大者放入盒子 A1 中
(02)将 N3 与 N4 比较,大者放入盒子 A2 中
(03)将 N5 与 N6 比较,大者放入盒子 A3 中
(04)将 N7 与 N8 比较,大者放入盒子 A4 中
(05)将 N9 与 N10 比较,大者放入盒子 A5 中
(06)将 A1 与 A2 比较,大者放入盒子 B1 中
(07)将 A3 与 A4 比较,大者放入盒子 B2 中
(08)将 A5 放入盒子 B3 中
(09)将 B1 与 B2 比较,大者放入盒子 C1 中
(10)将 B3 放入变量 C2 中
(11)将 C1 与 C2 比较,大者放入盒子 D1 中

算法结束,盒子 D1 中的数即为所求。

算法 1.4 是完全按照体育比赛的淘汰制来进行的,总共进行了 4 轮比较。它需要额外增加 11 个盒子(以下称变量),计算步骤为 11 步。从算法当中看到,需要比较的 10 个数都分别只比较了一次就再没有被用到,中间结果使用了 11 个额外的变量,这会增加计算者(系统)的开销。能否节省一下中间变量的使用呢?对算法 1.4 稍加改动,可以得到算法 1.5。

算法 1.5（淘汰法）

(01)将 N1 与 N2 比较,大者放入盒子 N1 中
(02)将 N3 与 N4 比较,大者放入盒子 N2 中
(03)将 N5 与 N6 比较,大者放入盒子 N3 中
(04)将 N7 与 N8 比较,大者放入盒子 N4 中
(05)将 N9 与 N10 比较,大者放入盒子 N5 中
(06)将 N1 与 N2 比较,大者放入盒子 N1 中
(07)将 N3 与 N4 比较,大者放入盒子 N2 中
(08)将 N5 放入 N3 中
(09)将 N1 与 N2 比较,大者放入盒子 N1 中
(10)将 N3 放入盒子 N2 中
(11)将 N1 与 N2 比较,大者放入盒子 N1 中

算法结束,N1 即为所求。

很显然,算法 1.5 没有使用一个额外的数据,从这点来看优于算法 1.4。但它的思想和算法 1.4 是相同的,所以步骤和算法 1.4 也相同,没有改进。

对于例 1-2 中所提出的问题,还可以想到用"打擂"的办法。首先任选一个元素作为擂主,其他元素顺次与擂主比较,劣者淘汰,优者留下作为新的擂主。全部元素比较完成后,最后的擂主即是所求,从而得到算法 1.6。

算法 1.6（打擂法）

(01)先选 N1,放到变量 A 中
(02)将 N2 与 A 中的数比较,大者放入 A 中
(03)将 N3 与 A 中的数比较,大者放入 A 中
(04)将 N4 与 A 中的数比较,大者放入 A 中
(05)将 N5 与 A 中的数比较,大者放入 A 中
(06)将 N6 与 A 中的数比较,大者放入 A 中
(07)将 N7 与 A 中的数比较,大者放入 A 中
(08)将 N8 与 A 中的数比较,大者放入 A 中
(09)将 N9 与 A 中的数比较,大者放入 A 中
(10)将 N10 与 A 中的数比较,大者放入 A 中

算法结束,变量 A 中的数即为所求。

算法 1.6 需要额外增加一个数据(变量 A),增加的数据已经非常少了,计算步骤是 10 步。可以认为变量 A 就是擂台,它的值就是擂主。首先选第一个数无条件地作为擂主,然后把 N2 至 N10 依次与擂主比较,大者留下作为新的擂主。最后,A 中的数即为最大。

从算法 1.6 中,可以看到从步骤(02)到步骤(10)的指令是相同的,只是操作数不同,能否将其简化呢?可以设一个计数器 I,让它从 2 依次变到 10,则步骤(02)到步骤(10)的算法就可以统一更改为"将第 I 个数与 A 中的数比较,大者放入 A 中"了。于是,又得到以下的算法 1.7。

算法 1.7

(01)先选第 1 个数,放入变量 A 中,设一个计数器变量 I,初始值为 2
(02)将第 I 个数与 A 中的数比较,大者放入 A 中
(03)I 的值增加 1
(04)若 I<=10,转至步骤(02),否则算法结束

算法停止,变量 A 中的数即为所求。

算法 1.7 的步骤降为 4 步,需要的额外数据不过是 2 个。仔细分析这个算法不难看到,虽然算法的描述只用了 4 个步骤,但在执行算法时,并不是只执行 4 个步骤,步骤(02)到步骤(04)重复执行了若干次。因为在这个算法中,有一个步骤是有条件的跳转(第(04)步),跳到第(02)步后还会执行到第(04)步,这种结构称为循环。

以上的几个算法只能计算 10 个数中的最大者。对于一般的情况,N 个数中最大者将怎样求得呢?再来看一下算法 1.7,只有第(04)步中提到了 10 这个表示备选数数量的数据,能否将其设为任意数 N 呢?答案是肯定的,于是又得到算法 1.8。

算法 1.8

(01)输入 N 的值,将 N1 放入变量 A 中,设有计数器变量 I,初始值为 2
(02)将第 I 个数与 A 中的数比较,大者放入 A 中
(03)I 的值增加 1
(04)若 I <= N,转至步骤(02),否则算法结束

算法停止,变量 A 中的数即为所求。

和算法 1.7 相比,算法 1.8 是一个通用的求最大值的算法,其意义远大于其他算法。通常在设计算法时,除了考虑它的时间复杂度和空间复杂度外,还要思考要求解的问题是否是某一类问题的特殊形式,如果是,则应该思考这一类问题的原型及其通用的一般解决办法,从而编写出具有推广价值的通用算法。

例 1-3 已知两个自然数 M 和 N,求这两个自然数的最大公约数。

两个(或多个)自然数的最大公约数是指这两个(或多个)自然数的所有公共约数之中最大的一个。一个自然数的所有约数之中最小的只可能是 1,最大的不会超过这个数本身。如何找到最大公约数呢?自然数 M 和 N 泛指一切自然数,不具有特殊性,所以应该设计一个具有代表性的算法。可以采用逐个筛选法,让计数器 I 从 1 到 M(或 N)变化,逐个考察每个 I 的值,如果它既是 M 的约数又是 N 的约数,则将其值赋给一个变量 K。最后,变量 K 中的值就是所求。

算法 1.9

(01)给计数器 I 赋初始值 1(亦可用 I = 1 表示,意为将 1 赋给变量 I,下同)
(02)如果 I 是 M 的约数并且 I 是 N 的约数,那么 K = I
(03)I = I + 1
(04)如果(I <= M)并且(I <= N),那么转向步骤(02),否则算法结束

算法结束,K 中存放的数即为 M 和 N 的最大公约数。

算法 1.9 也使用了循环结构,这是程序设计中最重要的一种结构。仔细分析这个算法的原理,这个算法可适用于任何的 M 和 N 的值。

以上按从 1 到 M(或 N)的顺序来寻找公约数,所以找到的最后一个公约数就是所求。反过来,能否从 M(或 N)开始按从大到小的顺序寻找呢?如果这样,找到的第一个公约数就是所求。对应的算法如下:

算法 1.10

(01)I = (M 和 N 中较小者)
(02)如果 I 是 M 的约数并且 I 是 N 的约数,则让 K = I,算法结束

(03)I = I - 1
(04)转向步骤(02)

算法结束,K 中存放的数即为 M 和 N 的最大公约数。

算法 1.10 与算法 1.9 相比,基本思想相同。算法 1.9 在最后一步结束,而算法 1.10 是在算法内部结束,这是允许的。而且一个算法还可以有多个算法结束的步骤,执行到哪个就从哪里结束。

对于最大公约数的计算方法,初等数论中给出了一种被称为辗转相除法的算法,其基本理论依据是:两个自然数 M 和 N,如果 M 是 N 的倍数,则 M 和 N 的最大公约数是 N;否则 M 和 N 的最大公约数一定是 N 和 M 除以 N 的余数的最大公约数。据此原理,得到算法 1.11。

算法 1.11（辗转相除法）

(01)输入 M 和 N
(02)如果 M 是 N 的整倍数,则算法停止
(03)T = (M 除以 N 的余数),M = N,N = T
(04)转至步骤(01)

算法结束,N 的值即为所求。

例如:

```
M     N     M除以N的余数
121   220   121
220   121   99
121   99    22
99    22    11
22    11    0
```

可以知道,对于本例用算法 1.9 计算,其计算量为循环 121 次;用算法 1.10 计算,其计算量为循环 110 次;而用算法 1.11 计算,其计算量仅为循环 5 次。由此可见,同样是能解决问题的正确算法,其效率差距是很大的。另外,在算法 1.11 中加上了输入 M 和 N 这一步骤,因此这个算法对于其他的 M 和 N 来说就同样适用,具有了对任意自然数 M 和 N 的通用性。

例 1-4 有一个正整数 N(N>=2),判断 N 是否是素数。

素数(质数)是只有 1 和它本身两个约数的自然数。从定义中可以得到判断一个数 N 是否为素数的方法,即判断 N 在 1 到 N 之间的约数是否为 2 个。

算法 1.12（约数个数）

```
(01)s = 0                /* 用变量 S 来记录约数的个数,初值为 0 */
(02)i = 1                /* 计数器 I,初始值为 1 */
(03)if(n % i == 0)s = s + 1    /* 如果 I 是 N 的约数,S 累加 1 */
(04)i = i + 1            /* 计数器 I 加 1 */
(05)if(i <= n)转向步骤(03)    /* 如果 I <= N 转向步骤(03),否则继续下一步 */
(06)if(s == 2)输出"是素数!"    /* 如果 S 等于 2,输出"是素数" */
    else    输出"不是素数!"    /* 否则输出"不是素数" */
```

首先把算法 1.12 中的步骤依次解释如下。

步骤(01):为了在算法的最后判断 N 的约数个数是否为 2,用一个变量 s 来记录这个

值,由于s的值会被累加,所以初始值应该为0。用s＝0来表示将0赋值给变量s。

步骤(02):自然数N的约数的大小范围是从1到N,为了把从1到N之间的每个值都考察一遍,使用计数器变量I,由于要从1开始,所以I的初值为1。

步骤(03):这是一个选择结构,括号内为选择条件。如果条件成立,就执行其后的指令,否则不执行。用i＝0来表示将0赋值给变量i。用n%i来表示n除以i的余数,用n%i＝＝0来表示n除以i的余数等于0。

步骤(04):计数器I的值在步骤(03)中使用完后应该自动加1。i＝i+1的含义是将变量i的值取来并加1后再赋值给左边的变量i,实际上是给变量i自加1。

步骤(05):如果i小于等于n,则表示还没有计算完所有可能的i(1~n),所以需要跳转到步骤(03),继续下一次循环。否则,不执行跳转,直接执行下一步。

步骤(06):步骤(05)中的条件不成立时,表示所有可能的约数(1~n)都已经计算完毕,这时就可以从s的值中得知n是不是素数了。这里用s＝＝2来表示变量s的值等于2。这个步骤的含义是如果s的值等于2,那么输出"是素数",否则输出"不是素数"。

在算法1.12中,符号/＊和＊/之间的部分为算法的注释部分,不参与算法执行,但可以增加算法的可读性。另外,还用符号%来表示求余数运算,用＝＝符号表示等于关系,用＝符号来表示从右向左的赋值,用if-else结构来表示选择结构,这样会使算法变得简洁。

已经知道,任何素数N都有两个平凡约数1和N(本身),所以只需要判断N在2~N−1的范围内其约数的个数是否为0就可以了,于是得到算法1.13。

算法1.13

(01)s＝0
(02)i＝2
(03)if(n%i＝＝0)s＝s+1
(04)i＝i+1
(05)if(i<＝n−1)转向步骤(03)
(06)if(s＝＝0)输出"是素数!"
　　　else　　输出"不是素数!"

算法1.13比算法1.12少循环了2次,是对算法1.12的一种改进,但这种运算步骤在算术级数上的改变对这一问题来说意义不大。能否让计算步骤在几何级数上有所改变呢?如果N可以分解为两个约数的乘积,那么一定是一个约数小于等于$\sqrt{n}$,而另一个大于等于$\sqrt{n}$。于是,只需要判断N在2~$\sqrt{n}$之间的约数是否为0个就可以了。于是,又得到算法1.14。

算法1.14

(01)s＝0
(02)i＝2
(03)if(n%i＝＝0)s＝s+1
(04)i＝i+1
(05)if(i<＝$\sqrt{n}$)则转向步骤(03)
(06)if(s＝＝0)输出"是素数!"
　　　else　　输出"不是素数!"

对于N为100的情况,算法1.12的循环次数为100次,算法1.13的循环次数为98次,算法 1.14 的循环次数仅为 10 次。可见算法 1.14 远远优于前面的两个算法,循环次数有了几何级数的减少,大大提高了算法的效率。

以上的几个算法首先确定了搜索范围,然后对搜索范围内的每个数进行逐一考察,计算搜索范围内的约数总个数,最后判断约数个数是否为某个固定值。其实要判断一个数 N 是否为素数,只需要判断它在 $2 \sim \sqrt{n}$ 之间是否存在约数就可以了,而不需要知道约数的个数。所以,下面的算法 1.15 对算法 1.14 进行了改进。

算法 1.15($2 \sim \sqrt{n}$ 之间是否有约数)

```
(01)f = 0              /* 标志变量,表示 N 是否有约数,初值为 0 */
(02)i = 2
(03)if(n%i==0)f=1      /* 如果找到约数,则将标志变量的值修改为 1 */
(04)i = i + 1
(05)if(i<=√n)转向步骤(03)   /* 如果没找完,继续查找 */
(06)if(f==1)输出"不是素数!"
    else    输出"是素数!"
```

为了判断 N 在 $2 \sim \sqrt{n}$ 之间是否有素数,设置了标志变量 f,因为只需要识别有和没有两个状态,所以变量 f 也只需要有两个值就可以了,这里用 f==0 表示还没有找到约数,用 f==1 来表示已经找到了约数。所以,f 的初始值应该为 0,在步骤(03)中,如果找到约数,则将标志变量 f 的值改变为 1。在步骤(05)中,如果没有搜索完成,则转到第(03)步继续搜索。在步骤(06)中,通过判断标志变量 f 的值是否为 1 来判断 N 是否为素数。

对于 N 是 100 的情况,算法 1.15 循环了多少次呢?可以想象,在第 2 次循环(i 的值为 2)过程中,n%i==0 是成立的,则 f=1 被执行,说明已经找到了一个约数。但在步骤 05 中,由于 $i<=\sqrt{n}$ 还是成立的,所以还是会转到步骤(03)继续下一次循环,直到 $i<=\sqrt{n}$ 不成立。所以,循环次数仍然是 10 次,因为在找到第一个约数时没有及时停止循环。那么怎样才能及时停止循环呢?可以在步骤(05)当中再加上一个条件:f==0(约数没找到)。于是得到如下的算法 1.16。

算法 1.16

```
(01)输入 N
(02)f = 0
(03)i = 2
(04)if(n%i==0)f=1
(05)i = i + 1
(06)if(i<=√n并且 f==0)转向步骤(03)
(07)if(f==1)输出"不是素数!"
    else    输出"是素数!"
```

一个小小的改动就可以在找到第一个约数时(f 已经被赋值为 1)及时地结束循环,因为 f==0 已经不成立了。经过分析可以看到,当 N 为 100 时,循环次数仅为 2 次。另外在这个算法中加入了输入 N 这一步骤,使得这个算法具有了通用性。

1.3.2 算法的特性

从 1.3.1 节的例子中,可以概括出算法的 5 个特性。

（1）有穷性

算法中执行的步骤总是有限次数的，不能无休止地执行下去。例如计算圆周率 π 的值，可用如下公式：

$$\pi = 4 \times \left(1 - \frac{1}{3} + \frac{1}{5} - \frac{1}{7} + \cdots\right)$$

这个多项式的项数是无穷的。因此，它是一个计算方法，而不是算法。要计算 π 的值，只能取有限个项数。例如，取精确到小数后第 5 位，那么，这个计算就是有限次的，才能称得上算法。

（2）确定性

算法中的每一个步骤操作的内容和顺序必须含义确切，不能是含糊的、模棱两可的，即不能有二义性。

（3）有效性

算法的有效性也可称为可行性或能行性。它是指算法中的每一步操作都必须是可以有效执行的，并且是能够得到确定结果的。

例如，执行 a/b 这一操作时必须保证 b 不能为 0，否则将失去有效性，不能有效地执行。

（4）有零个或多个输入

输入是指算法在执行时，计算机从外界获取的必要信息。一个算法可以没有输入，也可以有多个输入。例如算法 1.8 就没有输入。

（5）有一个或多个输出

算法的目的是用来解决一个给定的问题，因此，它应向人们提供算法的结果，否则就没有意义了。结果的提供是靠数据输出完成的，一个算法至少应该有一个输出，也可以有多个输出，输出的数据越多，所提供的结果就越详尽。

了解算法的这些特性，对我们在程序设计中构造一个好的算法，是有重要指导意义的。

1.3.3 算法的表示

描述算法有多种不同的工具，采取描述算法的不同工具对算法的质量有很大的影响。如 1.3.1 节中的算法是用自然语言（汉语）来描述的。使用自然语言描述算法的最大优点在于人们比较习惯，容易接受。但也确实存在着很多缺点：一是容易产生二义性；二是比较冗长；三是在算法中如果有分支或转移时，用文字表示就显得不够直观；四是不便于计算机处理，所以自然语言不适合描述算法。在计算机中常用流程图、结构化流程图、计算机程序设计语言等描述工具来描述算法。

1. 自然语言表示法

用中文或英文等自然语言直接描述算法，例如 1.3.1 节中所介绍的算法，但自然语言在描述复杂算法时，往往力不从心。在程序设计中一般不使用这种方法来描述算法。

2. 流程图表示法

流程图也称为框图。它是用一些几何框图、流程线和文字说明表示各种类型的操作。流程图中的基本图形、图形意义和长度比例都有国家颁布的标准（GB ISO5807—85），如图 1-1 所示。

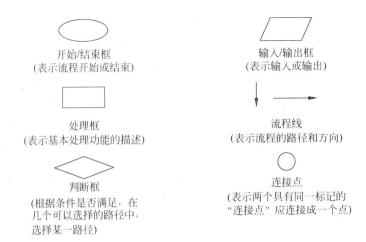

图 1-1　流程图中的几何图形及其意义

　　流程图是人们交流算法设计的一种工具,不是给计算机的输入。只要逻辑正确且人们都能看得懂就可以了,一般是由上而下按执行顺序画下来。

1.4　结构化程序设计

　　随着计算机的发展,编制的程序也越来越复杂。一个复杂程序多达数千万条语句,而且程序的流向也很复杂,常常用无条件转向语句去实现复杂的逻辑判断功能,因而造成质量差,可靠性很难保证,程序也不易阅读,维护困难。20 世纪 60 年代末期,国际上出现了所谓“软件危机”。

　　为了解决这一问题,就出现了结构化程序设计,它的基本思想是像玩积木游戏那样,只要有几种简单类型的结构,可以构成任意复杂的程序。这样可以使程序设计规范化,便于用工程的方法来进行软件生产。基于这样的思想,1966 年意大利的 Bobra 和 Jacopini 提出了三种基本结构,由这三种基本结构组成的程序就是结构化程序(structured program)。

1.4.1　程序设计的三种基本结构

　　结构化程序设计中采用三种基本结构,即顺序结构、选择结构和循环结构。

　　(1)顺序结构如图 1-2 所示。程序的流向是从上到下沿着一个方向进行的。即在执行完程序块 A 所指定操作后,必然紧接着执行程序块 B。顺序结构是最简单的一种基本结构。

　　(2)选择结构如图 1-3 所示。选择结构也称为分支结构。程序的流程中遇到条件判断,根据条件 P 是否成立选择程序块 A 与程序块 B 其中之一执行,这就是选择结构。程序块 A 和程序块 B 之间必有一个被执行而另一个不被执行。

　　(3)循环结构。循环结构也称为重复结构。程序的流程中一定存在执行顺序的跳转,从而实现循环。在循环过程中一定有一个条件判断,根据条件 P 是否成立来决定是否结束循环,继续执行循环结构后面的语句。

　　循环结构有两种类型:

　　① 当型(WHILE)循环结构如图 1-4 所示,先判断条件是否满足,若满足就执行循环体,如条件不满足就不执行循环体,并转到出口。

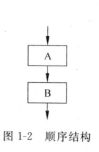

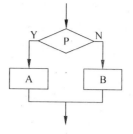

图 1-2　顺序结构　　　　　　　　　图 1-3　选择结构

② 直到型(UNTIL)循环结构如图 1-5 所示,它是先执行循环体,后判断条件。当条件不满足时继续执行循环体,当条件满足时,停止执行,并转到出口。

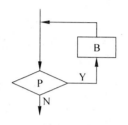

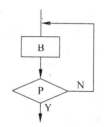

图 1-4　当型循环结构　　　　　　　图 1-5　直到型循环结构

循环结构也有一个入口和一个出口,它应当保证重复处理为有限次,不能无限制地循环下去。例如,算法 1.11 的流程图如图 1-6 所示,算法 1.16 的流程图如图 1-7 所示。

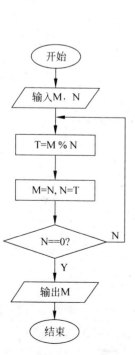

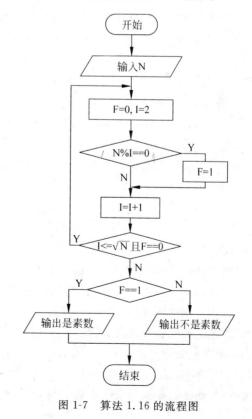

图 1-6　算法 1.11 的流程图　　　　　图 1-7　算法 1.16 的流程图

可以看出,用流程图表示算法,逻辑清楚,形象直观,清晰明了,容易理解。所以它很早就被广泛采用在各种高级语言的程序设计中,常常称之为传统的流程图。对于比较简单的算法或算法的简单形式,用流程图来描述算法是一种很好的方法。但是它也有不足之处,对于较复杂的问题,流程图面积大,而且由于使用流程线,使流程任意转移,容易使人弄不清流程的思路。但还是希望读者在初学程序设计时多画流程图、画好流程图,这样可以加深对算法和程序的理解。

1.4.2 结构化程序设计步骤

在学习编写程序之前,对结构化程序设计的全过程应有个全面的了解,从中可以知道用计算机语言编写程序在全过程中的地位,这对培养和提高程序设计的能力很有好处。

完成一个正确的程序设计任务,一般可分为以下几个步骤。

(1) 提出和分析问题。搞清楚任务的性质和具体要求。例如,提供什么数据,得到什么结果,打印什么格式,允许多大误差,都要确定。若没有详细而确切的了解,匆忙动手编程序,就会出现许多错误,造成无谓的返工或损失。

(2) 构造模型。把工程中或工作中实际的物理过程经过简化,构成物理模型,然后,用数学语言来描述它,这称为建立数学模型。

(3) 选择计算方法。选择用计算机求解该数学模型的近似方法。不同的数学模型往往要进行一定的近似处理。对于非数值计算,则要考虑数据结构等问题。

(4) 设计算法。制定出计算机运算的全部步骤。它影响运算的正确性和运行效率的高低。

(5) 画流程图。用结构化流程图把算法形象地表示出来。

(6) 编写程序。根据流程图用一种高级语言把算法的步骤写出来,就构成了高级语言源程序。

(7) 输入程序。将编好的源程序通过计算机的输入设备送入计算机的内存储器中。

(8) 进行调试。用简单的、容易验证结果正确性的"试验数据"输入到计算机中,经过执行、修改错误、再执行的反复过程,直到得出正确的结果为止。

(9) 正式运行。输入正式的数据,以得到预期的输出结果。

(10) 整理资料。写出一份技术报告或程序说明书,以便作为资料交流或保存。

习 题

一、简答题

1. 简述计算机程序设计语言的发展历程。

2. 什么是算法?举例设计一个算法。

3. 叙述算法的特性。

4. 叙述结构化程序设计以及结构化程序设计的程序结构。

二、算法设计题

1. 设计算法,求 $1+2+3+\cdots+100$ 的和。

2. 已知两个自然数 M 和 N,设计算法,输出它们的最小公倍数。

3. 已知一个自然数 N，设计算法，输出它所有真约数的和。

4. 设计算法，求出 10 000 以内所有孪生素数对。

5. 设计算法，输出 10 000 以内所有亲和数对。

6. 已知一个自然数 N，设计算法，输出它的素分解式。

7. 输入一个正整数，输出其所有正真约数，写出算法。

8. 输入一个正整数 N，输出 2～N 之间的所有素数，写出算法。

9. 输入一个正整数 N(N＞2)，输出 Fibonacci 数列的前 N 项的值，写出算法。

10. 输入一个十进制正整数 N，输出其二进制形式，写出算法。

三、画程序流程图

按第二题中各小题所设计的算法，画出其相应的程序流程图。

第 2 章 | 认识 C 语言

初学程序设计的最好方法是：阅读程序→上机调试程序→编写程序→用程序设计解决实际问题。在本章中将从最简单的 C 语言程序开始，逐步认识和了解 C 语言。读者还需要学习一种 C 语言编译环境软件(如 TURBO C 2.0，DEV C++ 或 Visual C++6.0)，从而掌握 C 语言程序的编辑、编译、连接、调试和执行的全部过程。

2.1　一个最简单的 C 语言程序

例 2-1　在 DOS 屏幕上输出"This is a C program. "。
程序如下：

```
# include < stdio. h >
int main(){
  printf("This is a C program.");
}
```

执行该程序，将在屏幕上输出一行信息：

This is a C program.

这是一个最简单的 C 语言程序，从功能上看，它只是将程序中双引号内的部分原样输出。下面读者做一个练习。

练习 2-1　编写程序，在 DOS 屏幕上输出"Hello C，I Love You!"。

通过练习 2-1 的程序，我们对 C 语言程序有了最初的了解，并通过"照葫芦画瓢"这种最原始的方法自己编写了一个 C 语言程序，对于初学者来说，"照葫芦画瓢"是最好的学习方式。我们不管程序中的每个字母和每个单词是什么意义，只要能编写出新程序就行了。

下面对例 2-1 和练习 2-1 中读者自己编写的程序做如下说明。

(1) C 语言程序的基本组成单位是函数，函数是一个单独的程序模块，完成相对独立的功能。这正体现了结构化程序设计的思想。

(2) 每个 C 语言程序都是由若干个函数组成的，其中至少应该包括一个主函数：

```
int main(){
}
```

主函数的名称是 main，在 C 语言中是固定的，不能改变。主函数名称 main 前面的 int 表示主函数 main 的返回值为整型，多数情况下也可以省略。main 后面的{ }称为函数体，由一条一条语句组成。函数中所有的语句都写在{ }之内。

（3）函数是由语句组成的。例 2-1 程序的主函数中只包含一个语句：

```
printf("This is a C program.");
```

printf 是一个函数名称，它的功能是将括号中的参数（用双引号括起来的一串字符）原样输出到计算机的 DOS 屏幕上。在 C 语言中，printf 称为格式化输出函数。

（4）每个语句后面要加上分号。

（5）函数中也可以不包含语句，这就是空函数。

下面的例 2-2 就是一个主函数为空的 C 语言程序，该程序无任何输出结果，但从语法上没有错误，也可以编译和执行。

例 2-2 一个主函数为空、没有任何输出结果的 C 语言程序。

```
#include<stdio.h>
int main(){
}
```

（6）程序中的第一行是一条编译预处理指令，几乎所有的 C 语言程序都以此行开头，对于初学的读者知道这些即可，具体的解释见本书第 4 章及第 9 章。多数情况下，省略第一行编译预处理的程序也可以运行，因为有的编译环境会自动加上此条命令。

至此，读者已经学会了最简单的 C 语言程序的编写。下面应该查阅相关书籍或到互联网上搜索，掌握 C 语言集成开发环境软件的使用，把刚刚学的 C 语言程序在计算机上调试、运行。这里推荐使用 DEV C++ 软件，软件目前的版本是 5.0。

对于 DEV C++，主要应该掌握以下几点：
- DEV C++ 的安装、启动和退出；
- 新建一个 C 语言程序；
- 保存 C 语言程序文件；
- 打开一个已存在的 C 语言程序；
- 程序的编译、连接；
- 程序的修改；
- 程序的执行。

掌握了 DEV C++ 基本功能的使用方法，就可以在学习过程中将本书的所有示例及时地在计算机上得到验证。

在计算机上验证了例 2-1、例 2-2 和练习 2-1 的程序以后，读者已经初步掌握了 C 语言程序设计及 DEV C++ 使用的基本知识。可以这样说，读者已经"学会了"C 语言编程。尽管只能编写功能最简单的程序，但是程序的编写、输入、保存、修改、编译、执行的全过程都已经掌握了。

2.2 对 C 语言程序的进一步了解

例 2-3 输出字符串程序举例 1。

```
#include<stdio.h>
int main(){
```

```
 printf("This is string1.");
 printf("This is string2.");
}
```

例 2-4　也可以写成如下形式,其功能是完全相同的:

```
# include < stdio. h>
int main(){
 printf("This is string1.This is string2.");
}
```

程序的输出结果为:

This is string1.This is string2.

例 2-5　输出字符串程序举例 2。

```
# include < stdio. h>
int main(){
 printf("This is string1.\nThis is string2.");
}
```

程序的输出结果为:

This is string1.
This is string2.

程序分析如下:

(1) C 语言程序的主函数中可以包含多个语句,按自上而下的顺序依次执行,每个语句后都要加分号。例 2-3 中后一个 printf 的结果紧接着前一个 printf 的结果输出。

(2) 要想使程序的输出结果换行,必须在输出字符串中加上换行符"\n"。在 C 语言程序中"\n"被当做字符时是一个不可分割的整体,解释为换行。所以例 2-5 才会有那样的输出结果。

(3) printf()函数的功能是将函数参数(一串字符)原样输出到屏幕上,也可以理解为将一串字符中的所有字符(也可称为字符流)逐个地输出到屏幕上。

所以,例 2-5 也可以写成如下形式,其功能是完全相同的:

```
# include < stdio. h>
int main(){
 printf("This is string1.\n");
 printf("This is string2.");
}
```

或者

```
# include < stdio. h>
int main(){
 printf("This is string1.");
 printf("\nThis is string2.");
}
```

或者

```
# include < stdio. h >
int main(){
 printf("This is string1.");
 printf("\n");
 printf("This is string2.");
}
```

甚至可以改写成：

```
# include < stdio. h >
int main(){
 printf("This is str"); printf("ing1.\nThis is string2.");
}
```

练习 2-2　编写程序,输出以下字符图形,要求至少用两种方法。

```
   x
  ***
 *****
  ***
   *
```

读者完成练习 2-2 后,充分发挥自己的想象,自己设计程序,编程输出其他字符图形或图案。

例 2-6　输出两个整数 5 和 6 的和。

```
# include < stdio. h >
int main(){
  int a,b,c;
  a = 5;   b = 6;
  c = a + b;
  printf("\na + b = % d",c);
}
```

程序的执行结果是：

a + b = 11

程序分析如下：

(1) 在本例的主函数中,函数体共由 5 个语句(以分号结束)构成。

(2) 语句 int a,b,c;的功能为定义整型变量 a、b 和 c,int 代表整型。变量被用来在程序中存放数据并参加运算。在定义变量的语句中,各变量之间用逗号分隔。

很显然,定义整型变量 m、n、p、q 的语句应该是：

int m,n,p,q;

(3) 语句 a＝5;,b＝6;和 c＝a＋b;的功能分别是将整型常数 5 赋给变量 a,将整型常量 6 赋给变量 b,将表达式 a＋b 的值赋给变量 c。这里符号"＝"被称为赋值运算符,含义是自右向左赋值,即将"＝"右边表达式的值计算出来后赋给"＝"左边的变量。赋值运算符的左边只能是变量名,而不能是表达式。

例如,下面的赋值语句是合法的:

a = 1 + 2 + 3;　b = a - 5; c = a + b - 4;

而下面的赋值语句是非法的:

1 = 2;　3 = a;　a + b = 7;

(4) 语句 printf("\na+b=％d",c);与前面已经介绍的 printf 语句在形式上有些不同,但功能是相同的。在它的参数中有一个双引号括起来的字符串。这个语句的功能依然是将该字符串中的字符(字符流)依次输出。根据前面的介绍,该语句会首先输出一个换行符,然后依次输出字符"a+b="。对于％d,C 语言有着特殊的解释。它是一个格式说明符(占位符),说明在这个位置上要输出一个整型值。这个整型值就是字符串后的参数表达式 c 的值。参数字符串中有多少个％d,在字符串后就应该有多少个表达式(逗号分隔)。所以该语句的输出结果为:

a + b = 11

练习 2-3　参照例 2-6,编程输出两个整数 5 和 6 的差。

练习 2-4　变量 a 的值为 5,变量 b 的值为 6,写出下列语句的输出结果。

(1) printf("\na + b");

(2) printf("\na + b = ％d",a + b);

(3) printf("\na + b = ％d,a - b = ％d",a + b,a - b);

(4) printf("\na + b = ％d\na - b = ％d",a + b,a - b);

(5) printf("\n％d + ％d = ％d\n％d - ％d = ％d",a,b,a + b,a,b,a - b);

例 2-7　编程从键盘输入两个整数,输出它们的和。

```
# include < stdio. h>
int main(){
  int a,b,c;
  scanf("％d％d",&a,&b);
  c = a + b;
  printf("\na + b = ％d",c);
}
```

执行程序,输入:

5　　6 ↙(↙表示回车,下同)

输出:

a + b = 11

再次执行程序,输入:

23　　　　　- 5 ↙

输出:

a + b = 18

程序分析如下：

(1) 本例中的第 1 个语句 int a,b,c;已经介绍过，是定义整型变量 a,b 和 c。

(2) scanf()函数是标准输入函数，它的功能是按照第一个参数(输入格式控制串)的格式规定，从键盘获取数据，并将用户从键盘输入的数据依次赋值给后边参数所指定的变量。变量的前面一定加上取地址运算符 &(关于 & 运算符，以后会做详细介绍)。语句 scanf("%d%d",&a,&b);中的格式说明字符串是"%d%d"，由前面的介绍可以知道，%d 在 C 语言的输入输出函数中代表的是一个整型数据。所以这一格式字符串的含义是从键盘输入两个整型数据(以若干个空格、回车键或 Tab 键分隔)。当用户输入两个整数并按回车键后，系统将这两个整数分别赋值给变量 a 和变量 b。

(3) 语句 scanf("%d%d",&a,&b);中的两个 %d 要求用户从键盘上输入两个整数，也可以理解为它要从键盘上索取两个整数，此时在输入这两个整数时，只能以空格、回车键或 Tab 键来作为分隔符，分隔符的数量不限。例如，再次执行程序，输入：

23 ↙
　5 ↙

输出：

a + b = 28

(4) 语句 scanf("%d%d",&a,&b);中的两个 %d 要求用户从键盘上输入两个整数，如果输入的数据多于两个，它也只接收前两个数据。例如，再次执行程序，输入：

13 ↙
25　　36 ↙

输出：

a + b = 38

读者根据例 2-7，完成下面的练习。

练习 2-5 编程定义三个整变量 a、b、c，从键盘输入它们的值，输出它们的和。

例 2-8 编程输入两个整数，输出其中较大者的值。

```
# include < stdio.h >
int main(){
  int a,b;                              /* 定义整型变量 a 和 b */
  scanf(" %d %d",&a,&b);                /* 从键盘输入两个整数,分别赋值给变量 a 和 b */
  printf("\na = %d,b = %d,",a,b);       /* 输出 a、b 的值 */
  if(a>b) printf("The max is: %d",a);   /* 如果 a>b,那么输出 a 的值 */
  else    printf("The max is: %d",b);   /* 否则输出 b 的值 */
}
```

执行程序，从键盘输入：

5　8 ↙

输出结果为：

a = 5,b = 8,The max is:8

再次执行该程序,从键盘输入:

8 5↙

输出结果为:

a = 8,b = 5,The max is:8

程序分析如下:

(1) 在编写 C 语言程序时,可以对程序进行注释,以方便日后自己或其他人对该程序进行阅读和修改。注释的内容不参与程序的编译和执行,但可以增加程序的可读性。C 语言的注释内容可以放在符号/ * 与 * /之间。注释的内容可以是多行文本,但需要注意的是,符号/ * 与 * /不能嵌套。例如,下面的注释内容是不合法的:

scanf("%d%d",&a,&b);   /* 从键盘输入/* 两个整数 * /分别赋值给变量 a 和 b * /

(2) 程序中前两个语句已经熟悉了,接下来的 if-else 结构在整体上是一个语句(称为条件语句或 if 语句)。这是一个双分支的选择结构,if 后边是一个括号,括号里是一个条件。if 的括号后及 else 后各跟一个子语句。其功能为:如果条件成立则执行 if 分支的语句,否则执行 else 分支的语句。两个分支的语句只执行其一,另一个不执行。

练习 2-6 输入两个整数,按从大到小的顺序输出。

例 2-9 编程输入两个整数,输出其中较大者的值(用自定义函数实现)。

```
# include < stdio. h >
int max( int x, int y){
  int t;
  if(x > y) t = x;
  else    t = y;
  return (t);
}
int main(){
  int a,b,m;
  scanf("%d%d",&a,&b);
  printf("\na = %d,b = %d,",a,b);
  m = max(a,b);
  printf("The max is:%d\n",m);
}
```

该程序的功能和例 2-8 的程序是完全相同的,所以执行结果也是相同的。

执行程序,从键盘输入:

5 8↙

输出结果为:

a = 5,b = 8,The max is:8

再次执行该程序,从键盘输入:

8 5↙

输出结果为：

a = 8,b = 5,The max is:8

程序分析如下：

（1）本例包含两个相互独立的函数。除了主函数之外还包含一个用户自定义的函数 max。

（2）C 语言程序总是从主函数开始执行，当执行到语句 m＝max(a,b);时，会将表达式 max(a,b)的值赋给变量 m，这个表达式是对函数 max 的调用。在求解 max(a,b)时会调用函数 max，将实在参数 a,b 的值传递（赋值）给函数 max 中的形式参数 x,y，然后转到函数 max 的开始处执行。当在函数 max 中执行到 return 语句时会将 return 后面表达式 t 的值作为这个函数的值，也就是 max(a,b)的值，返回到主函数中。在主函数中将这个值赋给变量 m，主函数继续向下执行。

（3）用户自定义函数 max 是由函数首部（第 1 行）和函数体（﹛ ﹜内）两部分组成。函数首部由下列信息构成：

函数返回值类型　函数名(形式参数列表)

本例中的用户自定义函数名称为 max，函数返回值的类型为整型(int)，函数参数有两个，分别是整型变量 x 和整型变量 y，多个参数之间用逗号分隔。

练习 2-7　编程输入两个整数，输出较小者的值（模仿例 2-9 编程）。

练习 2-8　编程输入三个整数，输出最大者的值（模仿例 2-9 编程）。

从以上的例子和练习的程序中可以看出，C 语言程序具有以下的特征及规则。

（1）C 语言程序由函数构成，每一个函数完成相对独立的功能。函数是 C 语言程序的基本组成单位。函数的一般形式是：

```
函数返回值类型 函数名(形式参数列表){
    函数体
}
```

（2）一个 C 语言程序至少应该包含一个名为 main 的主函数。C 语言程序总是从主函数开始执行的。

（3）函数体由语句构成，语句必须以";"（分号）结束。

（4）C 语言程序中一行可以写多个语句，一个语句也可以分为多行。

（5）输入数据可以使用 scanf()函数完成，输出数据可以使用 printf()函数完成。

（6）/﹡与﹡/之间的部分为程序的注释，不参与编译和执行。目前流行的几乎所有编译器还支持另外一种注释方法，就是某一行以符号"//"开头的部分被认为是注释。

（7）在 C 语言程序中，大小写字母是有区别的，相同字母的大、小写被认为是不同的字符。

2.3　关键字和标识符

2.3.1　关键字

关键字是已被 C 语言本身使用，其含义已被固定，不能用作其他用途的单词。关键字也称为保留字。

Turbo C 2.0 中扩展的关键字共 11 个：

asm	_cs	_ds	_es	_ss	cdecl
far	near	huge	interrupt	pascal	

由 ANSI 标准定义的关键字共有 32 个：

auto	double	int	struct	break	else
long	switch	case	enum	register	typedef
char	extern	return	union	const	float
short	unsigned	continue	for	signed	void
default	goto	sizeof	volatile	do	if
while	static				

以上所列的关键字中目前已学习的有 int,if,else,return 等。

2.3.2 标识符

在 C 语言程序中,经常要给一些对象命名,像前面遇到的变量名、函数名等。这些对常量、变量、函数、标号和其他用户定义的对象所命的名称统称为标识符。简单地说,标识符就是一个名字。标识符通常要用户自己来指定,标识符的命名是有一定的规则的。

标识符命名的规则如下：

(1) 以字母或下划线开头,由字母、下划线或数字组合而成的字符序列。

(2) 用户定义的标识符不能与关键字同名,可以和 C 语言的库函数(如 printf 和 scanf)重名,但最好不要同名。

(3) 标识符的长度无统一的具体限制,Turbo C 2.0 规定最多可识别 31 个字符。但一般标识符不应过长,以免难于识别和记忆。

(4) C 语言是大小写敏感的语言,A 和 a 被认为是不同的字符。例如 AB,Ab,aB,ab 会被认为是四个不同的标识符。

下面列举一些正确和不正确的标识符,读者注意区别。

正确	不正确	不正确的原因
smart	5smart	数字开头
_decision	bomb?	不能有字符"?"
key_board	key.board	不能有字符"."
FLOAT	float	与关键字重名
USA	U.S.A.	不能有字符"."
LIMEI	LI MEI	不能有空格

习 题

一、单项选择题

1. 要把高级语言编写的源程序转换为目标程序,需要使用(　　)。

A) 编辑程序　　　　B) 驱动程序　　　　C) 诊断程序　　　　D) 编译程序

2. 若有说明语句"int a,b,c；",则能正确从键盘读入三个整数分别赋给变量 a、b、c 的语句是(　　)。

A) scanf("%d%d%d",&a,&b,&c); B) scanf("%d%d%d",&a,&b,c);
C) scanf("%d%d%d",a,b,c); D) scanf("%d%d%d",a,b,&c);

3. 以下选项中,合法的用户标识符是( )。

A) long B) _2Test C) 3Dmax D) A. dat

4. C 语言程序的执行总是起始于( )。

A) 程序中的第一条可执行语句 B) 程序中的第一个函数

C) main 函数 D) 包含文件中的第一个函数

5. 下列说法中,正确的是( )。

A) C 语言程序书写时,不区分大小写字母

B) C 语言程序书写时,一行只能写一个语句

C) C 语言程序书写时,一个语句可分成几行书写

D) C 语言程序书写时每行必须有行号

6. 英文小写字母 d 的 ASCII 码为 100,英文大写字母 D 的 ASCII 码为( )。

A) 50 B) 66 C) 52 D) 68

二、填空题

1. C 语言程序是由_____构成的,一个 C 语言程序中至少包含_____。

2. _____是 C 语言程序的基本单位。

3. C 语言程序注释的一种方式是由_____和_____所界定的文字信息组成的。

三、判断题

1. 一个 C 语言程序的执行总是从该程序的 main 函数开始,在 main 函数最后结束。

2. main 函数必须写在一个 C 语言程序的最前面。

3. 一个 C 语言程序可以包含若干个函数。

4. C 语言程序的注释部分可以出现在程序的任何位置,它对程序的编译和运行不起任何作用,但是可以增加程序的可读性。

5. C 语言程序的注释只能是一行。

6. C 语言程序的注释不能是中文文字信息。

四、编程题

1. 从键盘输入 5 个整数,输出最大值(要求至少用两种方法编程)。

2. 编程分别输出以下字符图形。

```
    *              *********
   ***            ***    ***
  *****           **      **
 *******          *        *
```

3. 编程输出由字符图案构成的读者自己的中文名字。

第3章 数据类型、运算符与表达式

从这一章开始系统地学习C语言程序设计。在前面的两章中，读者已经学习了一些C语言的例子程序，并以"照葫芦画瓢"的方法练习自己编写一些C语言程序。在这些程序中使用了数据，接触了数据类型、常量、变量、运算符和表达式等概念。本章将详细地讨论这些知识，因为它们是C语言程序设计的基础。

3.1 C语言的基本数据类型

从某种程度来说，程序其实是有穷指令的有序集合。程序就是由指令组成的，而程序所处理的对象是数据。所以数据是指令操作的对象，操作的结果会改变数据的状况。在C语言中，任何一个数据都必须属于一种类型。数据与操作构成程序的两个基本要素，数据类型是对程序所处理的数据的"抽象"。C语言提供了丰富的数据类型，如图3-1所示。

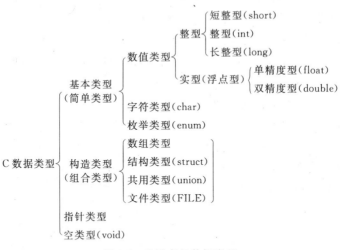

图 3-1　C语言的数据类型

C语言的数据类型总体上可以分为基本类型、构造类型、指针类型和空类型四类。本章只讨论基本类型中的整型、实型和字符型。其他数据类型会在以后的章节中做详细介绍。

可以看出，每种数据类型都用一个关键字或标识符来表示。例如关键字int用来表示整型。每种数据类型的数据都占据固定大小的存储空间，所以它们都有自己的取值范围。各种数据类型的标识符、占据的存储空间及取值范围如表3-1所示。

表 3-1　Turbo C 的数据类型、大小与取值范围

类　　型	标 识 符	字节	位	取 值 范 围
字符型	char	1	8	−128～+127
整型	int	2	16	−32 768～+32 767
短整型	short [int]	2	16	−32 768～+32 767
长整型	long [int]	4	32	−2 147 483 648～+2 147 483 647
单精度实型	float	4	32	3.4E−38～3.4E+38
双精度实型	double	8	64	1.7E−308～1.7E+308
长双精度实型	long double	10	80	3.4E−4932～1.1E+4932
无符号字符型	unsigned char	1	8	0～255
无符号整型	unsigned [int]	2	16	0～65 535
无符号短整型	unsigned short [int]	2	16	0～65 535
无符号长整型	unsigned long [int]	4	32	0～4 294 967 295

不同类型的数据在不同计算机机型中所占用内存的字节数可能不尽相同,读者可以编写程序,用 sizeof() 函数来验证(程序见例 3-13)。

3.2　常　　量

在程序运行的过程中,有些数据的值是不变的。在程序中值不能被改变的量称为常量。常量可分为字面常量和符号常量。字面常量就是直接写出来的一个数据。符号常量是指用一个标识符来代表一个常量。字面常量在程序中可以不必进行任何说明而直接使用。常量有不同的类型,不同类型的常量占据不同大小的存储空间,具有不同的表示方法和取值范围。以下 3.2.1～3.2.4 小节中所介绍的常量均为字面常量,3.2.5 小节介绍符号常量。

3.2.1　整型常量

整型常量就是直接书写出来的整数,它在 C 语言程序中有若干种表示方法,说明如下。

(1) 用十进制表示：由 0～9 这 10 个数字表示的整数,例如 521、−9、0、123 等。整数前不能加前导 0。

(2) 用八进制表示：以数字 0 开头,由 0～7 这 8 个数字表示的整数,例如 0521、−04、+0123 等。

(3) 用十六进制表示：以 0x 开头,由 0～9 和 A～F 这 16 个数字和字符表示的整数,例如 0x521、−0x9、0x1A2B3C 等。

(4) 长整型常量的表示：可以在整型常量的末尾加上字符 l 或 L,来表示这是一个长整型的整型常量,例如 11、034L、0xal 等。对于末尾没有标识的整型常量,C 语言规定,凡是在基本整型表示范围以内的整型常量被自动识别为基本整型,而超出基本整型表示范围的整型常量被自动识别为长整型。例如,521、0521、0x521 都被认为是基本整型常量,而 59834、059834、0x59834 都被认为是长整型常量。

整型常量和长整型常量的区别在于所占据的存储空间不同。例如,12 与 12L 的值相同,区别在于 12 占 2 个字节,而 12L 占 4 个字节。

数据类型、运算符与表达式

（5）C 语言中没有无符号型的整型常量，但可以在一个整型常量的末尾加上字符 u 或 U，C 语言程序在编译时将忽略这个字符。例如，−12，−12U 都表示−12。也可以在一个长整型常量的末尾加上字符 u 或 U，且 L 和 U 的位置可以互换。例如，12U，12LU，12UL 都是合法的表示。因为无符号型的整型数据在运算过程中特别容易出错，所以如果没有特殊的需要，一般都不使用。

综上所述，同一个整型常量可以有不同的表示方法。例如，十进制的 1234 可以有以下多种不同的表示方法：1234，02322，0x4d2，1234L，02322L，0x4d2L，1234U，1234UL。

例 3-1 不同进制整型常量的输出。

```
# include < stdio. h>
int main(){
 //格式说明符%o、%x 分别代表八进制和十六进制整型数据
 printf("\n%d, %d, %d",1234,02322,0x4d2);
 printf("\n%d, %o, %x",0123,123,1234);
}
```

程序的执行结果为：

```
1234,1234,1234
83,173,4d2
```

整型常量应该严格按照以上方法表示，否则将被视为非法的整型常量，出现在 C 语言程序中会使程序出现错误而无法执行。例如，0987，20fa，0x10fg，09A 就属于非法的整型常量。

3.2.2 实型常量

实型常量就是直接书写出来的实数，只用十进制表示。

实型常量有如下两种表示方法。

（1）小数形式：3.141 592 65、−0.618 等。其中小数点前或后的唯一的 0 可以省略，但不能全省略，例如 100.，.618，−.618，.0，0. 等都是合法的表示。

（2）指数形式：当一个实数很小或很大时，用小数形式表示起来就十分困难，而用指数形式表示则很方便。其格式为：

±尾数部分 E± 指数部分   （E 也可小写）

例如，−1.2e+2 表示−1.2×10^2，1.32E−2 表示 1.32×10^{-2}等。e 或 E 前后必须都有数字，且 E 后必须为整数。

C 语言规定不加说明的所有实型常量都被定义成 double 类型。但也可在常量后加上字符 f 或 F 后缀，从而将其强制说明为 float 类型。例如，常量 3.1415 是 double 类型，而常量 3.14159F 就是 float 类型。

例 3-2 不同形式的实型常量的输出。

```
# include < stdio. h>
int main(){
 /*格式说明符%f 代表实型数据，默认小数位数为 6 位 */
 printf("\n%f, %f, %f",12.34,1234.0e−2,0.1234e+2);
}
```

程序的执行结果为：

12.340000,12.340000,12.340000

3.2.3 字符型常量

用一对单引号括起来的一个字符称为一个字符常量。字符常量的表示方法有两种：普通字符和转义字符。

普通字符是用单引号将一个单字符括起来的一种表示方式。例如'A','6','$',';', '>','G','?'等。

需要说明的是，单引号只是一对定界符，在普通字符表示当中只能包括一个字符。单引号内不能括有单引号本身"'"及反斜杠字符"\"，这两个字符可以通过转义字符的形式表示。

转义字符是指在一对单引号内括有以"\"开头的多个字符，用这种形式来表示一个特殊的字符。常用的转义字符及其含义如表 3-2 所示。

表 3-2　常用的转义字符及其含义

转义字符	含　　义
'\n'	换行
'\t'	横向（水平）跳格，跳到下一个 Tab 位置
'\v'	竖向跳格
'\b'	退格
'\r'	回车
'\f'	走纸换页
'\\'	反斜杠\本身
'\''	单引号'本身
'\"'	双引号
'\ddd'	1～3 位八进制数（ASCII 码）所代表的字符
'\xhh'	1～2 位十六进制数（ASCII 码）所代表的字符
'\0'	空字符（ASCII 码为 0 的字符），字符串结束标记

由于字符'A'的 ASCII 码为十进制数 65，用八进制表示是 0101，用十六进制表示是 0x41，所以字符'\101'和'\X41'都表示字符'A'。用这种方法可以表示任何字符，例如'\0'、'\000'和'\x00'都代表的是 ASCII 码为 0 的控制字符，即空字符。空字符被用来作为字符串结束的标记。

例 3-3　分析下面程序的运行结果。

```
# include < stdio. h >
int main(){
 printf("\nab\tcd\tef");
 printf("\nabcd\te\\fg");
 printf("\nabcd\befgh\ri");
 printf("\nabcdef\'\"ghij\tkl\nmn");
 printf("\nA\101\x41");
}
```

数据类型、运算符与表达式

程序的执行结果是：

```
ab      cd      ef
abcd    e\fg
ibcefgh
abcdef'"ghij    kl
mn
AAA
```

程序中使用输出标准函数 printf 输出了一系列字符,注意其中既有普通字符又有转义字符。

字符'\007'是一个特殊的控制字符,输出这个字符会使计算机的扬声器发出一声"嘟"的声音。

练习 3-1 编程实现让计算机的扬声器发出"嘟"的声音。

需要说明的是,字符型数据在内存中是以整型数据形式存储的。举例来说,字符'A'在内存中占一个字节,这个字节中所存储的是整型数据 65(字符'A'的 ASCII 码)。所以字符型数据和整型数据是可以通用和混合运算的。也就是说,字符型数据可以当做整型数据来使用,整型数据也可以当做字符型数据来使用。

例 3-4 分析下面程序的运行结果。

```c
#include <stdio.h>
int main(){
 int a,b;
 a = 'A';
 b = 'A' + 32;
 printf("\n%c, %c",a,b);      /* 格式说明符 %c 代表一个字符 */
 printf("\n%d, %d",a,b);      /* 格式说明符 %d 代表一个整数 */
}
```

程序的输出结果是：

```
A,a
65,97
```

例 3-5 分析下面程序的运算结果。

```c
#include <stdio.h>
int main(){
  int ch1,ch2;            /* 也可以替换成"char ch1,ch2;" */
  ch1 = 'a'; ch2 = 'B';    /* 小写字母 - 32 = 大写,大写字母 + 32 = 小写 */
  printf("ch1 - 32 = %c,ch2 + 32 = %c\n",ch1 - 32,ch2 + 32);
  printf("ch1 + 2 = %d,ch1 + 2 = %c\n ", ch1 + 2, ch1 + 2);
  printf("ch2 + 2 = %d,ch2 + 2 = %c\n ", ch2 + 2, ch2 + 2);
}
```

程序的执行结果是：

```
ch1 - 32 = A,ch2 + 32 = b
ch1 + 2 = 99,ch1 + 2 = c
ch2 + 2 = 68,ch2 + 2 = D
```

3.2.4 字符串常量

字符串常量是以双引号括起来的一串字符序列。例如"This is a c program."，"ABC"，"I LOVE C"或""(空串)等。其中双引号为字符串的定界符，不属于字符串的内容。

字符串常量在存储时，从内存中的某个存储单元开始依次存储各个字符，并在最后一个字符的下一个位置自动额外存储一个空字符'\0'，表示字符串结束。因此字符串数据所占内存空间(长度)为其实际字符个数加1。所以字符串"CHINA"在内存中所占用的存储空间不是5个字节，而是6个字节的存储单元。关于这一点，在以后的章节中还要深入学习。

关于字符串的存储空间大小的问题，参阅本章例3-13。

练习3-2 读者编程输出自己的个人情况(包括姓名、性别、年龄、身高、体重、住址、电话等信息)。

3.2.5 符号常量

有时在程序中会频繁地使用某一固定的常量，例如某商品的价格或税率。如果在程序中多次出现同一常量，可以在程序中定义一个标识符(符号)来固定地表示这个常量，这就是符号常量。

定义符号常量的格式为：

#define　符号常量标识符　常量值

例如，可以使用

#define　PI　3.14159265

来定义PI为一个符号常量，这等于告诉C语言的编译系统，在程序中所有的PI(字符串内部除外)都用3.141 592 65代替。

例3-6 编程输入半径，输出圆的周长、面积和球的体积。

```
#include<stdio.h>
#define PI 3.14159265
int main(){
    float r;                              /*定义一个实型变量r*/
    scanf("%f",&r);
    /*输入一个实型数据，格式说明符%f表示实型数*/
    printf("\nPI=%f",PI);                 /*输出本程序所使用的圆周率的值*/
    printf("\nL=%f",2*PI*r);              /*输出半径为r的圆的周长*/
    printf("\nS=%f",PI*r*r);              /*输出半径为r的圆的面积*/
    printf("\nV=%f",(4.0/3)*PI*r*r*r);    /*输出半径为r的球的体积*/
}
```

执行程序，输入：

2.0

程序输出：

PI=3.141593

数据类型、运算符与表达式

```
L = 12.566371
S = 12.566371
V = 33.510322
```

符号常量的定义属于 C 语言程序的编译预处理指令,没有分号结尾,并且只可以出现在程序最开始处的函数外面。符号常量的值一旦确定,在程序中不允许改变。习惯上,符号常量通常用全大写的单词表示,以和其他的变量相区别,但在 C 语言中这不是必需的。

预处理的含义是指在程序正式编译之前所做的处理。系统对符号常量的处理就是在编译之前进行的。因此在编译执行例 3-6 的程序时,首先将程序中的所有 PI 都替换成 3.141 592 6,然后再编译、执行。所以,执行的是经过替换以后的程序,这一点必须注意。另外,对于字符串内部的 PI,系统不能替换。

如果不使用符号常量,而直接使用字面常量编程,那么程序如下面的例 3-7 所示。

例 3-7 对例 3-6 的修改(不使用符号常量)。

```c
# include < stdio. h>
int main(){
  float r;                                    /* 定义一个实型变量 r */
  scanf(" % f",&r);
  /* 输入一个实型数据,格式说明符 % f 表示实型数 */
  printf("\nPI = % f",3.1415926);             /* 输出本程序所使用的圆周率的值 */
  printf("\nL = % f",2 * 3.1415926 * r);      /* 输出半径为 r 的圆的周长 */
  printf("\nS = % f",3.1415926 * r * r);      /* 输出半径为 r 的圆的面积 */
  printf("\nV = % f",(4.0/3) * 3.1415926 * r * r * r);/* 输出半径为 r 的球的体积 */
}
```

这样,程序中多次出现 3.141 592 6,这给程序的书写带来很大麻烦,并且很容易写错。而用符号常量则不易写错,即使写错了也很容易察觉。当想在程序中修改 3.141 592 6 这个值为 3.141 592 65,不使用符号常量时要修改多处,使用符号常量时只需要修改一处就可以了。

3.3 变   量

在程序运行的过程中,值可以改变的量称为变量。常量和变量都有不同的数据类型,不同类型的常量和变量都占据不同大小的存储空间,具有不同的表示范围。

每一个变量都有一个变量名,都从属于某一个数据类型,在其生存的每一时刻都有值。每一个变量都在内存中占据一定的存储单元,其值就存储在这些单元中。内存中的每个单元都有编号,也称为内存的地址。对变量的读写操作就是按其所在的内存地址进行的。

3.3.1 变量的定义

变量定义语句的一般格式为:

数据类型标识符 变量名表;

变量类型标识符与变量名之间要用空白字符(空格、Tab 键或回车键)隔开。变量名表中如果是多个变量,变量之间要用逗号分隔开。变量定义语句后要加分号。

例如：

```
int a,b,s;
short f;
long p,q,r;
unsigned long k;
char c1,c2;
float x,y;
double d1,d2;
```

变量一经定义，其名称和类型就被固定下来，不允许改变。但变量的值可以在程序运行过程中随时被改变。在给变量起名字时最好做到"见名知意"，即选用有含义的英文单词或缩写做变量名，这样可以增加程序的可读性。

在 C 语言中，变量一定要先定义后使用，并且在同一个作用域内变量不可重复定义。

例 3-8 整型变量程序举例。

```
#include<stdio.h>
int main(){
 int a,b,c,d;
 unsigned u;
 a=56;b=-34;u=30;
 c=a+u; d=b+u;
 printf("a+u=%d,b+u=%d\n",c,d);
}
```

输出结果为：

```
a+u=86,b+u=-4
```

例 3-9 字符型变量程序举例。

```
#include<stdio.h>
int main(){
 char c1,c2;
 c1='A'; c2=97;
 printf("\n%d,%d",c1,c2);
 printf("\n%c,%c",c1,c2);
 printf("\n%d,%c",c1+1,c1+1);
}
```

程序执行的输出结果为：

```
65,97
A,a
66,B
```

例 3-10 实型变量程序举例。

```
#include<stdio.h>
int main(){
 float f1,f2;
 double d1,d2;
```

数据类型、运算符与表达式

```
f1 = 12.34; f2 = 56.78;
d1 = f1 + f2; d2 = f1 * f2;
printf("\n % f, % f",f1,f2);
printf("\n % lf, % lf",d1,d2);
}
```

程序的执行结果为：

```
12.340000,56.779999
69.119999,700.665194
```

值得注意的是,C语言中没有专门的字符串变量,字符串数据是用字符数组来存放的,关于这部分知识在以后的章节中会做介绍。

3.3.2 变量赋初值

在C语言程序中,一般都要定义变量,而变量在定义后往往都要被赋值。 个变量在定义以后,系统会为其分配存储单元,在第一次被赋值之前,它的值是一个不固定的值,也可以说是一个随机的值,因为系统为其分配的存储单元里可能(或一定)已经有了数据。

例 3-11 变量赋值举例。

```
# include < stdio. h >
int main(){
 int i; float f;
 printf("\n % d, % f",i,f);
 a = 105; f = 10.5;
 printf("\n % d, % f",i,f);
}
```

程序的执行结果为：

```
207,0.000000
105,10.500000
```

为什么会有这样的结果？原来,C语言在定义变量时,首先在内存中申请一块区域来存储这个变量的值。当内存申请成功以后,并不对该内存中原有的数据做任何处理。这时如果没有对该变量赋值而直接使用它,它的值就是所申请内存中的原有数据,而这个原有数据是无法预料的。基于这个原因,应该尽量避免这种情况的发生。

第一次给变量赋值,也称为给变量赋初值。给变量赋初值可以通过一个单独的赋值语句来完成。例如：

```
int a;
a = 8;
```

C语言规定,给变量赋初值也可以在定义变量的同时一次完成。例如：

```
int a = 8;        /* 定义变量 a 为整型,同时赋初始值为 8 */
float f = 3.14;   /* 定义变量 f 为单精度实型,同时赋初始值为 3.14 */
double d = 0.5;   /* 定义变量 d 为双精度实型,同时赋初始值为 0.5 */
```

也可以在定义变量时,只给部分变量赋初值。例如:

int a = 3,b,c;   /* 定义 a、b、c 三个整型变量.只给 a 赋初始值 3 */

定义变量必须一个一个进行。例如,想给多个变量 a,b,c,d 赋相同的初始值 6,则必须写成:

int a = 6,b = 6,c = 6,d = 6;

对于此种情况,读者也许会给出如下的定义语句:

int a = b = c = d = 6;

这种表示方法是错误的。因为 C 语言在定义变量时必须一个一个独立地进行,不允许连续赋值定义。

C 语言对变量定义时的赋初值操作是在执行时进行的,而不是在编译时进行的。所以给变量赋初值的操作完全可以分开,即先定义、后赋值。这种形式也是前面介绍的例子中所使用的。例如:

int a = 0,b = 4,c = 5;

相当于:

int a,b,c;
a = 0; b = 4; c = 5;

又例如:

float f1 = 2.0,f2;

相当于:

float f1,f2;
f1 = 2.0;

3.4 C 语言运算符

我们知道,算法是程序的灵魂,程序是指令的集合,数据是指令操作的对象。本书的操作可以说就是各种不同的运算。任何程序都离不开运算,本节介绍 C 语言提供的丰富的运算符。

3.4.1 运算符和表达式简介

运算符是指表达某几个操作数之间的一种运算规则的符号。C 语言的运算符十分丰富和灵活,主要包括算术运算符、关系运算符、逻辑运算符、位运算符、赋值运算符、条件运算符、逗号运算符、指针运算符、求字节数运算符、强制类型转换运算符、分量运算符、下标运算符等多种类型。每种运算符都有不同的优先级别,当在一个表达式中有多种运算混合时,运算次序要严格按优先级别进行。C 语言的所有运算符及其优先级别和结合性如表 3-3 所示。

数据类型、运算符与表达式

表 3-3　C 语言的运算符及其优先级别和结合性

优先级	运　算　符	含　　义	运算对象个数	结合方向
1	（　） ［　］ —> .	圆括号 下标运算符 指向结构体成员运算符 结构体成员运算符		自左至右
2	！ ～ ＋＋ —— — （类型说明符） * & sizeof()	逻辑非运算符 按位取反运算符 自增1运算符 自减1运算符 负号 类型转换运算符 指针运算符 取地址运算符 取长度运算符	1(单目运算符)	自右至左
3	* / %	乘法运算符 除法运算符 取余运算符	2(双目运算符)	自左至右
4	＋ —	加法运算符 减法运算符	2(双目运算符)	自左至右
5	<< >>	左移运算符 右移运算符	2(双目运算符)	自左至右
6	＜ ＜= ＞ ＞=	关系运算符	2(双目运算符)	自左至右
7	== ！=	等于运算符 不等于运算符	2(双目运算符)	自左至右
8	&	按位与运算符	2(双目运算符)	自左至右
9	^	按位异或运算	2(双目运算符)	自左至右
10	|	按位或运算符	2(双目运算符)	自左至右
11	&&	逻辑与运算符	2(双目运算符)	自左至右
12	||	逻辑或运算符	2(双目运算符)	自左至右
13	？：	条件运算符	3(三目运算符)	自右至左
14	＝ ＋= —= * = /= %= >>= <<= &= ^= |=	赋值运算符及各种复合赋值运算符	2(双目运算符)	自右至左
15	,	逗号运算符		自左至右

　　在 C 语言中,通常把只需要一个操作对象的运算符(如!,＋＋,——)称为单目运算符,把需要两个操作对象的运算符(如＋、—)称为双目运算符,把需要三个操作对象的运算符(如?:)称为三目运算符。

　　表达式是指用运算符将运算对象连接起来的、符合 C 语言语法规则的式子。运算对象包括常量、变量、函数等。例如,下面就是一个合法的 C 语言表达式:

```
a * b + 6/c - 1.2 + 'a'
```

　　在求解表达式值时,C 语言规定了运算符的优先级和结合性,具体规定如下。

　　(1) 在求解某个表达式时,如果某个操作对象的左右都出现运算符,则首先要按运算符优先级别高低的次序执行运算。

例如,在表达式 x＋y＊z 中,操作对象 y 的左侧为加号运算符,右侧为乘号运算符,而乘号运算符的优先级高于加号,所以运算对象 y 先和其右侧的运算符乘号结合,先计算 y＊z,表达式相当于 x＋(y＊z)。

(2) 在表达式求值时,如果某个操作对象的左右都出现运算符且优先级别相同时,则要按运算符的结合性来决定运算次序。

例如,在表达式 x－y＋z 中,操作对象 y 的左侧为减号运算符,右侧为加号运算符,而减号运算符与加号运算符优先级别相同。那么这个表达式的运算次序是什么呢? 这时要看运算符加号和减号的结合性,由于它们的结合性是"自左至右",所以运算对象 y 先和其左侧的运算符减号结合,先运算 x－y,表达式相当于(x－y)＋z。

再例如,在表达式 x＝y＋＝z 中,操作对象 y 的左侧为赋值运算符＝,右侧为复合赋值运算符＋＝,它们的优先级别相同。因为各种赋值运算符的结合性是"自右至左",所以运算对象 y 先和其右侧的运算符＋＝结合,先运算 y＋＝z,表达式相当于 x＝(y＋＝z)。

结合性的概念是 C 语言所独有的,希望读者能将这个概念弄清楚。如果此时还不是很清楚,应在学完本章后再回来重新阅读这一部分,那时就会明白了。

(3) C 语言还规定,只有类型相同的两个操作数才能出现在一个运算符的两侧。如果运算符两侧的操作数类型不同,系统会按一定的规则自动转换某一方,使得双方的类型一致。系统进行自动类型转换的规则如图 3-2 所示。

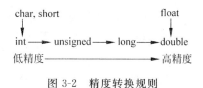

图 3-2　精度转换规则

图 3-2 中纵向的转换是无条件的,也就是说只要是字符型或短整型都无条件地先转换成基本整型再参加运算,只要是单精度实型都无条件地转换成双精度实型再参加运算。图中横向的转换是在运算符两边操作对象类型不一致时进行的,精度低的类型自动转换成精度高的类型。

例如,表达式 100＋'A'－5.0＊8 是合法的表达式。它的运算过程如图 3-3 所示。

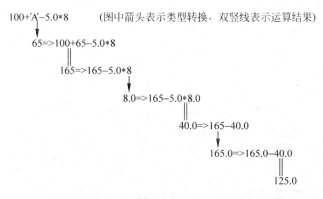

图 3-3　表达式 100＋'A'－5.0＊8 的运算过程

系统自左至右扫描表达式至'A'时,首先无条件地将'A'转换成基本整型数据 65,表达式变成了 100＋65－5.0＊8。继续扫描发现 65 左右的运算符分别为＋和－,而它们的优先级相同并且结合性是自左至右,所以 65 和其左侧的＋号结合,即先计算 100＋65,其结果为

数据类型、运算符与表达式

165,表达式变成165-5.0*8。在扫描表达式至5.0时发现其左右两端的运算符一和*优先级别不同,那么5.0自然和优先级别高的*结合,先计算5.0*8,系统自动将精度低的整型常量8转换成双精度实型8.0,运算结果为40.0,表达式最终变成了165-40.0。这时系统首先将165转换成165.0,然后运算,得到结果为125.0。

在C语言中,除了系统自动进行的类型转换以外,也可以利用强制类型转换运算符将一个表达式转换成所需要的类型。其一般格式为:

(类型标识符)表达式

或者

(类型标识符)(表达式)

例如:

```
(int)(5.2+3.3)        //将表达式5.2+3.3的值转换成int类型,转换后的值为8
(double)(5+3)         //将表达式5+3的值转换成double类型,转换后的值为8.0
(float)(x+y)          //将表达式x+y的值的类型转换成float类型
(float)x+y            //将表达式x的值转换成float类型后再与y相加
```

注意(float)(x+y)与(float)x+y的区别。

例 3-12 强制类型转换程序示例。

```
# include < stdio.h>
int main(){
 float x = 3.5, y = 4.8;
 printf("\n(int)(x+y) = % d",(int)(x+y));
 printf("\n(int)x+y = % f",(int)x+y);
 y = (int)y;
 printf("\nx = % f, y = % f",x,y);
}
```

程序的执行结果是:

```
(int)(x+y) = 8
(int)x+y = 7.800000
x = 3.500000, y = 4.000000
```

在例3-12中,还应该注意一点,如果某单个变量在运算时被强制转换了数据类型,例如表达式(int)x+y中的x,系统在计算(int)x时只得到一个中间结果,变量x的值并未改变。也就是说,无论一个变量的值参与了什么样的运算,只要没有被重新赋值,它的值就不会改变。

在前面的章节中了解到,不同的数据类型,无论是常量还是变量,它们在内存中所占据的存储单元个数是不同的。C语言提供了一个取存储单元长度的运算符sizeof(),它的参数可以是任意的数据类型说明符、常量、变量或表达式,它的值是一个整型数,意义为参数类型或参数的值所占的内存单元个数。

例 3-13 函数 sizeof()程序示例。

```
# include < stdio.h>
int main(){
```

```
    printf("\nchar          : %d",sizeof(char));
    printf("\nint           : %d",sizeof(int));
    printf("\nshort int     : %d",sizeof(short int));
    printf("\nlong int      : %d",sizeof(long  int));
    printf("\nfloat         : %d",sizeof(float));
    printf("\ndouble        : %d",sizeof(double));
    printf("\nlong double   : %d",sizeof(long double));
    printf("\n1234          : %d",sizeof(1234));
    printf("\n1234L         : %d",sizeof(1234L));
    printf("\n51234         : %d",sizeof(51234));
    printf("\n12.34         : %d",sizeof(12.34));
    printf("\n12.34L        : %d",sizeof(12.34L));
    printf("\n2.0 * 3 + 'A' : %d",sizeof(2.0 * 3 + 'A'));
    printf("\nThe Length of \"CHINA\" is: %d",sizeof("CHINA"));
}
```

程序的执行结果是:

```
char        : 1
int         : 2
short int   : 2
long int    : 4
float       : 4
double      : 8
long double : 10
1234        : 2
1234L       : 4
51234       : 4
12.34       : 8
12.34L      : 10
2.0 * 3 + 'A': 8
The Length of "CHINA" is:6
```

3.4.2　算术运算符和算术表达式

1. 基本的算术运算符

C 语言中基本的算术运算符有:

- ＋:加法运算符或正值运算符。例如 5＋6,a＋c,＋3,＋b。
- －:减法运算符或负值运算符。例如 5－6,a－c,－3,－b。
- ＊:乘法运算符。例如 5＊6。
- /:除法运算符。例如 5/3。
- ％:求余运算符或模运算符。例如 15％6。

对基本算术运算符,需要说明的几点如下。

(1) 基本算术运算符都是双目运算符(除表示取正的"＋"运算符和取负的运算符"－"以外),其结合性都为自左至右结合。

(2) 对于除法运算,要注意 C 语言规定,两个整型数相除的结果仍然为整型数。例如,5/2 的结果为 2,小数部分舍弃。但若被除数和除数中有一个为负数,则在结果中,小数的舍入方向是不定的(随机器而定)。若被除数或除数有一个为实型,则结果为 double 类型。例如,5.0/2 的结果为 2.5。

(3) 模运算符 % 的意义是求解两个操作数相除后的余数。例如,7%3 的结果为 1,15%6 的结果为 3。C 语言规定模运算符的两侧必须均为整型数据,因为只有整型数据才能取余数。如果一方为实型数据,则编译程序时出错。

(4) 当不同的运算出现在同一个表达式中时,各种运算是有先后次序的,依据是各个运算符的优先级及结合性。

(5) 在表达式中遇到不同类型数据间的混合运算时,按前面所介绍的规则进行转换。

(6) 任何时候都可以使用括号来改变运算次序,而且恰当地使用括号会增加表达式的可读性。

2. 特殊的算术运算符

C 语言还提供了两个功能特殊的算术运算符.

++:自增 1 运算符。

--:自减 1 运算符。

关于这两个算术运算符,说明如下:

(1) ++和--两个运算符都是单目运算符,其结合性是自右至左。

(2) 这两个运算符的操作数只能是一个变量,而不可以是其他任何形式的表达式。它们既可以作为前缀运算符放在变量的左侧,也可以作为后缀运算符放在变量的右侧。

例如下面的用法是正确的:

```
a++  ++a  b--  --b  a+++6  a+b++  a+b--  (int)(x++)
```

而下面的用法是错误的:

```
4++  ++5  (x+y)++  ++(6+a)  ++(int)(x)  (x)++
```

(3) 它们的运算规则是使其目的操作数(变量)的值自动加 1 或自动减 1。它们在作为前缀运算符和作为后缀运算符时的运算规则是不同的。设 n 为一整型变量,则有下面的规则:

作为后缀运算符:

• n++先使用 n 的值,当使用完成后再让 n 的值自加 1。

• n--先使用 n 的值,当使用完成后再让 n 的值自减 1。

作为前缀运算符:

• ++n 先让 n 的值自加 1,然后再使用 n 的值。

• ++n 先让 n 的值自减 1,然后再使用 n 的值。

例如,假设变量 i 的值为 3,那么:

• 执行 j=i++;后 j 的值为 3,i 的值为 4。

• 执行 j=i--;后 j 的值为 3,i 的值为 2。

• 执行 j=++i;后 j 的值为 4,i 的值为 4。

• 执行 j=--i;后 j 的值为 2,i 的值为 2。

也可以这样来理解:

• j=i++;相当于:j=i;i=i+1;,或相当于 j=i; i++。

- j=++i; 相当于：i=i+1;j=i;,或相当于 i++; j=i。

当++和－－运算符单独使用时放在变量之前和之后是没有区别的,例如 i++ 和 ++i 单独出现的作用都是使 i 加 1,i－－和－－i 单独出现的作用都是使 i 的值减 1。

例 3-14 分析下面程序的运行结果。

```
# include < stdio.h >
int main(){
  int a,b,c,d;   float f1,f2;
  double d1,d2;   char c1,c2;
  a = 10; b = 34; c = 3; d = 6;
  d1 = 6; d2 = 45.9; c1 = 'A'; c2 = 97;
  printf("\nb/a = % d",b/a);
  printf("\n - b/a = % d", - b/a);
  printf("\nb % a = % d",b%a);   / * C规定在 printf 函数的参数中, % % 代表一个 % * /
  printf("\n % d",(int)(d2/6));
  printf("\n % d",a + b++);
  printf("\n % d, % d",a,b);
  printf("\n % d",++a + b);
  printf("\n % d, % d",a,b);
}
```

程序的执行结果是：

```
b/a = 3
 - b/a = - 3
b % a = 4
7
44
10,35
46
11,35
```

由于++和－－运算符的结合性是自右至左,所以表达式－n－－会被理解成－(n－－),表达式! n++会被理解成!(n++),而表达式! ++n 没有别的选择只会被理解成!(++n)。那么表达式 m+++n 呢? 是理解成 m+(++n),还是(m++)+n? C 语言规定在理解有多个字符的运算符时,尽可能自左至右地将更多的字符组成一个运算符,所以表达式 m+++n 会理解成(m++)+n。

特别地,表达式 m++－++n,m－－+－－n、++m+－－n、－－m－++n 是合法的,而表达式 m+++++n、++m+++n、－－n++却被认为是非法的表达式,是什么原因呢? 请根据本节上文给出合理的解释。

读者在编程时,若能恰当地使用空格和括号,那么表达式将变得更加清晰易懂,并且不会出错。例如,将表达式 m+++++n 写成 m++　　+　　++n 或(m++)+(++n) 就不会出错了。

例 3-15 分析下面程序的运行结果。

```
# include < stdio.h >
int main(){
  int x,y,z;
```

```
x = 6;y = 5; z = 4;              printf("\nx = % d,y = % d,z = % d",x,y,z);
x = 6;y = 5; z = x++ + y;        printf("\nx = % d,y = % d,z = % d",x,y,z);
x = 6;y = 5; z = ++x + -- y;     printf("\nx = % d,y = % d,z = % d",x,y,z);
x = 6;y = 5; z = ++x - y++;      printf("\nx = % d,y = % d,z = % d",x,y,z);
x = 6;y = 5; z = -- x - ++y;     printf("\nx = % d,y = % d,z = % d",x,y,z);
x = 6;y = 5; z = x++ - ++y;      printf("\nx = % d,y = % d,z = % d",x,y,z);
x = 6;y = 5; z = x-- + -- y;     printf("\nx = % d,y = % d,z = % d",x,y,z);
x = 6;y = 5; z = x-- + y++;      printf("\nx = % d,y = % d,z = % d",x,y,z);
}
```

程序的执行结果是：

```
x = 6,y = 5,z = 4
x = 7,y = 5,z = 11
x = 7,y = 4,z = 11
x = 7,y = 6,z = 2
x = 5,y = 6,z = - 1
x = 7,y = 6,z = 0
x = 5,y = 4,z = 10
x = 5,y = 6,z = 11
```

例 3-15 的程序虽然能够正确运行,但其表达式书写风格不好,应该在表达式中适当增加空格或括号来增加程序的可读性。这一点,希望读者在以后的程序设计中多加注意。

3.4.3 赋值运算符和赋值表达式

1. 赋值运算符

在前面的程序中了解了很多关于赋值的操作,C 语言中的赋值也是一种运算,运算符为单个的等号。

赋值运算的一般格式是：

变量名称 = 表达式

它的作用是将赋值运算符右侧表达式的值赋给其左侧的变量。赋值运算符的左侧只能是一个变量。

例如下面的赋值运算是正确的：

a = 3
b = a + 6/2.0

而下面的赋值运算是错误的：

6 = 7 + 5
a + b = y - 8

需要说明的是：当赋值运算符两侧的数据类型不一致但均为数值或字符型时,可以通过类型自动转换将右侧值的类型转换成左侧变量的类型后完成赋值,否则出错。如果是低精度向高精度赋值,其值将自动扩展;如果是高精度向低精度赋值,那么会因精度损失而忽略部分数据(通常是小数)。

例 3-16 分析程序的执行结果。

```
#include <stdio.h>
int main(){
 int a,b = 9;
 float f1,f2 = 5.7;
 a = f2; f1 = b;
 printf("\n%d, %f",a,f1);
}
```

程序的执行结果是：

```
5,9.000000
```

2. 复合赋值运算符

C 语言还提供了多个复合赋值运算符。在赋值运算符之前加上其他运算符，就构成了复合赋值运算符。常见的复合赋值运算符有+=、-=、*=、/=、%=、<<=、>>=、&=、^=、|=等。这里只讨论前 5 种，后 5 种是关于位操作的。

复合赋值运算可以看成是某种赋值运算的简写形式，即如果把某变量与另一表达式的某种运算结果还赋值给这个变量本身，例如 a=a+3，那么这一赋值表达式就可以用复合赋值运算符简写为 a+=3。请看以下的几种复合情形：

- x*=8：等价于 x=x*8。
- x*=y+8：等价于 x=x*(y+8)，注意不是等价于 x=x*y+8。
- x%=3：等价于 x=x%3。

3. 赋值表达式

赋值是一种运算，由赋值运算符连接组成的式子称为赋值表达式。赋值表达式是有值的，它的值就是最终赋给变量的值。赋值表达式的值还可以参加运算。例如：

- a=3：a 的值是 3，整个赋值表达式的值为 3。
- b=5+(a=3)：a 的值为 3，b 的值为 8，整个赋值表达式的值为 8。
- a=b=c=8：相当于 a=(b=(c=8))，a、b、c 的值为 8，整个表达式的值为 8。
- a=(b=10)/(c=2)：b 的值是 10，c 的值是 2，a 的值 5，整个表达式的值是 5。
- b=(a=5)+(c=++a)：整个表达式求解后，a 与 c 的值是 6，b 的值是 11，整个表达式的值是 11。

例 3-17 赋值运算符应用举例。

```
#include <stdio.h>
int main(){
 int a,b;
 printf("\n%d, %d",a = 5,b = 6);
 printf("\n%d, %d",a = (b = 2) + 3,++b);
 printf("\n%d, %d",(a = 5) + (b = 3),a = 5 + (b = 2));
 printf("\n%d, %d",a,b);
}
```

程序的执行结果是什么呢？读者也许会写出如下的运行结果：

```
5,6
5,3
```

8,7
7,2

而实际上,程序的执行结果应该是:

5,6
5,7
8,7
5,3

这是为什么呢?因为 printf( )函数中的参数求解次序是自右至左的,对于语句 printf("\n%d,%d",a＝(b＝2)＋3,＋＋b);来说,首先求解表达式＋＋b 的值,然后再求解表达式 a＝(b＝2)＋3 的值。关于 printf( )函数的这一特性,请看第 4 章关于 printf( )的专题论述。

3.4.4　关系运算符和关系表达式

在 C 语言程序设计中,除了算术运算和赋值运算以外,还常常需要去比较两个值之间的大小关系或判断某一个条件是否成立,这时就需要用到关系运算(比较运算)。

C 语言所提供的关系运算符有以下 6 种:

>	(大于)
>=	(大于等于)
<	(小于)
<=	(小于等于)
==	(等于)
!=	(不等于)

关系运算符的优先级高于赋值运算符,低于算术运算符。在关系运算符中前 4 个运算符(＞、＞＝、＜、＜＝)的优先级高于后两个(＝＝、!＝)。例如:

x＜y＋z 相当于 x＜(y＋z)。

x＋5＝＝y＜z 相当于(x＋5)＝＝(y＜z)。

x＝y＞z 相当于 x＝(y＞z)。

用关系运算符将两个表达式连接起来的式子称为关系表达式。关系表达式的一般形式为:

表达式 关系运算符 表达式

关系运算符两侧的表达式可以是算术表达式、关系表达式、逻辑表达式(后面介绍)、赋值表达式、字符表达式等。例如下面的表达式都是合法的关系表达式:

6＞5、a＋b＜＝c＋d、a＞b!＝c、4＜100－a、a＞＝b＞＝c、'A'＞'B'

任何合法的表达式都应该有一个确定的值,关系表达式也不例外。关系表达式的值是一个逻辑值,若表达式是成立的,则其值为真,用 1 表示;否则值为假,用 0 表示。也就是说,关系表达式的值为一个整型数,或者是 1,或者是 0。

关系表达式的值也可作为操作数参加其他的运算。例如:若有语句 int x＝2,y＝3, z＝5;,则 x＞＝2 的值为 1,x＞y 的值为 0,x＝＝y 的值为 0,x!＝y 的值为 1,z＞＝x＜＝y

的值为 1。

例 3-18 关系运算符应用举例。

```
# include < stdio. h>
int main(){
 int a,b,c = 3,d = 4;
 a = c>3; b = 2<d;          printf("\n%d,%d",a,b);
 a = 3>c<d; b = 20<(d = 8); printf("\n%d,%d",a,b);
}
```

程序的执行结果是:

```
0,1
1,0
```

3.4.5 逻辑运算符和逻辑表达式

有时需要用多个关系才能表示所需的条件,例如:数学式子 $0 \leqslant x \leqslant 10$ 的含义是条件 $x \geqslant 0$ 与 $x \leqslant 10$ 同时成立;三条线段能构成三角形的条件是三边长 a,b,c 要同时满足 $a+b>c$, $b+c>a,a+c>b$ 三个条件。这时,就要用到逻辑运算符。

C 语言提供的逻辑运算符有以下 3 个:

```
&&   逻辑与(并且)
||   逻辑或(或者)
!    逻辑非(取反、否定)
```

运算符!是单目运算符,运算符 && 和||是双目运算符。运算符!的优先级别最高, 其次是 &&,再次是||。关于逻辑运算符和其他运算符之间的优先关系见表 3-3。

用逻辑运算符将两个关系表达式或逻辑量连接起来的式子就是逻辑表达式。逻辑表达式的一般形式为:

表达式 逻辑运算符 表达式

例如,下面的一些表达式就是合法的逻辑表达式:

* $a>b$ && $c<d$:相当于 $(a>b)$ && $(c<d)$。
* $!a$ && $b>4$:相当于 $(!a)$ && $(b>4)$。
* $a>5$||$b<6$ && $c>9$:相当于 $(a>5)$||$(b<6)$ && $(c>9)$。
* $a=!b$ && $c+6$:相当于 $a=((!b)$ && $(c+6))$。

逻辑表达式的值和关系表达式的值一样是一个逻辑量。如果表达式成立,则值为真,用 1 表示;否则值为假,用 0 表示。也就是说,在表示真假值时,用 1 表示真,用 0 表示假。但在判断真假时,C 语言规定非 0 为真,0 为假。例如:

* $!5$:5 是非 0 值,为真(1);所以 $!5$ 的值为假(0)。
* $!(5<6)$:$5<6$ 不成立,值为 0;0 为假,$!0$ 为真;所以表达式的值为 1。
* $5<6>7$:$5<6$ 不成立,值为 0;$0>7$ 不成立,所以 $5<6>7$ 的值为 0。

逻辑与运算符 && 的运算规则是只有当两个操作数都为真时,表达式的值才为真;逻辑或运算符||的运算规则是只有当两个操作数都为假时,表达式的值才为假;非运算符!的

运算规则是非真的值为假，非假的值为真。三种逻辑运算符的运算规则(真值表)如表 3-4 所示。

表 3-4　逻辑运算的真值表

a	b	!a	!b	a&&b	a||b
真(非 0)	真(非 0)	假(0)	假(0)	真(1)	真(1)
真(非 0)	假(0)	假(0)	真(1)	假(0)	真(1)
假(0)	真(非 0)	真(1)	假(0)	假(0)	真(1)
假(0)	假(0)	真(1)	真(1)	假(0)	假(0)

C 语言中没有专门的逻辑型数据，逻辑值就是整型数据，是可参与各种运算的。例如：

a=(5>3)&&(3<2)：a 的值为 1。

b=(5<=6)+3：b 的值为 4。

需要特别说明和注意的是，在一个整体上全与运算的表达式中，若某个子表达式的值为 0，则不再计算其右侧的子表达式，整个表达式的值为 0。在一个整体上全或的表达式中，若某个子表达式的值为 1，则不再计算其右侧的子表达式，整个表达式的值为 1。

例 3-19　逻辑运算符应用举例。

```
#include<stdio.h>
int main(){
 int a,b,c,d,e,f,g;
 a=5; b=6;
 c=(a<=4)&&(b=7)>5;
 printf("\nc=%d,b=%d",c,b);
 d=(a>=4)||(b=19)<90;
 printf("\nd=%d,b=%d",d,b);
}
```

程序的执行结果是：

```
c=0,b=6
d=1,b=6
```

通过此例，请读者仔细领会上文中所提到的"不再计算其右侧的子表达式"的含义。

用逻辑表达式可以方便地表达复杂的条件。例如判断一个年份 year(整型变量)是否为闰年。

一个年份是闰年的条件是这样的：年份能被 4 整除但不能被 100 整除，或者能被 400 整除。这两个条件是或者的关系，第一个条件中的"但"表示的是并且的关系，所以年份 year 是闰年的判断条件可以表示为：

(year 能被 4 整除 并且 year 不能被 100 整除)或者(year 能被 400 整除)

用逻辑表达式可以表示为：

(year%4==0&&year%100!=0)||(year%400==0)

对于变量 year 的一个给定的整型值时，如果表达的值为 1，则表示年份 year 是闰年；否则如果表达式的值为 0,则表示年份 year 为非闰年。

例 3-20 输入年份,判断是否为闰年。

```
#include<stdio.h>
int main(){
 int year;
 scanf("%d",&year);
 printf("\n%d",    (year%4==0&&year%100!=0)||(year%400==0));
}
```

执行程序,输入:

2000

输出:

1

再次执行程序,输入:

2002

输出:

0

3.4.6 逗号运算符和逗号表达式

逗号运算符是 C 语言提供的比较特殊的一个运算符。用逗号运算符将两个或多个表达式连接起来,就构成一个逗号表达式。

逗号运算符在所有运算符中优先级别最低。

逗号表达式的一般形式为:

表达式,表达式

逗号表达式的运算规则为从左至右依次求解每一个表达式的值。逗号表达式的值为构成该逗号表达式的最后一个表达式的值。例如:

```
3+5,6+9                   /* 值为 15 */
a=5+6,a++                 /* 值为 11 */
(a=5),a+=6,a+9            /* 值为 20 */
1+(a=2),a-=8,(a=78,a++,a-=60) /* 值为 19 */
```

3.4.7 条件运算符

C 语言提供的另一个比较特殊的运算符为条件运算符“?:”,它需要三个操作数,是一个三目运算符。条件表达式的一般形式为:

表达式 1? 表达式 2:表达式 3

条件运算符的运算规则为首先求解表达式 1,若表达式 1 的值为非 0(真),则求解表达

数据类型、运算符与表达式

式2,并将表达式2的值作为整个表达式的值;若表达式1的值为0(假),则求解表达式3,并将表达式3的值作为整个表达式的值。

条件运算符的优先级别仅高于赋值运算符。条件表达式给出了根据某一条件从两个值中选择一个的方法,应用十分广泛,例如:

```
b = 6 > 7?1:0                /* 6 > 7 不成立,所以 b 被赋值为 0 */
max = x > y?x:y              /* max 的值被赋为 x 与 y 中的较大者 */
x > = 0?x: - x               /* 整个表达式的值为 x 的绝对值 */
(x > y?x:y) > z?(x > y?x:y):z   /* x,y,z 三个变量的最大值 */
x > = 0?(x > 0?1:0): - 1        /* 表达式的值为变量 x 的符号,x 是正数值为 1,x 是负数值为
- 1,x 是 0 值为 0。也可写成如下几种形式: x > 0?1:(x<0? - 1:0)、x > 0?1:(x = 0?0: - 1)、x<0? - 1:
(x > 0?1:0)。 */
(year % 4 == 0&&year % 100! = 0)||(year % 400 == 0)?"YES":"NO"
                  /* 若 year 为闰年,则表达式的值为字符串"YES",否则值为"NO" */
```

例 3-21　输入两个整数,输出较大者。

```
# include < stdio. h >
int main(){
 int a,b;
 scanf(" % d % d",&a,&b);
 printf("\n % d",a > b?a:b);
}
```

执行程序,输入:

5　8

输出:

8

再次执行程序,输入:

8　5

输出:

8

例 3-22　输入年份,如果是闰年则输出 YES,否则输出 NO。

```
# include < stdio. h >
int main(){
 int year;
 scanf(" % d",&year);
 printf((year % 4 == 0&&year % 100! = 0)||(year % 400 == 0) ?"YES":"NO");
}
```

执行程序,输入:

2000

输出：

YES

再次执行程序，输入：

2002

输出：

NO

练习 3-3　输入三个整数，输出其中的较大者。

练习 3-4　输入一个整数，输出其绝对值。

练习 3-5　输入一个整数，输出其符号(正数输出 1，负数输出－1，0 输出 0)。

3.4.8　常用数学标准函数

在程序设计的过程中，经常要用到数学计算，简单的数学计算可以通过上面介绍的各种运算符来完成任务。而对较为复杂的数学计算(如求平方根)一般都要通过调用数学函数来完成。C 语言提供了许多已定义好的数学函数，主要的数学函数有(函数名前面的类型名称为函数返回值的类型)：

double exp(x)：返回自然对数 e 的 x 次方的值。

double log(x)：返回以自然对数 e 为底 x 的对数。

double log10(x)：返回以 10 为底 x 的对数。

double sqrt(x)：返回 x 的算术平方根(参数 x 必须是非负值，否则出错)。

double pow(x,y)：返回 x 的 y 次方的值，即计算 x^y。

int abs(n)：返回参数 n 的绝对值，n 为整型数。

double fabs(x)：返回参数 x 的绝对值，x 为实型数。

long fabs(ln)：返回参数 ln 的绝对值，ln 为长整型数。

double sin(x)：返回弧度 x 的正弦值。

double cos(x)：返回弧度 x 的余弦值。

double tan(x)：返回弧度 x 的正切值。

double asin(x)：返回实数 x 的反正弦值(x 的值在－1 至 1 之间)。

double acos(x)：返回实数 x 的反余弦值(x 的值在－1 至 1 之间)。

double atan(x)：返回实数 x 的反正切值。

C 语言对数学标准函数的定义多位于头文件"math.h"中。在使用了数学函数的 C 语言程序中，必须在程序的开头加上一个这样的编译预处理命令：

```
#include<math.h>
```

关于编译预处理命令的详细介绍见本书第 9 章。

例 3-23　数学函数应用举例。

```
#include<stdio.h>
#include "math.h"
```

```
#define PI 3.1415926
int main(){
    double a,b;
    scanf("%lf%lf",&a,&b);         /* 输入两个实数,格式说明符 %lf 代表 double 类型 */
    printf("\nsin(%lf) = %lf",a,sin(a*PI/180));
                                   /* 假设 a 为角度,则 a*PI/180 为弧度 */
    printf("\ncos(%lf) = %lf",a,cos(a*PI/180));
    printf("\nexp(%lf) = %lf",a,exp(a));
    printf("\nlog(%lf) = %lf",a,log(a));
    printf("\nlog10(%lf) = %lf",a,log10(a));
    printf("\npow(%lf,%lf) = %lf",a,b,pow(a,b));
}
```

执行程序,输入:

3,4

输出:

```
sin(3.000000) = 0.052336
cos(3.000000) = 0.998630
exp(3.000000) = 20.085537
log(3.000000) = 1.098612
log10(3.000000) = 0.477121
pow(3.000000,4.000000) = 81.000000
```

C 语言还提供了两个关于产生随机整数的函数:

(1) int rand():此函数返回一个 0～32 767 范围内的随机整数。

(2) void srand(unsigned seed):初始化随机数发生器函数,它需要提供一个种子,例如:srand(1);表示直接使用 1 来初始化种子。不过常常使用系统时间来初始化,即使用 time 函数来获得系统时间,它的返回值为从"00:00:00 GMT,January 1,1970"到现在所持续的秒数,有一个经常用法,就是:

```
srand((unsigned)time(NULL));
```

使用 rand()函数及 srand()函数应该在程序前面加上预处理命令:

```
#include <stdlib.h>
```

使用 time 函数应该在程序前面加上预处理命令:

```
#include <time.h>
```

例 3-24 编程实现如下功能:让计算机随机生成两个 100 以内的整数,用户从键盘输入这两个整数的和。若输入正确则输出 GOOD!,否则输出 SORRY!。

```
#include <stdlib.h>
#include <stdio.h>
#include <time.h>
int main(){
    int a,b,c;
    srand((unsigned)time(NULL));
```

```
    a = rand( ) % 100;
    b = rand( ) % 100;
    printf("\n % d + % d = ",a,b);
    scanf(" % d",&c);
    printf(c == a + b?"GOOD!":"SORRY!");
}
```

执行程序,首先输出:

65 + 99 =

输入:

165

输出:

GOOD!

再次执行程序,首先输出:

36 + 74 =

输入:

56

输出:

SORRY

练习 3-6 编程实现如下功能:让计算机随机生成两个 100 以内的整数,让计算机随机生成一道加法或减法算式,再让用户从键盘输入这个算式的结果。若输入正确则输出 GOOD!,否则输出 SORRY!。

例 3-25 下面的程序功能为在屏幕上用符号"＊"输出正弦曲线。

```
# include "stdio. h"
# include "math. h"
# define PI 3.14159265
main( ){
    long int r,i,k;float m = 1;
    for(r = 0;r < = 24;r++)
    { i = sin((r * 360/(25.0 * m)) * PI/180.0) * 30 + 30;
      for(k = 1;k < = i;k++) printf(" ");
      printf(" * \n");
    }
}
```

程序的执行结果如图 3-4 所示。

例 3-25 中使用的循环结构 for 语句,会在以后的章节中介绍,在这里,读者只要感觉到 sin 函数的作用就可以了。

第 3 章

数据类型、运算符与表达式

图 3-4　例 3-25 的输出结果

习　　题

一、单项选择题

1. 下列选项中合法的字符常量是(　　)。

A) '\t'　　　　　B) "A"'　　　　　C) a'　　　　　D) '\x32'

2. 下列选项中合法的字符常量是(　　)。

A) '\084'　　　　B) '\84'　　　　　C) 'ab'　　　　D) '\x43'

3. (　　)是 C 语言提供的合法的数据类型关键字。

A) Float　　　　B) signed　　　　C) integer　　　D) Char

4. 下面选项中,不是合法整型常量的是(　　)。

A) 160　　　　　B) —0xcdg　　　　C) —01　　　　D) —0x48a

5. 在 C 语言中,要求参加运算的数必须是整数的运算符是(　　)。

A) /　　　　　　B) *　　　　　　C) %　　　　　　D) =

6. 下列对于语句:f=(3.0,4.0,5.0),(2.0,1.0,0.0);的判断,正确的是(　　)。

A) 语法错误　　B) f 为 5.0　　　C) f 为 0.0　　　D) f 为 2.0

7. 与代数式(x * y)/(u * v)不等价的 C 语言表达式是(　　)。

A) x * y/u * v　　B) x * y/u/v　　C) x * y/(u * v)　D) x/(u * v) * y

8. 在 C 语言中,数字 029 是一个(　　)。

A) 八进制数　　　B) 十六进制数　　C) 十进制数　　　D) 非法数

9. 对于 char cx='\039';语句,正确的是(　　)。

A) 不合法　　　　　　　　　　　B) cx 的 ASCII 值是 33

C) cx 的值为四个字符　　　　　　D) cx 的值为三个字符

10. 若 int k=7,x=12;,则能使值为 3 的表达式是(　　)。

A) x%=(k%=5)　　　　　　　　　B) x%=(k—k%5)

C）x％＝k－k％5   D）（x％＝k）－（k％＝5）

11. 为了计算 s＝10!（即 10 的阶乘），则 s 变量应定义为（   ）。

A）int   B）unsigned   C）long   D）以上三种类型均可

12. 以下所列的 C 语言常量中，错误的是（   ）。

A）0xFF   B）1.2e0.5   C）2L   D）'\72'

13. 假定 x 和 y 为 double 型，则表达式 x＝2,y＝x+3/2 的值是（   ）。

A）3.500000   B）3   C）2.000000   D）3.000000

14. 设变量 n 为 float 型，m 为 int 类型，则以下能实现将 n 中的数值保留小数点后两位，第三位进行四舍五入运算的表达式是（   ）。

A）n＝（n＊100＋0.5）/100.0   B）m＝n＊100＋0.5,n＝m/100.0

C）n＝n＊100＋0.5/100.0   D）n＝（n/100＋0.5）＊100.0

15. 以下合法的赋值语句是（   ）。

A）x＝y＝100   B）d－－   C）x＋y   D）c＝int（a＋b）

16. 下列选项中不属于 C 语言的类型是（   ）。

A）signed short int   B）unsigned long int

C）unsigned int   D）long short

17. 设以下变量均为 int 类型，则值不等于 7 的表达式是（   ）。

A）（x＝y＝6,x＋y,x＋1）   B）（x＝y＝6,x＋y,y＋1）

C）（x＝6,x＋1,y＝6,x＋y）   D）（y＝6,y＋1,x＝y,x＋1）

18. 在 16 位 C 编译系统上，若定义 long a;，则能给 a 赋 40000 的正确语句是（   ）。

A）a＝20000＋20000;   B）a＝4000＊10;

C）30000＋10000;   D）a＝4000L＊10L;

19. 当 c 的值不为 0 时，在下列选项中能正确将 c 的值赋给变量 a,b 的是（   ）。

A）c＝b＝a;   B）（a＝c）||（b＝c）;

C）（a＝c）&&（b＝c）;   D）a＝c＝b;

20. 能正确表示 a 和 b 同时为正或同时为负的逻辑表达式是（   ）。

A）（a＞＝0||b＞＝0）&&（a＜0||b＜0）

B）（a＞＝0&&b＞＝0）&&（a＜0&&b＜0）

C）（a＋b＞0）&&（a＋b＜＝0）

D）a＊b＞0

21. 以下程序的输出结果是（   ）。

main（）{ int x＝10,y＝10; printf("%d %d\n",x－－,－－y); }

A）10 10   B）9 9   C）0 10   D）10 9

22. 语句：printf("%d",(a＝2)&&(b＝－2));的输出结果是（   ）。

A）无输出   B）结果不确定   C）－1   D）1

23. 当 c 的值不为 0 时，（   ）能正确将 c 的值赋给变量 a,b。

A）c＝b＝a;   B）（a＝c）||（b＝c）

C）（a＝c）&&（b＝c）   D）a＝c＝b

24. 能正确表示 a 和 b 同时为正或同时为负的逻辑表达式是（   ）。

A) (a>=0||b>=0)&&(a<0||b<0)

B) (a>=0&&b>=0)&&(a<0&&b<0)

C) (a+b>0)&&(a+b<=0)

D) a*b>0

25. 如下程序段执行后,x 的值为(　　　)。

```
int a = 14,b = 15,x; char c = 'A';
x = (a&&b)&&(c<'B');
```

A) ture　　　　　　　B) false　　　　　　　C) 0　　　　　　　D) 1

二、填空题

1. 在 C 语言中,一个 char 数据在内存中所占字节数为_____,其数值范围为_____;一个 int 数据在内存中所占字节数为_____,其数值范围为_____;一个 long 数据在内存中所占字节数为_____,其数值范围为_____;一个 float 数据在内存中所占字节数为_____。

2. C 语言的标识符只能由大小写字母、数字和下划线三种字符组成,而且第一个字符必须为_____。

3. 字符常量使用一对_____界定单个字符,而字符串常量使用一对_____来界定若干个字符的序列。

4. 若 a 是 int 变量,则执行表达式 a=25/3%3 后,a 的值是_____。

5. 设 x,i,j,k 都是 int 型变量,表达式 x=(i=4,j=16,k=32)计算后,x 的值为_____。

6. 设 x=2.5,a=7,y=4.7,则 x+a%3 * (int)(x+y)%2/4 的值为_____。

7. 设 a=2,b=3,x=3.5,y=2.5,则(float)(a+b)/2+(int)x%(int)y 为_____。

8. 已知:char a='a',b='b',c='c',i;,则表达式 i=a+b+c 的值为_____。

9. 若有定义:int a=8,b=5,c;,执行语句 c=a/b+0.4;后,c 的值为_____。

10. 当 a=3,b=4,c=5 时,写出下列各式的值。

a<b 的值为_____, a<=b 的值为_____, a==c 的值为_____, a!=c 的值为_____,a&&b 的值为_____, !a&&b 的值为_____, a||c 的值为_____,!a||c 的值为_____,a+b>c&&b==c 的值为_____。

11. 整型变量 a 的值是 5,表达式 a/=a+a;的值应为_____。

12. 已知 a=3,b=4,c=5,逻辑表达式 a||b+c&&b-c 的值应为_____,逻辑表达式!(a>b)&&!c||1 的值应为_____。

13. 已知:int a=5;,则执行 a+=a-=a*a;语句后,a 的值为_____。

三、判断题

1. 在 C 语言程序中对用到的所有数据都必须指定其数据类型。

2. 一个变量在内存中占据一定的存储单元。

3. 一个实型变量的值肯定是精确的。

4. 对几个变量在定义时赋初值可以写成:int a=b=c=3;。

5. 自增运算符(++)或自减运算符(--)只能用于变量,不能用于常量或表达式。

6. 在 C 语言程序的表达式中,为了明确表达式的运算次序,常使用括号"()"。

7. %运算符要求运算数必须是整数。

8. 若 a 是实型变量,C 语言程序中允许赋值 a＝10,因此实型变量中允许存放整型数。

9. 在 C 语言程序中,逗号运算符的优先级最低。

10. C 语言不允许混合类型数据间进行运算。

四、简答题

1. C 语言的数据类型有哪些?

2. C 语言所使用的变量为什么要先定义后使用?

五、写出程序运行结果

```c
1. int k = 10;
   float a = 3.5,b = 6.7,c;
   c = a + k % 3 * (int)(a + b) % 2/4;
   printf(" % f",c);
2. main( ){
     float x = 4.9;int y;
     y = (int)x;
     printf ("x = % f , y = % d", x ,y);
   }
3. main(){
     int   a = 5,b = 4,c = 6,d;
     printf(" % d\n",d = a > b?(a > c?a:c):(b));
   }
4. main(){
     int a = 4,b = 5,c = 0,d;
     d = !a&&!b||!c;
     printf(" % d\n",d);
   }
```

第4章 | 顺序结构程序设计

本章首先对 C 语言的语句进行介绍,然后详细讨论了 C 语言中标准输入函数 scanf() 和标准输出函数 printf() 的使用方法和规则,最后通过若干顺序结构程序的例子来对本章所讲解的内容进行实践,并使读者理解什么是顺序结构程序。

4.1 C 语句介绍

C 语言程序是以函数为基本单位的,函数是由一个一个的 C 语句构成的。C 语句一般来说是由 C 表达式加分号构成的。C 语句必须以分号结束,没有分号只能是表达式而不是语句。

C 语言的语句主要分为以下几类:

(1) 说明语句。说明语句一般指用来定义变量数据类型等的语句。例如:

```
int a = 5,b;
float f1,f2;
```

(2) 表达式语句。表达式语句是指由一个 C 表达式加上分号构成的语句。例如:

```
a = b + 1;              /* 赋值表达式 a = b + 1 加上分号 */
1;                      /* 算术表达式 1 加上分号,此表达式无实际意义 */
2 + 2;                  /* 算术表达式 2 + 2 加上分号,此表达式无实际意义 */
x > y?x:y;              /* 条件表达式 x > y?x:y 加上分号,此表达式无实际意义 */
i = 1,j = 2;            /* 逗号表达式 i = 1,j = 2 加上分号 */
i++;                    /* 表达式 i++ 加上分号 */
```

(3) 函数调用语句。函数调用语句是由一个函数调用加上分号。例如:

```
printf("\n");
srand(time(NULL));
cos(6);                 /* 无实际意义 */
```

这类语句也可以归属于表达式语句,因为函数调用本身也是一个表达式。

(4) 空语句。空语句是仅由一个分号所构成的语句,没有任何动作。例如:

```
;
```

(5) 复合语句。复合语句是指将一组语句用花括号"{}"括起来,从而使整个花括号变成一个整体(复合语句)。从整体上看,复合语句是一个语句。例如:

```
{
    a = 5;
    b = 6;
    c = 7;
}
```

复合语句在 C 语言程序中的用处很大,在以后的学习中大家会逐渐体会到。有的书中也将复合语句称为分程序。

(6) 控制语句。控制语句完成一定的控制功能,实现程序流程的跳转。C 语言提供的控制语句有:

goto	无条件转向语句
if( ) … else …	选择语句
switch	多分支选择语句
while( )	循环语句
for( )	循环语句
do{ }while()	循环语句
break	循环控制语句
continue	循环控制语句
return	从函数返回语句

在 C 语言程序中,允许一行写多个语句,也可以将一个语句写在多行上,书写格式无固定的要求。语句中关键字、标识符、运算符、运算量之间可以用任意个空白字符分隔。这里的空白字符指空格、回车或制表符(Tab 键),C 语言程序在编译时会自动略过这些多余的空白字符。

例 4-1 C 语言程序自由的书写格式举例(程序内容同例 3-24)。

```
# include < stdlib. h >
# include < stdio. h >
# include < time. h >
int main(){ int a,b,c;
 srand((unsigned)time(NULL)); a =
      rand( ) %                      100;
 b = rand( ) % 100;
 printf("\n % d + % d = ",          a,
 b);
 scanf(" % d"              ,          &c);
 printf(c == a + b?"GOOD! " :
 "SORRY! ");
}
```

按以上格式书写的程序一样可以通过编译,得到正确的运行结果。但是,按照此格式书写的程序阅读起来是很困难的,尤其是在编写规模稍大一些的程序时。所以在编程时尽量养成良好的格式书写习惯。

4.2 基本输入输出功能的实现

C 语言本身没有提供输入输出功能的语句,数据的输入输出都是通过函数调用来实现的。

顺序结构程序设计

C 语言提供了标准的函数库,其中包括标准输入输出函数 scanf()和 printf()。关于这两个函数,在前面的章节中已经多次使用过,已经比较熟悉。C 语言还提供了两个字符输入输出函数 getchar()和 putchar(),C 语言把这两个函数的定义放在了头文件"stdio. h"中,所以在使用这两个函数的 C 语言程序中,应该在程序的开头处加上这样的一个编译预处理命令:

```
# include < stdio. h>
```

或者

```
# include "stdio. h"
```

4.2.1　字符输出函数 putchar()

C 语言程序中调用字符输出函数 putchar()的一般形式是:

```
putchar(表达式)
```

功能说明:

(1) 参数表达式可以为字符表达式或整型表达式。表达式的值为将要输出字符的 ASCII 码,或是字符本身。

(2) 函数的功能就是在标准输出设备(显示器)上输出一个字符。

(3) 如果表达式的值不是整型值,则自动舍弃小数部分取整。

(4) C 语言中 ASCII 码共有 256 个,详见本书附录 A。所以函数 putchar()的参数值应在 0～255 之间,如果超过 255,则系统会自动除以 256 取余数,使之回到 0～255 的范围。

(5) 有些控制字符是不可显示的。例如 ASCII 码为 7 的字符是使计算机的扬声器响一声。

例 4-2　字符输出函数应用举例。

```
# include < stdio. h>
int main(){
 char c = 'A';
 int  n = 65;
 putchar('\n');      /* 以下的 6 个语句输出 AAABBB */
 putchar('A');   putchar(c);   putchar(n);
 putchar('A' + 1); putchar(c + 1); putchar(n + 1);
 putchar(10);        /* 以下的 5 个语句输出 AAAAA */
 putchar(65);   putchar('\0101'); putchar('\x41');
 putchar(0101); putchar(0x41);
 putchar(10);        /* 以下的 2 个语句输出 AA */
 putchar(65.6); putchar(8 * 8.2);
 putchar(10);        /* 以下的 4 个语句输出??√A */
 putchar(157);putchar(171);putchar(251);putchar(65 + 256);
 putchar(10);        /* 以下的 1 个语句使扬声器响一声,没有可以显示的输出 */
 putchar(7);
 }
```

程序的执行结果为:

```
AAABBB
AAAAA
```

AA
¥ ½ √ A

对照程序中的语句和输出结果,就会发现哪个字符是由哪个语句执行而得来的,注意程序中 putchar()函数参数的多种形式。另外,前面也曾提到,putchar()函数被定义在函数库 stdio.h 中,所以要在程序开始处加上以下的编译预处理命令:

```
# include < stdio.h >
```

编译预处理命令的后面不用加分号,因为它不是 C 语句。关于这一点在以后的章节中还会专门介绍。

练习 4-1　参照本书附录 A 中的 ASCII 码表,用 putchar()函数输出如下图形。

4.2.2　字符输入函数 getchar()

C 语言程序中调用字符输入函数 getchar()的一般形式是:

```
getchar()
```

功能说明:

(1) 函数 getchar()没有参数,其功能是从标准输入设备(键盘)上读入一个字符。程序执行到该函数时暂停,光标在屏幕上闪烁,等待用户输入字符,用户输入的字符会依次显示在屏幕上。当用户输入一串字符(可能 1 个,可能多个,也可能 0 个)并按下回车键时,输入完成。函数 getchar()的返回值为用户所输入(键盘缓冲区)的第一个字符。

(2) 如果用户在输入字符时直接按回车键,那么函数 getchar()的值为字符回车。

(3) 函数 getchar()的值为其所获得的字符,为了使用这个值一般应该将 getchar()进行处理(参加运算或赋值),例如:

```
c = getchar();
```

或者

```
c = getchar() + 1;
```

或者

```
putchar(getchar());
```

(4) 单独使用 getchar();,能使程序暂停,待用户按下回车键时继续,但是所输入的字符没有被使用。

例 4-3　字符输入函数应用举例。

```
# include < stdio.h >
int main(){
  char c;
  c = getchar();      /* 输入字符直到按回车键结束,接收第一个 */
  putchar(c);         /* 显示输入的第一个字符 */
}
```

该程序也可以改写为如下例 4-4 的形式,功能是相同的。

例 4-4 字符输入函数应用举例。

```
#include<stdio.h>
int main(){
 putchar(getchar());
}
```

执行程序,输入:

ABCD␣␣␣1234␣␣␣X%;↙

输出:

A

例 4 5 编程输入一个字符,输出它的十进制 ASCII 码值。

```
#include<stdio.h>
int main(){
 char c;
 c=getchar();
 printf("\nASCII:%d",c);
}
```

执行程序,输入:

ABCD␣␣123↙

输出:

65

例 4-6 编程输入一个字符,输出它是否为英文字母。

```
#include<stdio.h>
int main(){
 char c;
 c=getchar();
 printf(c>='A'&&c<='Z'||c>='a'&&c<='z'?"YES!":"NO!");
}
```

执行程序,输入:

A↙

输出:

YES!

再次执行程序,输入:

123↙

输出:

NO!

请读者根据以上内容完成下列练习。

练习 4-2 编程输入一个字符,输出它是否为数字字符。

练习 4-3 编程输入一个字符,若为小写字母则输出其大写形式,若为其他字符则原样输出。

4.2.3 字符输入函数 getche() 和 getch()

C 语言还提供了两个字符输入函数 getche() 和 getch()。调用它们的一般形式是:

```
getche()
getch()
```

功能说明:

这两个函数的调用形式与 getchar() 完全相同,功能也相同,都是从标准输入设备(键盘)中读入一个字符。区别主要在于下面两点。

(1) 这两个函数在执行时,要求用户输入字符数据。只要用户输入了一个字符(不需要按回车键),函数就获得返回值。这样一来,就不会发生执行 getchar() 函数时的输入多个字符(没按回车键)时,程序不往下运行的情况。

(2) 函数 getche() 在执行时,用户输入的字符会显示在屏幕上(回显)。而函数 getch() 在执行时,用户所输入在字符不在屏幕上显示(不回显)。

例 4-7 字符输入函数应用举例。

```
# include < stdio.h>
int main(){
 char ch;
 ch = getch();         /* 输入的字符不回显,不用按回车键 */
 putchar(ch + 1);      /* 输出该字符的下一个字符,下同 */
 ch = getche();        /* 输入的字符回显,不用按回车键 */
 putchar(ch + 1);
 ch = getchar();       /* 输入的字符回显,要等按回车键后才结束 */
 putchar(ch + 1);
}
```

运行例 4-7 的程序,体会三个字符输入函数的区别。

对于函数 getch(),它在执行时用户输入的字符不回显,且不用按回车键,也就是说实现了按任意键继续的功能。所以常常把这个函数单独使用放在一个程序的末尾,以使程序结束后能暂停。只有当用户按下任意一个键后,程序才真正结束。

例 4-8 字符输入函数 getch() 应用举例。

```
# include < stdio.h>
int main(){
 printf("Press any key to exit …");
 getch();              /* 等待输入,按任意键后结束 */
}
```

练习 4-4 请将例 4-5 的程序用 getche() 改写。

练习 4-5 请将例 4-6 的程序用 getch() 改写。

顺序结构程序设计

4.2.4 标准格式输出函数 printf( )

标准格式输出函数 printf( )一般用于向标准输出设备(显示器)中按规定的格式输出信息。

调用 printf( )函数的一般形式为:

printf(格式控制字符串,输出值参数列表);

功能说明:

(1) 格式控制字符串是一串用双引号括起来的字符,其中包括普通字符和格式转化说明符。格式转化说明符是以%开头,后跟一个或几个规定字符,简称格式说明符。一个格式说明符用来代表一个输出的数据,并规定了该数据的输出格式。

例如,在语句 printf("a=%d,b=%d",a,b);中,字符串"a=%d,b=%d"是格式控制字符串。a,b 是输出值参数列表。在格式控制字符串"a=%d,b=%d"中,"a="、","、"b="是普通字符,而%d 就是格式说明符。

(2) 格式控制字符串中的普通字符要按原样输出。

(3) 一个格式说明符用来代表一个输出的数据,所代表的数据在输出值参数列表中。输出值参数列表是一系列用逗号分开的表达式,表达式的个数和顺序与前面的格式说明符要一一对应。

例如,有整型变量 a 和 b,它们的值分别是 3 和 8,则执行以下语句:

printf("a=%d,b=%d",a,b);

输出结果是:

a=3,b=8

不同类型的数据在输出时应该使用不同的格式说明符。C 语言提供的格式说明符及其含义如表 4-1 所示。

表 4-1　格式说明符

格式说明符	所代表的数据类型;输出形式
%d	int 型;十进制有符号整数,正数符号省略
%ld	long 型;十进制有符号长整数,正数符号省略
%u	int 型;十进制无符号整数
%o	int 型;无符号八进制整数,不输出前导 0
%x,%X	int 型;无符号十六进制整数,不输出前导 0x
%c	int 型(char 型);一个字符
%f,%lf	double 型;十进制小数,默认小数位数为 6 位
%e	double 型;指数形式输出浮点数
%g	double 型;自动在%f 和%e 之间选择输出宽度小的表示法
%s	字符串;顺序输出字符串的每个字符,不输出 '\0'
%%	%本身
%p	指针的值

说明：

（1）可以在"％"和字母之间加上一个整数表示最大场宽，即输出数据在输出设备（屏幕）所占据的最大宽度（字符个数）。例如：

％3d 表示输出场宽区为 3 的整数，不够 3 位右对齐，左补空格。

％8s 表示输出 8 个字符的字符串，不够 8 个字符右对齐，左补空格。

（2）可以在"％"和字母之间加上一个由"."分隔的两个整数（例如％9.2f），前一个整数表示最大场宽，后一个整数表示小数位数。例如：

％9.2f 表示输出场宽为 9 的浮点数，其中小数位为 2，整数部分自然只剩 6 位，小数点占一位，整数部分不够 6 位右对齐，左补空格。

（3）如果数据的实际值超过所给的场宽，将按其实际长度输出。但是对于浮点数，若整数部分位数超过了给定的整数位宽度，将按实际整数位输出，若小数部分位数超过了给定的小数位宽度，则按给定的宽度以四舍五入输出。

（4）如果想在输出数据前补 0 来补足场宽，就应在场宽前加 0。例如，％04d 表示在输出一个小于 4 位的整数时，将在前面补 0 使其总宽度为 4 位。

（5）如果用类似 6.9 的形式来表示字符串的输出格式（如％6.9s），那么小数点后的数字代表最大宽度，小数点前的数字代表最小宽度。

例如％6.9s 表示输出一个字符串，其输出所占的宽度不小于 6 且不大于 9。若字符个数小于 6 则左补空格补至 6 个字符，若字符个数大于 9，则第 9 个字符以后的内容将不被显示。

（6）可以控制输出的数据是左对齐或右对齐。方法是在"％"和字母之间加入一个"－"号就可说明输出为左对齐，否则为右对齐。例如：

％－7d 表示输出整数占 7 位场宽，不足左对齐，右补空格。

％－10s 表示输出字符串占 10 位场宽，不足左对齐，右补空格。

例 4-9 格式输出函数 printf()应用举例。

```
#include <stdio.h>
int main(){
    int a = 1234, i; char c;
    float f = 3.141592653589;
    double x = 0.12345678987654321;
    i = 12;  c = '\x41';
    printf("\n01.a = %d.", a);
    printf("\n02.a = %6d.", a);
    printf("\n03.a = %06d.", a);
    printf("\n04.a = %2d.", a);
    printf("\n05.a = %－6d.",a);
    printf("\n06.f = %f.", f);
    printf("\n07.f = %6.4f.", f);
    printf("\n08.x = %lf.",x);
    printf("\n09.x = %18.16lf.", x);
    printf("\n10.c = %c.", c);
    printf("\n11.c = %x.", c);
    printf("\n12.%s."    ,"ABCDEFGHIJK");
    printf("\n13.%4s."   ,"ABCDEFGHIJK");
```

顺序结构程序设计

```
    printf("\n14.%-14s.","ABCDEFGHIJK");
    printf("\n15.%4.6s.","ABCDEFGHIJK");
}
```

程序的执行结果是：

```
01.a = 1234.
02.a = ␣␣1234.
03.a = 001234.
04.a = 1234.
05.a = 1234␣␣.
06.f = 3.141593.
07.f = 3.1416.
08.x = 0.123457.
09.x = 0.1234567898765432.
10.c = A.
11.c = 41.
12.ABCDEFGHIJK.
13.ABCDEFGHIJK.
14.ABCDEFGHIJK␣␣␣.
15.ABCDEF.
```

练习 4-6　请写出下面程序的输出结果，然后上机验证。

```c
#include<stdio.h>
int main(){
  int   num1 = 123;
  long  num2 = 123456;
  printf("\nnum1=%d,num1=%5d,num1=%-5d, num1=%2d\n",num1,num1,num1,num1);
  printf("\nnum2=%ld,num2=%8ld,num2=%5ld\n",num2,num2,num2);
  printf("\nnum1=%ld\n",num1);
}
```

练习 4-7　请写出下面程序的输出结果，然后上机验证。

```c
#include<stdio.h>
int main(){
  float   f = 123.456;
  double d1,d2;
  d1 = 1111111111111.111111111;
  d2 = 2222222222222.222222222;
  printf("\n%f,%12f,%12.2f,%-12.2f,%.2f\n",f,f,f,f,f);
  printf("\nd1+d2=%f\n",d1+d2);
}
```

练习 4-8　请写出下面程序的输出结果，然后上机验证。

```c
#include<stdio.h>
int main(){
  printf("%s,%5s,%-10s","Internet","Internet","Internet");
  printf("%10.5s,%-10.5s,%4.5s\n","Internet","Internet","Internet");
}
```

练习 4-9 请写出下面程序的输出结果，然后上机验证。

```c
# include < stdio.h >
int main(){
  int a;              /* 定义整型 */
  long int b;         /* 定义长整型 */
  short int c;        /* 定义短整型 */
  unsigned int d;     /* 定义无符号整型 */
  char e;             /* 定义字符型 */
  float f;            /* 定义实型 */
  double g;           /* 定义双精度型 */
  a = 1023;    b = 2222;    c = 123;    d = 1234;
  e = 'X';     f = 3.14159;    g = 3.1415926535898;
  printf("a = %d\n",a);      /* 十进制输出 */
  printf("a = %o\n",a);      /* 八进制输出 */
  printf("a = %x\n",a);      /* 十六进制输出 */
  printf("b = %ld\n",b);     /* 长整型输出 */
  printf("c = %d\n",c);      /* 十进制输出 */
  printf("d = %u\n",d);      /* 无符号十进制输出 */
  printf("e = %c\n",e);      /* 字符输出 */
  printf("f = %f\n",f);      /* 实型输出 */
  printf("g = %f\n",g);      /* 双精度输出 */
  printf("\n");
  getch();
  printf("a = %d\n",a);
  printf("a = %7d\n",a);
  printf("a = % - 7d\n",a);
  c = 5;     d = 8;
  printf("a = % * d\n",c,a);
  printf("a = % * d\n",d,a);
  printf("\n");
  getch();
  printf("f = %f\n",f);
  printf("f = %12f\n",f);
  printf("f = %12.3f\n",f);
  printf("f = %12.5f\n",f);
  printf("f = % - 12.5f\n",f);
}
```

练习 4-10 请写出下面程序的输出结果，然后上机验证。

```c
# include < stdio.h >
int main(){
  float x,y;
  double d1,d2;
  x = 2.1234567890; y = 5.0987654321;
  d1 = x * y; d2 = x/y;
  printf("\n%f * %f = %30.20f",x,y,d1);
  printf("\n%f/ %f = %30.20f",x,y,d2);
}
```

从以上的例子可以看出，语句 printf("%d",c);的功能与 putchar(c);是完全相同的。

第 4 章

顺序结构程序设计

有兴趣的读者可以试着将 4.2.1 节例子程序中的 putchar()函数用 printf()函数改写一下。

4.2.5 格式输入函数 scanf()

C 语言中的标准格式输入函数是 scanf(),功能为从标准输入设备(键盘)上读取用户输入的数据,并将输入的数据赋值给相应的变量。

调用格式输入函数 scanf()的一般形式为:

scanf(格式控制字符串,变量地址列表)

功能说明:

(1) 格式控制字符串是用来规定以何种形式从输入设备上接收数据,也就是规定用户以何种格式输入数据。格式控制字符串中包含以下三种字符:

① 格式说明符:这里的格式说明符与 printf()函数中的格式说明符基本相同,一个格式说明符代表一个输入的数据。

② 空白字符:空白字符会使 scanf()函数在读取数据时略去输入数据中的一个或多个空白字符。空白字符包括空格、回车符和制表符(Tab 键)。格式控制字符串中的空白字符其实不起作用。无论有没有空白字符,在实际输入数据时,都可以用若干个空白字符将输入的数据隔开。

③ 普通字符:普通字符会使 scanf()函数在读入数据时必定要找到这些普通字符相同的字符,也就是说在输入数据时普通字符要原样输入。

(2) 变量地址列表是用逗号分隔的变量地址,变量地址与格式控制字符串中的格式说明符一一对应。

(3) 取变量地址的运算符为 &,变量 a 的地址用 &a 表示。注意此处一定不要忘记变量前面应该加上取地址运算符 &。

(4) 当所有需要读取的数据都已经正确输入并按下回车键时,函数结束,所有的变量都接收到用户所希望的数据。

(5) 系统从前向后依次读取用户所输入的数据,如果最后一个数据读取完以后,还有剩余的数据,系统会忽略它们。

(6) 系统从前向后依次读取用户所输入的数据,如果突然读到了非法的数据,函数会结束,程序会往下运行并不报错。但包括非法数据所对应的变量开始,以后的变量将得不到用户所输入的值,通常它们的值是随机的。

(7) 格式说明中也可以规定场宽,用来表示接收数据的最大位数。

例 4-10 格式输入函数 scanf()应用举例。

```
# include < stdio. h >
int main(){
 int a,b;
 scanf(" % d, % d",&a,&b);
 printf("\na = % d,b = % d",a,b);
}
```

在这个例子中的 scanf()调用语句中,输入格式控制字符串的意义是:首先读一个整型数赋给变量 a,然后必须要读到一个逗号,最后读入另一个整型数赋给变量 b。

执行程序,输入:

3,4↙

或者输入

␣␣␣3,␣␣4␣␣↙

程序输出:

a = 3,b = 4

这两种输入方法都是正确的。因为在读取了一个整型数据 3 以后,都马上读到了逗号,并随后又正确地读取了一个整型数据 4。

如果这一特定的原样字符(逗号)没有找到,scanf()函数就终止。

再次执行程序,输入:

3␣␣␣␣4↙

或者输入:

3␣␣␣,4↙

程序输出:

a = 3,b = 1235

这说明以上两种输入数据的方法是不正确的。可以看出第一个整型数据 3 可以正确接收,但由于紧跟着应该出现的原样字符(逗号)没找到,所以 scanf()函数中止。变量 b 没有被赋值,它的值是一个随机值(在其他的机器上可能为另一个值)。

例 4-11 格式输入函数 scanf()应用举例。

```c
# include < stdio. h >
int main(){
  int a,b;
  scanf(" % d % d",&a,&b);        /* 或者 scanf(" % d ␣␣␣␣ % d",&a,&b); */
  printf("\na = % d,b = % d",a,b);
}
```

在这个例子中的 scanf()调用语句中,输入格式控制字符串的意义是:首先读取一个整型数赋给变量 a,然后必须读取至少一个空白字符,最后读入另一个整型数赋给变量 b。

执行程序,输入:

3␣␣␣␣4↙

或者输入:

␣␣␣␣3␣␣␣␣↙
␣␣␣␣␣␣␣␣␣4␣␣␣↙

程序输出:

a = 3,b = 4

这两种输入方法都是正确的。因为在输入的两个数据 3 和 4 之间都正确地使用了空白字符作为分隔,并且没有其他任何干扰字符。

再次执行程序,输入:

3 ⎵⎵⎵⎵,4 ✓

或者输入:

3,4 ✓

程序输出:

a = 3,b = 1235

以上两种输入数据的方法是不正确的。可以看出第一个整型数据 3 可以正确接收,紧跟着应该出现若干个空白字符,若干个空白字符之后应该是另一个整数,而此时却遇到了逗号这个非法数据(不可以识别为整数),所以 scanf( )函数中止。变量 b 没有被赋值,它的值是一个随机值。

综上所述,输入格式控制中如果规定了数据之间的分隔符,则要原样输入,如果没有规定分隔符,则输入的数据之间要用至少一个空白字符来分隔。

scanf( )函数在读取数据时,遇到下列情况时认为该数据结束:空白字符、达到指定宽度、非法输入。请认真分析例 4-12 和例 4-13 的程序。

例 4-12 格式输入函数 scanf( )应用举例。

```
# include < stdio. h >
int main(){
  int a,b;
  scanf("% d % d",&a,&b);
  printf("\na = % d,b = % d",a,b);
}
```

执行程序,输入:

123 ⎵456 ✓

程序输出:

a = 123,b = 456

再次执行程序,输入:

123 ⎵⎵45F6

程序输出:

a = 123,b = 45

例 4-13 格式输入函数 scanf( )应用举例。

```
# include < stdio. h >
int main(){
  int a,b;
```

```
scanf(" % 2d % 2d",&a,&b);        /*  对于用户所输入的整型数据,最多只读取 2 位  */
printf("\na = % d,b = % d",a,b);
}
```

执行程序,输入:

1 ⎵⎵⎵23456

输出:

a = 1,b = 23

再次执行程序,输入:

123 ⎵⎵456

输出:

a = 12,b = 3

再次执行程序,输入:

123456

输出:

a = 12,b = 34

注意:以上关于 scanf()函数的数据输入规则仅适用于输入数值型数据和字符串,而对于用 scanf()函数来输入字符型数据的情况,规则就不同了。当用 scanf()函数来输入字符数据时,空白字符将不再被忽略,用户所输入的所有字符将一一被读取,即使输入了空格和回车符也一样读取它们赋值给相应的变量。

例 4-14 利用格式输入函数 scanf()输入字符数据应用举例。

```
# include < stdio. h >
int main(){
 char c1, c2;
 scanf(" % c % c", &c1, &c2);
 printf("\nc1 = % c,c2 = % c",c1,c2);
 printf("\nc1 = % d,c2 = % d",c1,c2);
}
```

执行程序,输入:

ABCD↙

输出:

c1 = A,c2 = B
c1 = 65,c2 = 66

再次执行程序,输入:

⎵ABCD↙

输出：

c1 = ␣,c2 = A
c1 = 32,c2 = 65

再次执行程序，输入：

↙
ABCD ↙

输出：

c1 =
,c2 = A
c1 = 10,c2 = 65

再次执行程序，输入：

A ↙

输出：

c1 = A,c2 =

c1 = 65,c2 = 10

读者也可以在上机练习时自己确定一些输入方案来观察输出结果，从众多的输入输出情况来看，在输入字符型数据时，确实要小心。

无论输入什么类型的数据，在最后一个按回车键之前，有可能多输入了一些数据。scanf()取够它所需要的数据就结束，对于多余的数据不予理睬。

4.3 顺序结构程序设计举例

计算机程序的逻辑结构有顺序结构、选择结构和循环结构三种。前面所学习的C语言程序都是顺序结构的。所谓顺序结构就是指程序中所有的语句都是线性排列的，程序从第一条语句开始执行到最后一条语句执行结束。任何一条语句都能被执行而且仅被执行一次。

学习了C语言的数据类型、运算符和输入输出函数，就可以设计顺序结构程序，本节通过若干个程序示例来学习C语言的顺序结构程序设计。

例4-15 编程输入三个整数，输出这三个整数的和及平均值。

这是一个比较简单的问题，但三个整数的平均值可能是一个实数，所以在定义变量时，要将代表平均值的变量定义成浮点数。程序如下：

```c
#include<stdio.h>
int main(){
  int num1,num2,num3,sum;
  float aver;
  printf("Please input three numbers:");
  scanf("%d%d%d",&num1,&num2,&num3);              /* 输入三个整数 */
```

```
  sum = num1 + num2 + num3;                                        / *  求和 * /
  aver = sum/3.0;                                                  / *  求平均值 * /
  printf("\nnum1 = % d,num2 = % d,num3 = % d",num1,num2,num3);     / * 输出结果 * /
  printf("\nsum = % d,aver = % 7.2f",sum,aver);
}
```

执行程序,输入:

```
Please input three numbers:11 12 13 ↙
```

输出:

```
num1 = 11,num2 = 12,num3 = 13
sum = 36,aver = 12.00
```

例 4-16 输入三角形的三边长 a,b,c,输出其面积 s(假设用户输入的 a,b,c 可以构成三角形)。

我们知道,根据三角形的三边长可以利用海伦公式来计算它的面积。设三角形的三边长分别为 a,b 和 c,设 $p = \dfrac{a+b+c}{2}$,则计算该三角形面积的海伦公式为:

$$S = \sqrt{p(p-a)(p-b)(p-c)}$$

由此,就能得到以下程序:

```
# include "math.h"
# include < stdio.h>
int main(){
  double a,b,c,p,s;
  scanf(" % lf % lf % lf",&a,&b,&c);
  p = (a + b + c)/2;
  s = sqrt(p * (p - a) * (p - b) * (p - c));
  printf("\ns = % lf",s);
}
```

执行程序,输入:

```
3 4 5
```

输出:

```
s = 6.000000
```

执行程序,输入:

```
6 8 10
```

输出:

```
s = 24.000000
```

因为在程序中使用了开平方的函数 sqrt(),所以要在程序开始处加上预处理命令# include "math.h",这表示要用到数学库函数。

顺序结构程序设计

例 4-17 输入一元二次方程的三个系数 a,b,c 的值,输出其两个根(假设方程有实根)。

一元二次方程的求根公式读者一定不会陌生,先自己编写解决该问题的程序,通过上机运行检验程序的正确性,然后再和下面的程序对比,相信读者一定会很快掌握和理解这一问题。

```
# include "math.h"
# include < stdio.h>
int main(){
 double a,b,c,deta,x1,x2;
 printf("\na,b,c = ");
 scanf(" % lf % lf % lf",&a,&b,&c);
 deta = b * b - 4 * a * c;
 x1 = ( - b + sqrt(deta))/(2 * a);
 x2 = ( - b - sqrt(deta))/(2 * a);
 printf("\nX1 = % lf\nX2 = % lf",x1,x2);
}
```

执行程序,输入:

a,b,c = 1 ⎵⎵4 ⎵⎵3

输出:

X1 = - 1.000000
X2 = - 3.000000

执行程序,输入:

a,b,c = 1 2 1

输出:

X1 = - 1.000000
X2 = - 1.000000

对于上面的程序一定要注意避免一个错误,那就是将求根的语句写成:

```
x1 = - b + sqrt(deta)/2 * a;
x2 = - b - sqrt(deta)/2 * a;
```

请读者分析一下,程序如果按上面的式子书写,会得到正确结果吗? 应该怎样避免出现此类错误呢?

例 4-18 输入一个 4 位的正整数,倒序输出。

关于这个问题可以这样考虑:要想倒序输出一个整数,必须要知道这个整数的每一位数字是多少,然后将这些数字倒序输出就可以了。可以在输入语句中获得该整数的每一位数字,程序如下:

解法 1:

```
# include < stdio.h>
int main(){
  int a,b,c,d;
```

```
    scanf("%1d%1d%1d%1d",&a,&b,&c,&d);
    printf("\n%d%d%d%d",d,c,b,a);
}
```

执行程序,输入:

1234 ↙

输出:

4321

执行程序,输入:

1 ␣23 ␣␣␣4 ↙

输出:

4321

可以看出,是通过输入 4 个 1 位正整数来实现输入 1 个 4 位正整数的,所以才会出现后一种输入输出结果。在输入函数 scanf() 的格式说明符中使用场宽来决定最多读取数据的位数,前面已经熟悉了这种用法,但在程序中这种用法并不多见。

也可以采取一次读取整个 4 位整数,然后通过处理得到它的各个数位上的数字。程序如下:

解法 2:

```
#include<stdio.h>
int main(){
    int n,a,b,c,d;
    scanf("%d",&n);             /* 输入整数 */
    a=n/1000;                   /* 取得千位数字 */
    b=n%1000/100;               /* 取得百位数字 */
    c=n%100/10;                 /* 取得十位数字 */
    d=n%10;                     /* 取得个位数字 */
    n=d*1000+c*100+b*10+a;      /* 重新组合成一个新的 4 位数 */
    printf("\n%04d",n);         /* 输出结果,不足 4 位前置 0 */
}
```

执行程序,输入:

1234 ↙

输出:

4321

执行程序,输入:

2500 ↙

输出:

0052

执行程序,输入:

123 ⎵⎵4 ↙

输出:

3210

请读者仔细分析程序,解释最后一组执行结果是怎么回事。

关于如何取得一个整数的各位数字,本程序已经作出了示范,这一应用技巧在以后还会多次用到,请读者一定牢牢掌握。

例 4-19 输入一字母(大写或小写),输出其对应的另一字母(小写或大写)。

我们知道,字符型数据和整型数据可以混合运算。一个字符其实就是一个整数,在数值上等于它的 ASCII 码。而一个大写字符的 ASCII 码和其对应的小写字符的 ASCII 码总是相差 32。输入一个字符后,在输出结果以前应该首先判断它是否为一个大写字符,如果是则输出它加上 32 后的值,如果不是则应该输出它减去 32 后的值(前提是用户所输入的必须是字母)。具备判断功能的运算符只有条件运算符,所以得到如下程序:

```c
#include<stdio.h>
int main(){
    char n;
    n = getchar();
    putchar(n>=65&&n<=65+25?n+32:n-32);
}
```

执行程序,输入:

A ↙

输出:

a

执行程序,输入:

a ↙

输出:

A

习   题

一、单项选择题

1. C 语言程序一行写不下时,可以(   )。

A) 用逗号换行   B) 用分号换行

C) 在任意一空格处换行   D) 用回车符换行

2. putchar( )函数可以向终端输出一个(   )。

A) 整型变量表达式值   B) 实型变量值

C) 字符串　　　　　　　　　　　　D) 字符或字符型变量值

3. 执行下列程序片段时,输出结果是(　　)。

```
unsigned int a = 65535;
printf("%d",a);
```

A) 65535　　　　　　B) -1　　　　C) -32767　　　　　　D) 1

4. 执行下列程序片段时,输出结果是(　　)。

```
float x = -1023.012
printf("\n%8.3f,",x);
printf("%10.3f",x);
```

A) 1023.012,　-1023.012　　　　　B) -1023.012,-1023.012
C) 1023.012,-1023.012　　　　　　D) -1023.012,　-1023.012

5. 已有如下定义和输入语句,若要求 a1,a2,c1,c2 的值分别为 10,20,A,B,当从第一列开始输入数据时,正确的数据输入方式是(　　)。

```
int a1,a2; char c1,c2;
scanf("%d%c%d%c",&a1,&a2,&c1,&c2);
```

A) 10A　20✔ B✔　　　　　B) 10 A 20 B✔
C) 10A20B✔　　　　　　　　D) 10A20 B✔

6. 对于下述语句,若将 10 赋给变量 k1 和 k3,将 20 赋给变量 k2 和 k4,则应按(　　)方式输入数据。

```
int k1,k2,k3,k4;
scanf("%d%d",&k1,&k2);
scanf("%d,%d",&k3,&k4);
```

A) 1020✔　　　　B) 10 20✔　　C) 10,20✔　　　　D) 10 20✔
　　1020✔　　　　　10 20✔　　　10,20✔　　　　　10,20✔

7. 执行下列程序片段时,输出结果是(　　)。

```
int x = 13,y = 5;
printf("%d",x%=(y/=2));
```

A) 3　　　　　　　　B) 2　　　　　　C) 1　　　　　　　　D) 0

8. 下列程序的输出结果是(　　)。

```
main ( ){
  int x = 023;
  printf("%d", --x);
}
```

A) 17　　　　　　　B) 18　　　　　C) 23　　　　　　　　D) 24

9. 执行下列程序片段时,输出结果是(　　)。

```
int x = 5,y; y = 2 + (x += x++,x + 8,++x); printf("%d",y);
```

A) 13　　　　　　　B) 14　　　　　C) 15　　　　　　　　D) 16

第4章

顺序结构程序设计

10. 若定义 x 为 double 型变量,则能正确输入 x 值的语句是(   )。

A) scanf("%f",x);   B) scanf("%f",&x);

C) scanf("%lf",&x);   D) scanf("%5.1f",&x);

11. 若运行时输入:12345678↙,则下列程序的运行结果为(   )。

```
main ( ){
    int a,b; scanf(" % 2d % 2d % 3d",&a,&b); printf(" % d\n",a + b);
}
```

A) 46   B) 579   C) 5690   D) 出错

12. 已知 i,j,k 为 int 型变量,若从键盘输入:1,2,3↙,使 I 的值为 1,j 的值为 2,k 的值为 3,以下选项中正确的输入语句是(   )。

A) scanf("%2d%2d%2d",&i,&j,&k);

B) scanf("%d_%d_%d",&i,&j,&k);

C) scanf("%d,%d,%d",&i,&j,&k);

D) scanf("i=%d,j=%d,k=%d",&i,&j,&k);

13. 若 int x,y; double z;,以下不合法的 scanf 函数调用语句是(   )。

A) scanf("%d%lx,%le",&x,&y,&z);

B) scanf("%2d * %d%lf",&x,&y,&z);

C) scanf("%x%o",&x,&y);

D) scanf("%x%o%6.2f",&x,&y,&z);

14. 有输入语句:scanf("a=%d,b=%d,c=%d",&a,&b,&c);,为使变量 a 的值为 1,b 的值为 3,c 的值为 2,则正确的数据输入方式是(   )。

A) 132↙   B) 1,3,2↙

C) a=1 b=3 c=2↙   D) a=1,b=3,c=2↙

15. 语句 printf("%d",(a=2)&&(b=-2));的输出结果是(   )。

A) 无输出   B) 结果不确定

C) -1   D) 1

16. 以下程序的输出结果是(   )。

```
main( ){
    int a = 5,b = 4,c = 6,d;
    printf("% d\n",d = a > b?(a > c?a:c):(b));
}
```

A) 5   B) 4   C) 6   D) 不确定

17. 若有说明语句:int a,b,c, * d=&c;(指针变量 d 的值为变量 c 的地址),则能正确从键盘读入三个整数分别赋给变量 a、b、c 的语句是(   )。

A) scanf("%d%d%d",&a,&b,d);

B) scanf("%d%d%d",&a,&b,&d);

C) scanf("%d%d%d",a,b,d);

D) scanf("%d%d%d",a,b, * d);

18. 以下程序段的输出结果是(　　　)。

```
int a = 1234; printf("%2d\n",a);
```

A) 12 　　　　B) 34 　　　　C) 1234 　　　　D) 提示出错、无结果

19. 若变量已正确说明为 float 类型,要通过语句 scanf("%f %f %f ",&a,&b,&c);给 a 赋予 10.0,b 赋予 22.0,c 赋予 33.0,不正确的输入形式是(　　　)。

A) 10 ↙ 22 ↙␣␣33 ↙

B) 10.0,22.0,33.0 ↙

C) 10.0 ↙ 22.0 ␣␣33.0 ↙

D) 10 ␣␣22 ↙ 33 ↙

20. 以下程序的输出结果是(　　　)。

```
main(){
   int y = 3, x = 3, z = 1;
   printf("%d %d\n",(++x,y++),z + 2);
}
```

A) 3 4 　　　　B) 4 2 　　　　C) 4 3 　　　　D) 3 3

二、填空题

1. printf 函数和 scanf 函数的格式说明都使用_____字符开始。

2. scanf 处理输入数据时,遇到下列情况时,该数据认为结束:_____,_____和_____。

3. 已有 int i,j; float x;,为将 −10 赋给 i,12 赋给 j,410.34 赋给 x,则对应以下 scanf 函数调用语句的数据输入形式是_____。

4. C语言本身不提供输入输出语句,其输入输出操作是由_____来实现的。

5. 一般地,调用标准字符或格式输入输出库函数时,文件开头应有以下预编译命令_____。

6. 下列程序的输出结果是 16.00,请填空使程序完整。

```
main(){
 int a = 9, b = 2;
 float x = _____, y = 1.1 , z;
 z = a/2 + b * x/y + 1/2;
 printf("%5.2f\n",z);
}
```

三、写出程序运行结果

```
1. main(){
   int y = 3, x = 3, z = 1;
   printf("%d %d\n",(++x,y++),z + 2);
   }
2. main(){
   int a = 12345;
   float  b = −198.345, c = 6.5;
   printf("a = %4d,b = %−10.2e,c = %6.2f\n",a,b,c);
   }
```

```
3. main(){
   int x = -2345;
   float y = -12.3;
   printf("%6D,%06.2F",x,y);
   }
```

```
4. main(){
   int a = 252;
   printf("a=%o,a=%#o\n",a,a);
   printf("a=%x,a=%#x\n",a,a);
   }
```

```
5. main(){
   int x = 12; double a = 3.1415926;
   printf("%6d##,%-6d#\n",x,x);
   printf("%14.10lf##\n",a);
   }
```

四、编程题

1. 编程输入圆柱体的底半径 r,高 h,输出其体积。

2. 输入一个华氏温度 F,要求输出摄氏温度 c。计算公式为 $c=5/9(F-32)$,输出要有文字说明,取 2 位小数。

3. 若 $a=3,b=4,c=5,x=1.2,y=2.4,z=-3.6,u=51274,n=128765,c1='a',c2='b'$。想得到以下的输出格式和结果,请写出程序(包括定义变量类型和设计输出)。

```
a= 3 b= 4 c= 5
x=1.200000,y=2.400000,z=-3.600000
x+y= 3.60 y+z=-1.20 z+x=-2.40
u= 51274 n= 128765
c1='a' or 97(ASCII)
c2='b' or 98(ASCII)
```

4. 从键盘输入 5 个整数,求它们的和、平均值并输出。

5. 编写程序,从键盘上输入一个大的秒数,将其转换为几小时几分钟几秒的形式。如输入 5000,得到的输出为:1 小时 23 分钟 20 秒。

第5章　选择结构程序设计

在上一章中,我们学习了顺序结构程序设计,程序都是按语句的书写顺序依次执行,顺序结构的程序功能非常有限。在许多情况下,都需要根据某个条件的成立与否来决定哪些语句执行,而哪些语句不执行,这就是选择结构的程序。

为了实现选择结构的程序,C语言提供了if语句和switch语句。本章主要介绍这两个语句在选择结构程序设计中的应用。

5.1　if　语　句

顾名思义,if语句的功能就是用来判断某一给定条件是否满足,根据条件的判断结果(真或假)来决定执行哪一段程序。

if语句的一般形式是:

```
if(表达式) 分支语句1;
else        分支语句2;
```

功能说明:

(1) 括号中的表达式可以是任意类型的表达式,它的值被认为是逻辑值(真或假)。在C语言中,任何表达式的值都可以代表逻辑值,规则是非0值为真、0值为假。所以括号中的表达式可以是任何表达式,但通常是条件表达式或者逻辑表达式。

(2) if和else后面各有一个分支,每个分支只能是一个语句。如果想在某个分支中执行多个语句,必须用花括号{}将这些语句括起来,构成一个复合语句(也称为分程序)。

(3) 若表达式的值为真(非0),则执行分支语句1;若表达式的值为假(0),则执行分支语句2。当有一个分支被执行时,另一个分支就不再被执行。

(4) if语句虽然有两个分支,每个分支都是一个语句,但从整体上看,if语句是一个语句。

一个完整的if语句本身是一个双分支选择结构。if语句的else分支也可以省略,这样就构成了单分支选择结构。还可以通过if语句的嵌套来实现多分支选择结构。

5.1.1　单分支if选择结构

单分支if选择结构的一般形式为:

```
if(表达式) 分支语句;
```

功能说明：

如果表达式的值为真(非0)，那么就执行分支语句，否则不执行。分支语句必须是一条语句，如果分支语句中有多于一条语句要执行时，则必须使用"{"和"}"把这些语句括在一起构成一条复合语句(单分支 if 语句的流程图见图 5-1)。例如：

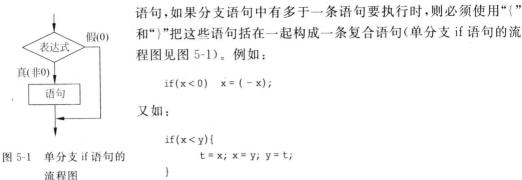

图 5-1　单分支 if 语句的流程图

```
if(x < 0)   x = ( - x);
```

又如：

```
if(x < y){
        t = x; x = y; y = t;
}
```

请读者自己分析以上两个 if 语句的功能及执行过程。

5.1.2　双分支 if 选择结构

双分支 if 选择结构的一般形式为：

```
if(表达式)   语句1;
else         语句2;
```

功能说明：

如果表达式的值为真(非0)，则执行分支语句1，否则执行分支语句2(双分支 if 语句的流程图见图 5-2)。

例如：

```
if(x > = 0) printf("\n % d",x);
else        printf("\n % d", - x);
```

又如：

```
if(x > = y){ x++ ; y-- ; }
else        { x-- ; y++ ; }
```

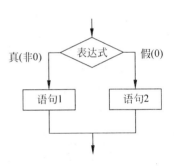

图 5-2　双分支 if 语句的流程图

请读者自己分析以上两个 if 语句的功能及执行过程。

通过对单分支选择结构和双分支选择结构语法功能的了解，可以看出，应用选择结构可以使程序更加灵活，功能更加强大。

例 5-1　输入一个整数，输出其绝对值。

程序 1：已经知道一个数的绝对值可以归结为两种情况，非负数的绝对值是它的本身，负数的绝对值是它的相反数。这样的问题可以很方便地用双分支选择结构来解决。从键盘上输入一个整数后，根据它的取值范围(是否大于等于0)来决定是输出它本身还是输出它的相反数。程序如下：

```
# include < stdio. h >
int main(){
  int i;
```

```
  scanf(" % d",&i);
  if(i>= 0) printf("\n % d",i);
  else      printf("\n % d", - i);
}
```

程序 2：对于本题所涉及的两种情况，也可以分别对待。将这两种情况变成两个独立的问题，即如果输入的数据是正数，那么就输出它的本身；如果输入的数据是负数，那么就输出它的相反数。程序如下：

```
# include < stdio. h >
int main(){
  int i;
  scanf(" % d",&i);
  if(i>= 0) printf("\n % d",i);
  if(i< 0)  printf("\n % d", - i);
}
```

注意：程序 1 中使用了一个 if 语句，而程序 2 中使用了两个 if 语句。而且程序 2 中的这两个 if 语句之间没有任何主从关系，是两个并列的 if 语句，前一个 if 语句的执行不影响后一个 if 语句。

程序 3：程序 2 使用了两个独立的单分支 if 选择结构。实际上对于只有两种情况时，可以先承认其中的一个值（不用判断），如果另一种情况发生（只要一个 if 语句），再修正该值，最后输出。这样就有了下面的程序，算法的流程图请读者自行绘制。

```
# include < stdio. h >
int main(){
  int i;
  scanf(" % d",&i);
  if(i< 0) i = ( - i);
  printf("\n % d",i);
}
```

程序 4：对比程序 2 和程序 3 可以发现，程序 3 中只有一个 printf 函数语句，而程序 2 中有两个 printf 函数语句。程序中多次重复出现相同的语句是一种很不好的习惯，因为这样很容易使程序变得冗长，而且程序由于拼写出错的几率比较大。所以从这一点上看，程序 3 优于程序 2。

对于程序 1 来说，也存在类似的问题。能不能将程序 1 中的两个近乎于完全相同的 printf 函数语句也精减掉一个呢？于是，得到以下的程序，算法的流程图请读者自行绘制。

```
# include < stdio. h >
int main(){
  int i,k;
  scanf(" % d",&i);
  if(i>= 0) k = i;
  else      k = - i;
  printf("\n % d",k);
}
```

在这个程序中，巧妙地使用了中间变量 k 来存放变量 i 的绝对值。在整个程序中，变量

i 的值没有被破坏(改变),这一点是难能可贵的。因为对于规模稍大的程序来说以后很可能还要用到变量 i 的值,如果在此时将变量 i 的值破坏了,那后面的程序就得不到正确结果了。可以看出,程序 3 的程序就犯了这样一个错误。请读者仔细体会这一点。

程序 5:对于本例这样一个只有两种情况的简单的换算问题,也可以不用 if 选择结构来解决。可以用上一章学习过的具有二选一功能的条件运算符来解决本例所提出的问题,程序如下:

```c
#include<stdio.h>
int main(){
  int i;
  scanf("%d",&i);
  printf("\n%d",i>=0?i:-i);
}
```

可以看出,使用条件运算符可以使程序变得更加简洁,但是对于复杂条件以及复杂分支语句的情况,条件运算符就显得"力不从心"了。另外,使用 if 选择结构会提高程序的可读性,而使用条件运算符一般会降低程序的可读性。

练习 5-1 编程输入一个整数,输出它是奇数还是偶数(模仿例 5-1 写出 5 种解法)。

例 5-2 输入两个整数,按从大到小的顺序输出。

程序 1:和例 5-1 一样,这又是一个典型的有两种情况的例子,可以很容易地利用双分支选择结构写出下面的程序,程序的流程图请读者自行绘制。

```c
#include<stdio.h>
int main(){
  int m,n;
  scanf("%d%d",&m,&n);
  if(m>=n) printf("\n%d,%d",m,n);
  else     printf("\n%d,%d",n,m);
}
```

程序 2:根据例 5-1 的程序 2,也可以很容易地使用两个单分支选择结构来完成此例提出的问题。

```c
#include<stdio.h>
int main(){
  int m,n;
  scanf("%d%d",&m,&n);
  if(m>=n) printf("\n%d,%d",m,n);
  if(n>m)  printf("\n%d,%d",n,m);
}
```

程序 3:仿照例 5-1 的程序 3 和程序 4,也试图想将程序中的两个 printf 函数语句精减掉一个,将程序改写成只有一个输入语句,只有一个输出语句的框架形式如下:

```c
#include<stdio.h>
int main(){
  int m,n,t;
  scanf("%d%d",&m,&n);
```

```
…
    printf("\n%d, %d",m,n);
}
```

这样的程序只有一个入口,只有一个出口,使得程序变得容易阅读和理解。程序中输入的两个整数依次赋值给变量 m、n,输出时还是依次输出 m、n,怎么保证最后的输出让 m 是两个数中较大的,而 n 是两个数中较小的呢?读者一定想到了正确的答案,那就是如果 m < n 成立,就交换 m 和 n 的值。这样,问题就解决了。如何交换两个变量的值呢?在第 1 章的算法 1.1 中,已经知道了如何利用额外的第 3 个变量来交换已知的两个变量的值的方法。于是,得到以下的程序。

```
# include < stdio.h>
int main(){
    int m,n,t;
    scanf(" %d%d",&m,&n);
    if(m < n)
    {
        t = m;
        m = n;
        n = t;
    }
    printf("\n%d, %d",m,n);
}
```

注意:程序中 if 语句的分支是一个复合语句,是一个整体。要么整体执行一次,要么整体不执行。复合语句中的三个赋值语句实现的就是交换两个变量 m 和 n 的值。关于两个变量值的交换,在以后的诸多问题中会反复应用,请读者熟练掌握。

程序中的变量 t 为中间变量,是为了交换变量的值而定义的,在程序中被临时使用。中间变量的使用也是编程的一个技巧。

程序 4:仿照例 5-1 程序 5,也可以用条件运算符来解决本例所提出的问题。解决的关键是如何表达两个数中较大的数和较小的数。

```
# include < stdio.h>
int main(){
    int m,n;
    scanf(" %d%d",&m,&n);
    printf("\n%d, %d", m>n?m:n, m<n?m:n );
}
```

练习 5-2 编程输入 3 个整数,按从大到小的顺序输出。

练习 5-3 编程输入 4 个整数,按从大到小的顺序输出。

例 5-3 编程输出一元二次方程 $ax^2+bx+c=0$ 的根。a、b、c 的值从键盘输入,要求按不同情况输出方程的两个不同的实根、两个相同的实根和方程没有实根的情形。

众所周知,一元二次方程的根有三种情形:

(1) 当 $b^2-4ac>0$ 时,方程有两个不同的实根:

$$x_1 = \frac{-b+\sqrt{b^2-4ac}}{2a}, \quad x_2 = \frac{-b-\sqrt{b^2-4ac}}{2a}$$

选择结构程序设计

（2）当 $b^2-4ac=0$ 时,方程有两个相同的实根:

$$x_1 = x_2 = \frac{-b}{2a}$$

（3）当 $b^2-4ac<0$ 时,方程没有实根。

本例所提出的问题涉及了三种情况,可以分别用三个独立的单分支 if 选择结构来完成它,每个 if 语句完成一种情况的判断。程序如下:

```c
# include "math. h"
# include < stdio. h>
int main(){
  double a,b,c,deta,x1,x2;
  printf("\na,b,c = ");
  scanf(" % lf  % lf  % lf",&a,&b,&c);
  deta = b * b - 4 * a * c;
  if(deta > 0)
  {
    x1 = ( - b + sqrt(deta))/(2 * a);
    x2 = ( - b - sqrt(deta))/(2 * a);
    printf("\nx1 = % lf" , x1);
    printf("\nx2 = % lf" , x2);
  }
  if(deta == 0)   printf("\nx1 = x2 = % lf" ,( - b)/(2 * a));
  if(deta < 0)    printf("\nThe equation has no real root!");
}
```

执行程序,输入:

a,b,c = 1 5 4 ↙

输出:

x1 = - 1.000000
x2 = - 4.000000

再次执行程序,输入:

a,b,c = 1 2 1 ↙

输出:

x1 = x2 = - 1.000000

再次执行程序,输入:

a,b,c = 1 1 9 ↙

输出:

The equation has no real root!

练习 5-4　输入三条线段的长度,输出是否能组成三角形,若能,输出其面积。

例 5-4　已知某超市内大白菜的单价是根据单次购买的重量来决定的,单次购买

20 公斤以下每公斤 0.5 元；20 公斤以上（包括 20 公斤）每公斤 0.4 元；50 公斤以上（包括 50 公斤）每公斤 0.3 元；100 公斤以上（包括 100 公斤）每公斤 0.2 元。编程输入购买大白菜的公斤数，输出应付的钱数。

可以很容易地看出本例问题中涉及的 4 种情况，目前只有通过使用 4 个独立的单分支选择结构来解决此问题，程序如下：

```c
#include<stdio.h>
int main(){
  float g,y;
  scanf("%f",&g);
  if(g<20)            y=0.5*g;
  if(g>=20&&g<50)     y=0.4*g;
  if(g>=50&&g<100)    y=0.3*g;
  if(g>=100)          y=0.2*g;
  printf("\n%f",y);
}
```

执行程序，输入：

12.5

输出：

6.250000

执行程序，输入：

26

输出：

10.400000

执行程序，输入：

58

输出：

17.400000

执行程序，输入：

120

输出：

24.000000

在本例中使用了 4 个独立的单分支 if 语句，请读者一定要注意每个 if 语句中的条件之间不能有重复交叉，也不能把某一种情况给遗漏掉，否则程序就会出错。

例 5-5　编程输入年份和月份，输出这一年的这个月份有多少天。

众所周知，一个月有多少天，总共有以下几种情况：

(1) 每年的 1、3、5、7、8、10、12 月份固定为 31 天。

(2) 每年的 4、6、9、7、11 月份固定为 30 天。

(3) 每年的 2 月份,如果是闰年则为 29 天,否则为 28 天。

据此,得到如下的程序:

```
#include <stdio.h>
int main(){
 int year,month,day;
 scanf("%d%d",&year,&month);
 if(month==1||month==3||month==5||month==7||
     month==8||month==10||month==12)                      day=31;
 if(month==4||month==6||month==9||month==11)              day=30;
 if(month==2&&((year%4==0&&year%100!=0)||(year%400==0)))  day=29;
 else                                                     day=28;
 printf("\nThe Days is:%d",day);
}
```

执行程序,输入:

2006 2

输出:

The Days is:28

执行程序,输入:

2008 2

输出:

The Days is:29

执行程序,输入:

2008 3

输出:

The Days is:28

可以看出,前两种输出结果是正确的,而第三种输出结果是错误的。通过大量的上机实验数据可以得出,输出结果除了闰年的 2 月份为 29 天正确之外,其他任何年份的任何月份都是 28 天。程序显然是错误的,请读者思考一下,这是为什么,问题出在哪里呢?

原来,问题出在最后的一个 if 语句上。这个 if 语句的功能是如果是闰年的 2 月,则变量 day 被赋值为 29,否则被赋值为 28。这一否则就包括了除闰年 2 月的所有情况,也就是说,这一否则屏蔽了前面的所有单分支 if 语句。也就是多个独立的 if 语句之间所包含的条件有了重复交叉的现象。这一点是应该回避的。而问题的根源在于分析问题时含糊不清所至。下面重新来分析一下这个问题。

众所周知,一个月有多少天,总共有以下几种情况:

(1) 每年的 1、3、5、7、8、10、12 月份固定为 31 天。

（2）每年的 4、6、9、7、11 月份固定为 30 天。

（3）每年的 2 月份，如果是闰年则为 29 天。

（4）每年的 2 月份，如果是非闰年则为 28 天。

据此，得到如下的程序：

```
#include<stdio.h>
int main(){
 int year,month,day;
 scanf("%d%d",&year,&month);
 if(month==1||month==3||month==5||month==7||
     month==8||month==10||month==12)                    day=31;
 if(month==4||month==6||month==9||month==11)            day=30;
 if(month==2&&((year%4==0&&year%100!=0)||(year%400==0)))  day=29;
 if(month==2&&!((year%4==0&&year%100!=0)||(year%400==0)))  day=28;
 printf("\nThe Days is:%d",day);
}
```

执行程序，输入：

2006 2

输出：

The Days is:28

执行程序，输入：

2008 2

输出：

The Days is:29

执行程序，输入：

2008 3

输出：

The Days is:31

执行程序，输入：

2008 4

输出：

The Days is:30

练习 5-5　编程输入年、月、日三个整型数据，输出这一天是这一年的第几天。

5.1.3　if 语句的嵌套

在 if 语句中，每个分支都只能是一个语句，如果一定要执行多个语句，可以使用复合语句来解决这个问题。既然 if 语句的分支是一个语句，那么就可以是任何一个类型的语句，当然也可以是另一个 if 语句。if 语句的某一个分支又是一个 if 语句,这种情况被称为 if 语句的嵌套。

if 语句嵌套的一般形式如下:

```
if(   )
    if(   ) 语句1;
    else    语句2;
else
    if(   ) 语句3;
    else    语句4;
```

对于以上的嵌套形式,可以很清楚地看到内外层之间的嵌套关系。但对于以下的形式就不那么容易了,例如:

```
if(   )
    if(   ) 语句1;
else
    if(   ) 语句2;
    else    语句3;
```

虽然,在上面的程序结构中,好像第一个 if 与第一个 else 是配对关系,但事实并不是这样的。由于 C 语言程序的语句在书写上是很自由和随意的,所以不能简单地从书写格式上来判断 if 和 else 的配对关系。那么,对于这个问题,C 语言是怎么规定的呢?

C 语言规定,从最内层开始,else 总是与它上面最近的 if(未曾和其他 else 配对过)配对。由此可以看出,上面的程序结构的第一个 if 没有 else 与之配对,整体上这是一个单分支选择结构语句。也可以将上面的结构写成:

```
if(   )
  if(   ) 语句1;
  else
      if(   ) 语句2;
      else    语句3;
```

这样就容易理解了,有时也不能完全依赖书写格式来识别 if 和 else 的匹配关系。为了强制 if 与 else 之间的配对关系,可以使用复合语句。例如:

```
if(   )
    { if(   ) 语句1; }
else
    if(   ) 语句2;
    else    语句3;
```

这样,此结构就变成了整体上的双分支选择结构。在编写类似结构的程序时,一定要注意这个问题,适当的时候使用复合语句是一个很好的习惯。

例 5-6 使用嵌套 if 语句完成例 5-4。

程序 1:可以把重量以 50 公斤为界先分为两种情况,然后对每一种情况再分别以 20 公斤和 100 公斤为界又分为两种情况。这样一来从整体上看是一个双分支选择结构,该双分支选择结构的每个分支又都是一个双分支的选择结构。程序如下:

```
# include < stdio.h >
int main(){
  float g,y;
  scanf(" % f",&g);
  if(g < 50)
    {
      if(g < 20) y = 0.5 * g;
      else       y = 0.4 * g;
    }
  else
   {
      if(g < 100)y = 0.3 * g;
      else       y = 0.2 * g;
   }
  printf("\n % f",y);
}
```

程序 2：下面的程序也是 if 语句嵌套的应用，同样可以完成题目要求的程序。请读者自己分析该程序的结构与功能。

```
# include < stdio.h >
int main(){
  float g,y;
  scanf(" % f",&g);
  if(g < 20) y = 0.5 * g;
  else { if(g < 50) y = 0.4 * g;
        else {   if(g < 100)y = 0.3 * g;
                 else       y = 0.2 * g;
              }
       }
  printf("\n % f",y);
}
```

由于 if 语句从总体上看是一个语句，所以在本例两种解法的程序中，if 嵌套结构中的花括号都可以去掉，程序的逻辑和功能都不会改变，修改后的程序见程序 3。

程序 3：在程序 2 中去除多余的花括号，得到以下的程序。

```
# include < stdio.h >
int main(){
  float g,y;
  scanf(" % f",&g);
  if(g < 20) y = 0.5 * g;
  else    if(g < 50) y = 0.4 * g;
          else    if(g < 100)y = 0.3 * g;
                  else       y = 0.2 * g;
  printf("\n % f",y);
}
```

练习 5-6 请用嵌套的 if 选择结构来完成练习 5-5。

选择结构程序设计

5.1.4 多分支 if 选择结构

if 语句的嵌套从根本上说还是属于多种情况、多个条件的问题。如果 if 语句的嵌套层次过多过乱,会给程序的编写、阅读和修改带来很大的麻烦,程序的可读性将大大降低。类似的情况完全可以使用多分支 if 选择结构来解决,如图 5-3 所示。

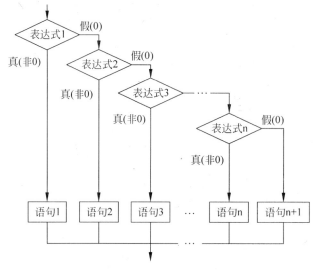

图 5-3　多分支 if 选择结构

多分支 if 选择结构的一般形式为:

```
if(表达式 1)        分支语句 1;
else if(表达式 2)   分支语句 2;
else if(表达式 3)   分支语句 3;
…
else if(表达式 N)   分支语句 N;
else                分支语句 N+1;
```

功能说明:

(1) 从整体上看,这是一个多分支选择结构,是一个语句。

(2) 该选择结构从上至下考察括号内的表达式,当某个表达式 k 的值为真时,执行其对应的分支语句 k,其他分支就都不执行。若所有表达式的值均为假,则执行最后一个 else 分支的分支语句 N+1。也可以不加最后的 else 分支。例如:

```
if(x<0)         y = 2 * x + 1;
else if(x = 0)  y = 1;
else if(x<10)   y = x/2;
else            y = x/3;
```

(3) 其实,多分支选择结构从另一个角度上看,完全可以看成是 if 语句嵌套的一种形式,只不过它嵌套的永远是 if 语句的 else 分支(即 if 分支为一个普通语句而 else 分支又是一个 if 语句)。

例 5-7 使用多分支 if 语句完成例 5-4。

```
# include < stdio.h >
int main(){
  float g,y;
  scanf(" % f",&g);
  if(g < 20)        y = 0.5 * g;
  else if(g < 50)   y = 0.4 * g;
  else if(g < 100)  y = 0.3 * g;
  else              y = 0.2 * g;
  printf("\n % f",y);
}
```

细心的读者可能会发现,本例的程序实际上就是例 5-5 的程序 3,只是书写格式有了略微的变化。由此也可以看出,多分支 if 选择结构实际上是选择结构嵌套的一种特殊形式。

练习 5-7 请用多分支 if 选择结构来完成练习 5-5。

练习 5-8 输入一个整数,输出其符号(正数输出 1,负数输出 −1,零则输出 0)。

关于例 5-4 所提出来的问题,这里还给出以下两个程序。这两个程序的原理在此不做分析,请读者自己慢慢体会。

例 5-8 解决例 5-4 问题的另一个程序。

在此,只利用条件运算符完成例 5-4 所要求的程序。

```
# include < stdio.h >
int main(){
  float g,y;
  scanf(" % f",&g);
  y = g < 20?0.5 * g:(g < 50?0.4 * g:(g < 100?0.3 * g:0.2 * g));
  printf("\n % f",y);
}
```

例 5-9 解决例 5-4 问题的又一个程序。

```
# include < stdio.h >
int main(){
  float g,y;
  scanf(" % f",&g);
  y = ((g < 20) * 0.5 + (g > = 20&&g < 50) * 0.4 + (g > = 50&&g < 100) * 0.3 + (g > = 100) * 0.2) * g;
  printf("\n % f",y);
}
```

以上关于例 5-4 所提出问题各种解法的程序在功能上是完全相同的,但程序结构和解题思路是不同的。尤其是例 5-7 和例 5-8 的程序,请认真体会这里面的奥妙,相信读者会通过一个问题的诸多不同解法领会到程序设计的无穷魅力。

5.2   switch 语句

if 语句常常用于两种情况的比较,要对多种情况进行判断选择,可以通过 if 语句的嵌套完成,但程序的可读性要差一些。尤其是当嵌套的层次过多时,程序变得冗长难懂。为了解

的

决这一问题,C 语言提供了一个专门的多分支选择结构语句: switch 语句。

switch 语句的一般形式是:

```
switch(表达式)
{ case 常量表达式 1:
        语句序列 1;
  case 常量表达式 2:
        语句序列 2;
  …
  case 常量表达式 n:
        语句序列 n;
  default:
        语句序列 n+1;
}
```

功能说明:

(1) 括号内表达式的值必须是有序可数的类型(如字符型、整型或枚举型),不能是实型等无序不可数的类型。

(2) 每个 case 结构是一个分支。每个 case 后面的值只能是常量表达式,常量表达式后要加冒号。每个冒号的后面就是一个分支语句序列,如果是多条语句,可以不用定义成复合语句。default 也是一个分支,该分支也可以省略。

(3) switch 语句的执行过程是: 首先求解括号内表达式的值,然后按从上至下的顺序依次与每个 case 后的常量比较。如果相等,那么就执行这一分支及其以后的所有分支。如果都不等,那么就执行 default 分支。

例 5-10 用字符来代表成绩水平,规定 A 代表[90～100]、B 代表[80～90)、C 代表[70～80)、D 代表[60～70)、E 代表[0～60)。请编程输入一个字符,输出这个字符所代表的分数范围。

```
#include<stdio.h>
int main(){
  char s;
  scanf("%c",&s);
  switch(s)
  { case 'A': printf("\n[90～100]");
    case 'B': printf("\n[80～90)");
    case 'C': printf("\n[70～80)");
    case 'D': printf("\n[60～70)");
    case 'E': printf("\n[0～60)");
    default: printf("\n Error!");
  }
}
```

执行程序,输入:

A↙

输出结果为:

[90～100]

[80~90)
[70~80)
[60~70)
[0~60)
Error!

再次执行程序,输入：

C↙

输出结果为：

[70~80)
[60~70)
[0~60)
Error!

再次执行程序,输入：

F↙

输出结果为：

Error!

为什么会出现如此的执行结果呢? C 语言规定当某一分支被执行后,其后的分支也会被执行。所以才会看到上面的执行结果。这一结果显然不是所希望的,怎样才能阻止某一分支以后的分支被执行呢? 可以用 break 语句来完成这项工作。

break 语句的一般形式是：

break;

它的功能是跳出 switch 结构,结束 switch 语句。这样就可以阻止不必要的分支参与执行了。下面的例 5-11 就是例 5-10 加上 break 语句后的程序。

例 5-11　break 语句应用举例。

```c
#include<stdio.h>
int main(){
  char s;
  scanf("%c",&s);
  switch(s)
  { case 'A': printf("\n[90~100]"); break;
    case 'B': printf("\n[80~90)");  break;
    case 'C': printf("\n[70~80)");  break;
    case 'D': printf("\n[60~70)");  break;
    case 'E': printf("\n[0~60)");  break;
    default: printf("\n Error!");
  }
}
```

执行程序,输入：

A

选择结构程序设计

输出结果为：

[90~100]

再次执行程序，输入：

C

输出结果为：

[70~80)

这样的输出结果才是所希望的形式。读者在使用 switch 语句时，一定要注意恰当地使用 break 语句。

例 5-12 用字符来代表成绩水平，规定 A 代表[90~100]，B 代表[80~90)，C 代表[70~80)，D 代表[60~70)，E 代表[0~60)。请编程输入一个成绩（整数），输出代表该成绩的字符。

```c
#include<stdio.h>
int main(){
  int score,grade;
  printf("Input a score(0~100):");
  scanf("%d",&score);
  grade=score/10;
  switch (grade)
  {
    case 10:
    case  9: printf("\ngrade = A"); break;
    case  8: printf("\ngrade = B"); break;
    case  7: printf("\ngrade = C"); break;
    case  6: printf("\ngrade = D"); break;
    case  5:
    case  4:
    case  3:
    case  2:
    case  1:
    case  0: printf("\ngrade = E"); break;
    default: printf("The score is out of range!\n");
  }
}
```

请注意本例中 break 语句的运用，几个相邻的 case 后语句为空，在功能上可以起到使它们与其后面的第一个包含 break 语句的分支合并为一个分支的目的。

练习 5-9 使用 switch 语句完成练习 5-5（编程输入年份和月份，输出这一年的这个月份有多少天）。

练习 5-10 已知函数 $y=f(x)$ 的表达式如下，编程输入 x，输出 y。

$$y=\begin{cases} 3x+5 & (1\leqslant x<2) \\ 2\sin x-1 & (2\leqslant x<3) \\ \sqrt{1+x^2} & (3\leqslant x<4) \\ x^2-2x+5 & (4\leqslant x<5) \end{cases}$$

5.3　选择结构程序举例

例 5-13　输入三个系数,求一元二次方程 $ax^2+bx+c=0$ 的解,要求输出所有可能的情况,包括复根。

```
# include< math. h>
# include< stdio. h>
int main(){
  float a,b,c,deta,x1,x2,p,q;
  scanf("%f,%f,%f", &a, &b, &c);               /* 输入一元二次方程的系数 a,b,c */
  deta = b * b - 4 * a * c;
  if(fabs(deta)<= 1e - 6)
      printf("x1 = x2 = %7.2f\n", - b/(2 * a));  /* 输出两个相等的实根 */
  else
    {  if(deta > 1e - 6)
          { x1 = ( - b + sqrt(deta))/(2 * a);      /* 求出两个不相等的实根 */
            x2 = ( - b - sqrt(deta))/(2 * a);
            printf("x1 = %7.2f,x2 = %7.2f\n", x1, x2);
          }
        else
        { p = - b/(2 * a);                        /* 求出两个共轭复根 */
          q = sqrt(fabs(deta))/(2 * a);
          printf("x1 = %7.2f  +  %7.2f i\n", p, q); /* 输出两个共轭复根 */
          printf("x2 = %7.2f  -  %7.2f i\n", p, q);
        }
    }
}
```

例 5-14　输入年月日三个整数,输出这一天是这一年的第几天。

```
# include< stdio. h>
int main(){
  int y,m,d,s = 0;
  scanf("%d%d%d",&y,&m,&d);
  switch(m - 1)
   {
   case 11: s = s + 30;
   case 10: s = s + 31;
   case 9 : s = s + 30;
   case 8 : s = s + 31;
   case 7 : s = s + 31;
   case 6 : s = s + 30;
   case 5 : s = s + 31;
   case 4 : s = s + 30;
   case 3 : s = s + 31;
   case 2 : if(y % 4 == 0&&y % 100! = 0||y % 400 == 0)   s = s + 29;
          else                                 s = s + 28;
   case 1 : s = s + 31;
   }
```

```
  s = s + d;
  printf("\n % d",s);
}
```

例 5-15　编程实现如下功能：让计算机随机出一道形如 A+B 的四则运算题，由用户输出结果。正确则输出"GOOD!"，错误输出"SORRY!"（其中两个运算数为 100 以内的随机整数，运算符为随机出现的加、减、乘、除）。

```
# include"time. h"
# include < stdlib. h>
# include < stdio. h>
int main(){
 int a,b,c,d,op,result;
 srand(time(NULL));
 a = rand() % 100;
 b = rand() % 100;
 c = rand() % 4 + 1;        if(c == 4&&b == 0)c = 1;
 switch(c)
 {
 case 1 : op = ' + '; result = a + b; break;
 case 2 : op = ' - '; result = a - b; break;
 case 3 : op = ' * '; result = a * b; break;
 case 4 : op = '/';   result = a/b; break;
 }
 printf("\n % d % c % d = ",a,op,b);
 scanf(" % d",&d);
 printf(d == result?"RIGHT!":"ERROR!");
}
```

例 5-16　编程实现如下功能：由用户随机输入一个形如 A+B 的四则运算式，让计算机输出运算结果。

```
# include < stdio. h>
int main(){
 int a,b,c,d;
 char op;
 float result;
 scanf(" % d % c % d",&a,&op,&b);
 if(op == '/'&&b == 0){exit(0);};
 switch(op)
 {
  case ' + ' : result = a + b; break;
  case ' - ' : result = a - b; break;
  case ' * ' : result = a * b; break;
  case '/' : result = (float)a/b; break;
  default   : printf("ERROR!");   exit(0);
 }
 printf("\n % d % c % d = % f",a,op,b,result);
 getch();
}
```

例 5-17　约瑟夫环问题。有编号从 1 至 17 的 17 个人围成一圈。第一个人从 1 开始报数,数到 8 的人出圈。然后下一个人从 1 开始继续报数,数到 8 的人出圈。以此类推,直到所有的人都出圈。请编程输出所有人出圈的顺序。

关于这个问题,本书在以后的章节中会给出很多种方法,这里只用选择结构来解决这一问题(不能使用数组、循环或指针)。

在完成这个程序之前可以模拟一下这个游戏,这样会对理解这一问题有所帮助。怎样才能确定所有人的出圈顺序呢? 下面是解决这一问题的一些基本切入点和解题思路:

(1) 为了表示这 17 个人及它们的初始位序,需要定义 n1 至 n17 这 17 个变量,它们的值为 1~17,表示 17 个人的初始位序,并且在程序中,它们的值不变。

(2) 在出圈的动态过程中,为了表示这 17 个人中哪些人在圈内哪些人在圈外,还需要额外定义 t1~t17 这 17 个变量,它们的初始值均为 1,表示这 17 个人都在圈内。如果有某个人 ni 出圈了,那么相应的变量 ti 将被赋值成 0(i=1,2,…,17),表示他已经出圈。

(3) 因为要报数,所以定义了变量 s 来存放圈内人所报的数,它的初始值为 0,报数的操作为 s++。

(4) 可以依次对这 17 个人进行从头至尾的扫描(即使出圈的人也要扫描,因为无法知道谁已经出圈),对每一个人(假设为 ni)进行如下的操作:如果他在圈内(ti==1),那么他将参加报数(s++)。报数后,如果他所报的数是 8,那么他将出圈。

(5) 假设某个人(ni)要出圈,首先应该输出它的位序(ni),然后将表示他是否在圈内的变量 ti 置 0,最后还要将存放报数的变量 s 清 0,以使下一个人从 1 开始报数。

(6) 步骤(4)为对所有 17 个人扫描一遍,要使所有的人都出圈,最少需要扫描多少遍呢? 请读者思考。笔者经过试验得出结论,应该是 26 次。

```c
#include< stdio. h>
int main(){
    int n1 = 1, n2 = 2, n3 = 3, n4 = 4, n5 = 5, n6 = 6, n7 = 7, n8 = 8, n9 = 9,
        n10 = 10,n11 = 11,n12 = 12,n13 = 13,n14 = 14,n15 = 15,n16 = 16,n17 = 17;
    int t1 = 1, t2 = 1, t3 = 1, t4 = 1, t5 = 1, t6 = 1, t7 = 1, t8 = 1, t9 = 1,
        t10 = 1, t11 = 1, t12 = 1, t13 = 1, t14 = 1, t15 = 1, t16 = 1, t17 = 1;
    int s = 0,n = 8;
    /* 以下代码段的功能为:对所有的 17 个人扫描一次。*/
    if(t1 == 1)                                    /* 如果 n1 在圈内 */
    { s++;                                         /* 报数 */
      if(s == n)                                   /* 如果他所报的数是 8 */
      { printf(" % d ",n1 );                       /* 打印 n1 的序号值 */
        t1 = 0;                                    /* t1 置 0,表示 n1 出圈 */
        s = 0;                                     /* s 置 0,下一个人从 1 开始报数 */
      }
    }
    if(t2 == 1){s++;if(s == n){printf(" % d ",n2 );t2 = 0;s = 0;}}
    if(t3 == 1){s++;if(s == n){printf(" % d ",n3 );t3 = 0;s = 0;}}
    if(t4 == 1){s++;if(s == n){printf(" % d ",n4 );t4 = 0;s = 0;}}
    if(t5 == 1){s++;if(s == n){printf(" % d ",n5 );t5 = 0;s = 0;}}
    if(t6 == 1){s++;if(s == n){printf(" % d ",n6 );t6 = 0;s = 0;}}
    if(t7 == 1){s++;if(s == n){printf(" % d ",n7 );t7 = 0;s = 0;}}
    if(t8 == 1){s++;if(s == n){printf(" % d ",n8 );t8 = 0;s = 0;}}
    if(t9 == 1){s++;if(s == n){printf(" % d ",n9 );t9 = 0;s = 0;}}
```

选择结构程序设计

```
if(t10 == 1){s++;if(s == n){printf("%d ",n10);t10 = 0;s = 0;}}
if(t11 == 1){s++;if(s == n){printf("%d ",n11);t11 = 0;s = 0;}}
if(t12 == 1){s++;if(s == n){printf("%d ",n12);t12 = 0;s = 0;}}
if(t13 == 1){s++;if(s == n){printf("%d ",n13);t13 = 0;s = 0;}}
if(t14 == 1){s++;if(s == n){printf("%d ",n14);t14 = 0;s = 0;}}
if(t15 == 1){s++;if(s == n){printf("%d ",n15);t15 = 0;s = 0;}}
if(t16 == 1){s++;if(s == n){printf("%d ",n16);t16 = 0;s = 0;}}
if(t17 == 1){s++;if(s == n){printf("%d ",n17);t17 = 0;s = 0;}}
/* 一次扫描结束 */
/* 请将以上代码段在此处重复书写25次,也可以通过试验的方法,即随时增加代码段,直至所有
人全部出圈 */
…
}
```

这个程序显得有点冗长,而且绝大部分代码是重复的,因为利用目前所掌握的 C 语言
编程知识,也只能这样做了。但好在其核心代码段只有十几行,请读者一定要透彻理解这个
程序,这对于学习编程是十分必要的。

习　　题

一、单项选择题

1. 能正确表示"当 x 的值在[1,10]和[200,210]范围内为真,否则为假"的是(　　)。

A) (x>=1)&&(x<=10)&&(x>=200)||(x<=210)

B) (x>=1)||(x<=10)||(x>=200)||(x<=210)

C) (x>=1)&&(x<=10)||(x>=200)&&(x<=210)

D) (x>=1)||(x<=10)&&(x>=200)||(x<=210)

2. 判断 char 型变量 ch 是否为大写字母的正确表达式是(　　)。

A) 'A'<=ch<='Z'   B) (ch>='A')&(ch<='Z')

C) (ch>='A')&&(ch<='Z')   D) ('A'<=ch) AND ('Z'>=ch)

3. 请阅读以下程序:

```
main(){
 int a = 5, b = 0, c = 0;
 if (a = b + c) printf(" *** \n");
 else        printf(".$ $ $ \n");
}
```

以上程序(　　)。

A) 有语法错误不能通过编译   B) 可以通过编译但不能通过连接

C) 输出 ***   D) 输出 $ $ $

4. 当 a=1,b=3,c=5,d=4 时,执行完下面一段程序后 x 的值是(　　)。

```
if (a<b)
if(c<d) x = 1;
else
if (a<c)
```

```
    if (b < d) x = 2;
    else x = 3;
else x = 6;
else x = 7;
```

A) 1   B) 2   C) 3   D) 6

5. 以下程序的输出结果是(   )。

```
main(){
 int x = 2, y = - 1, z = 2;
 if (x < y)
    if (y < 0)  z = 0;
    else  z = z + 1;
 printf(" % d\n", z);
}
```

A) 3   B) 2   C) 1   D) 0

6. 若运行时给变量 x 输入 12,则以下程序的运行结果是(   )。

```
main(){
 int x, y;
 scanf(" % d", &x);
 y = x > 12?x + 10:x - 12;
 printf(" % d\n", y);
}
```

A) 0   B) 22   C) 12   D) 10

7. 如下程序的输出结果是(   )。

```
main( ) {
 int x = 1,a = 0,b = 0;
 switch(x){
  case 0: b++;
  case 1: a++;
  case 2: a++; b++;
 }
 printf("a = % d,b = % d\n",a,b);
}
```

A) a＝2,b＝1   B) a＝1,b＝1   C) a＝1,b＝0   D) a＝2,b＝2

8. 以下程序的输出结果是(   )。

```
main( )
{ float x = 2.0,y;
 if(x < 0.0)  y = 0.0;
 else if(x < 10.0)  y = 1.0/x;
 else  y = 1.0;
 printf(" % f\n",y); }
```

A) 0.000000   B) 0.250000   C) 0.500000   D) 1.000000

9. 阅读以下程序,程序运行后,如果从键盘上输入 5,则输出结果是(   )。

```
main( ){
  int x; scanf(" % d",&x);
  if(x - - < 5)  printf(" % d",x);
  else       printf(" % d",x++);
}
```

A) 3   B) 4   C) 5   D) 6

10. 以下程序的输出结果是(   )。

```
main( ){
  int a = 2,b = - 1,c = 2;
  if(a < b)
  if(b < 0)  c = 0;
  else c++;
  printf(" % d\n",c);
}
```

A) 2   B) 3   C) 0   D) 程序出错

11. 若执行以下程序时,从键盘上输入 9,则输出结果是(   )。

```
main(){
  int n; scanf(" % d",&n);
  if(n++ < 10)  printf(" % d\n",n);
  else       printf(" % d\n",n - - );
}
```

A) 11   B) 10   C) 9   D) 8

二、写出程序运行结果

1. 假设 grade 的值为'C'。

```
switch (grade){
  case 'A' : printf(" 85 - 100\n");
  case 'B' : printf(" 70 - 84\n");
  case 'C' : printf(" 60 - 69\n");
  case 'D' : printf("< 60\n");
  default : printf("error!\n");
}
```

2.
```
int x = 1, y = 0;
  switch (x){
  case 1:
  switch (y){
    case 0 : printf(" ** 1 ** \n"); break;
    case 1 : printf(" ** 2 ** \n"); break;
  }
  case 2: printf(" ** 3 ** \n");
  }
```

3.
```
main(){
  int a, b, c, d, x;
  a = c = 0;      b = 1;      d = 20;
```

```
    if (a)    d = d - 10;
    else if (!b)
        if (!c)    x = 15;
        else x = 25;
    printf(" % d\n",d);
    }
```

4.
```
int n = 'c';
switch(n++){
default: printf("error");break;
case 'a':case 'A':case 'b':case 'B':printf("good");break;
case 'c':case 'C':printf("pass");
case 'd':case 'D':printf("warn");
}
```

三、编程题

1. 某百货公司采用购物打折的方法来促销商品,该公司根据输入的购物金额,计算并输出顾客实际付款金额,顾客一次性购物的折扣率是:

(1) 少于 500 元不打折;

(2) 500 元以上且少于 1000 元者,按九五折优惠;

(3) 1000 元以上且少于 2000 元者,按九折优惠;

(4) 2000 元以上且少于 3000 元者,按八五折优惠;

(5) 3000 元以上者,按八折优惠。

编程输入购物金额,输出折扣率及实际应付款金额;再输入实付金额,输出找零金额。

2. 编程输入三个边长 a、b、c,判断它们能否构成三角形;若能构成三角形,继续判断该三角形是等边、等腰还是一般三角形。

3. 有一函数:

$$y = \begin{cases} x & (x < 1) \\ 2x - 1 & (1 \leqslant x < 10) \\ 3x - 11 & (x \geqslant 10) \end{cases}$$

编写一个程序,输入 x 值,输出 y 值。

第6章 循环结构程序设计

在第 1 章中,学习了解决某些问题的算法。在一些算法中,有一些步骤是被不断地重复执行的。这种重复执行通过某一个有条件的跳转指令来实现,即根据某一条件来决定某些语句是否被重复执行。这种在程序中不断被重复执行的结构称为循环结构。循环结构有时也被称为重复结构。

在 C 语言中,可以通过以下语句来实现循环:

(1) goto 语句和 if 语句。

(2) while 语句。

(3) do-while 语句。

(4) for 语句。

另外,在循环体内应用 break 语句或 continue 语句可以跳出循环结构或提前结束本次循环。本章专门介绍与循环结构有关的这些语句。

6.1 goto 语句及 goto 循环

C 语言提供了一个无条件转向语句 goto,可以实现程序执行的跳转。

goto 语句的一般形式为:

goto 语句标号;

功能说明:

goto 语句的功能是将程序转到指定标号处向下运行。语句标号是用户自己定义的一个标识符,其命名应符合标识符的命名规则。

语句标号使用的一般形式是:

语句标号标识符:

功能说明:

语句标号在程序中仅表示为一个标志,没有任何动作,只能由 goto 语句配合使用,表示程序转向到该标号处开始向下执行。

例 6-1 将第 1 章中的算法 1.9 用 goto 语句构成的循环结构编写程序。

算法 1.9 解决的问题是:已知两个自然数 m 和 n,求这两个自然数的最大公约数。这里对算法 1.9 加上输入输出的步骤,稍做补充如下:

(01)输入整型数据 m 和 n

(02)给计数器 i 赋初始值 1(亦可用 i = 1 表示,意为将 1 赋给变量 i,下同)
(03)如果 i 是 m 的约数并且 i 是 n 的约数,那么 k = i
(04)i = i + 1
(05)如果(i≤m)并且(i≤n)那么转向步骤(03),否则算法结束
(06)输出 k,算法结束

程序如下:

```c
# include < stdio. h>
main(){
 int m,n,i,k;
 scanf("%d%d",&m,&n);           /* 步骤(01) */
 i = 1;                         /* 步骤(02) */
 start:                         /* 步骤(03) */
 if(m%i == 0&&n%i == 0) k = i;
 i++;                           /* 步骤(04) */
 if(i<= n&&i<= m) goto start;   /* 步骤(05) */
 printf("\n%d",k);              /* 步骤(06) */
}
```

执行程序,输入:

12 8

输出:

4

可以看出,这个程序的执行流程由于有 goto 语句的存在而使标号 start 与 goto 之间的部分被多次重复执行,这就是循环结构。习惯上把被重复执行的部分称为循环体。

循环体的重复执行次数应该是有限度的,也就是说重复会在某一时刻停止。例 6-1 程序中的 i<=n&&i<=m 就是执行 goto 语句的条件,当这个条件不满足时,goto 语句就不会被执行,从而循环结构结束。

如果在一个程序中,由于某种原因使得程序中的循环结构永远也结束不了,那么就形成了"死循环",程序永远也不会结束。下面的两个例子就是死循环的两种情况。

例 6-2 死循环举例。

```c
# include < stdio. h>
main(){
  int a = 0;
  loop:
   printf("\n%d",a);
  goto loop;
}
```

执行程序,程序将输出无数个 0,不会终止。

在这个程序中,goto 语句是无条件被执行的,每当执行到 goto 语句时程序都会转到它前面的标号 loop 处执行,这就是死循环。这个程序会永远一直地执行下去而不会终止。

提示:在控制台界面(命令提示行或 DOS)中,如果在程序没有正常执行结束时想中止程序的执行,可以按 Ctrl+Break 键或 Ctrl+C 键强行结束程序。

例 6-3 死循环举例。

```
# include < stdio. h>
main(){
  int a = 5;
  loop:
      printf(" % d ",a++);
  if(a> = 5) goto loop;
}
```

执行程序,程序输出:

5 6 7 8 9 10 11 12 13 14 15 16 17 18 19 20 …

程序会一直输出下去,直到输出 32 767 后,变量 a 的值变成−32 768,从而循环结束,这种情况称为变量值的溢出。

在例 6-3 的程序当中,goto 语句虽然是有条件地被执行,但能看到 if 语句中的条件 (a>=5)永远都为真,所以 goto 语句永远会被执行,循环永远也不会终止。循环体被无数次执行,直到程序出错为止。

练习 6-1 将第 1 章中的算法 1.11 用带 goto 语句的 C 语言程序实现。

练习 6-2 将第 1 章中的算法 1.12 用带 goto 语句的 C 语言程序实现。

练习 6-3 将第 1 章中的算法 1.16 用带 goto 语句的 C 语言程序实现。

例 6-4 编程求 $S = \sum\limits_{i=1}^{10} i$。

```
# include < stdio. h>
main(){
  int i = 1,s = 0;
  loop:
    s = s + i;
    i++;
  if(i< = 10) goto loop;
  printf("\nS = % d",s);
}
```

执行程序,输出:

55

goto 语句在程序中的使用比较灵活,出现的位置随意,转向的目标位置也很随意。比如例 6-4 的程序也可以写成下面的形式。

例 6-5 编程求 $S = \sum\limits_{i=1}^{10} i$ 的另一种解法。

```
# include < stdio. h>
main(){
  int i = 1,s = 0;
  loop:
    if(i>10) goto end;                /* 有条件跳出 */
    s = s + i;
    i++;
    goto loop;                        /* 条件跳转 */
```

```
end:
    printf("\nS = % d",s);
}
```

执行程序,输出:

55

从例 6-5 可以看出,不加限制地使用 goto 语句使得程序的逻辑结构变得复杂和难于理解。因此,在程序中不提倡使用 goto 语句。

在 20 世纪 60 年代,软件业曾出现过严重的软件危机,由软件错误而引起的信息丢失、系统报废事件屡有发生。人们统计了各种语句的出错概率,发现大量的错误出在 GOTO 语句上。为此,1968 年,荷兰学者 E. W. Dijkstra 提出了程序设计中常用的 GOTO 语句的三大危害:破坏了程序的静态一致性;程序不易测试;限制了代码优化。此举引起了软件界长达数年的论战。

主张从高级程序语言中去掉 GOTO 语句的人认为,GOTO 语句是对程序结构影响最大的一种有害的语句,他们的主要理由是:GOTO 语句使程序的静态结构和动态结构不一致,从而使程序难以理解,难以查错。去掉 GOTO 语句后,可直接从程序结构上反映程序运行的过程。这样,不仅使程序结构清晰,便于理解,便于查错,而且也有利于程序的正确性证明。

持反对意见的人认为,GOTO 语句使用起来比较灵活,而且有些情形能提高程序的效率。若完全删去 GOTO 语句,有些情形反而会使程序过于复杂,增加一些不必要的计算量。

1974 年,D. E. 克努斯对于 GOTO 语句争论作了全面公正的评述,其基本观点是:不加限制地使用 GOTO 语句,特别是使用往回跳的 GOTO 语句,会使程序结构难于理解,在这种情形下,应尽量避免使用 GOTO 语句。但在另外一些情况下,为了提高程序的效率,同时又不致于破坏程序的良好结构,有控制地使用一些 GOTO 语句也是必要的。用他的话来说就是:"在有些情形,我主张删掉 GOTO 语句;在另外一些情形,则主张引进 GOTO 语句。"从此,这场长达 10 年之久的争论得以平息。

后来,G. 加科皮尼和 C. 波姆从理论上证明了:任何程序都可以用顺序、分支和重复结构表示出来。这个结论表明,从高级程序语言中去掉 GOTO 语句并不影响高级程序语言的编程能力,而且编写的程序的结构更加清晰。换句话说,顺序、选择、循环三种程序结构构成了一个最小完备集。我们将这三种程序结构叫基本程序结构。

6.2 while 语句

在 C 语言中可以使用 while 语句用来实现"当型"循环结构(见图 6-1),它的一般形式如下:

while(表达式) 循环体语句;

功能说明:

(1) 首先求解表达式的值,若表达式的值为真,则执行循环体,否则结束循环。

(2) 循环体语句执行完成后,自动转到循环开始处再次求解表达式的值,开始下一次循环。

(3) 循环体只能是一个语句。若有多个语句,则应该用花括号将其括起来使之成为一个复合语句。

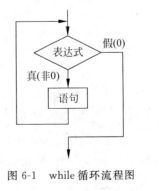

图 6-1　while 循环流程图

循环结构程序设计

例 6-6 用 while 语句编程求 $S = \sum\limits_{i=1}^{10} i$。

```
# include < stdio. h >
main(){
  int i,s;
  i = 1; s = 0;
  while(i <= 10)
  { s = s + i;
    i = i + 1;
  }
  printf("\nS = % d",s);
}
```

执行程序,输出:

55

例 6-7 用 while 语句实现例 6-1。

```
# include < stdio. h >
main(){
 int m,n,i,k;
 scanf(" % d % d",&m,&n);
 i = 1;
 while(i <= n&&i <= m)
 {
   if(m % i == 0&&n % i == 0) k = i;
   i++;
 }
 printf("\n % d",k);
}
```

练习 6-4 将练习 6-1 中读者编写的程序用 while 语句改写实现。

练习 6-5 将练习 6-3 中读者编写的程序用 while 语句改写实现。

6.3 do-while 语句

在 C 语言中可以用 do-while 语句用来实现"直到型"循环结构(见图 6-2),它的一般形式如下:

```
do
    循环体语句;
while(表达式);
```

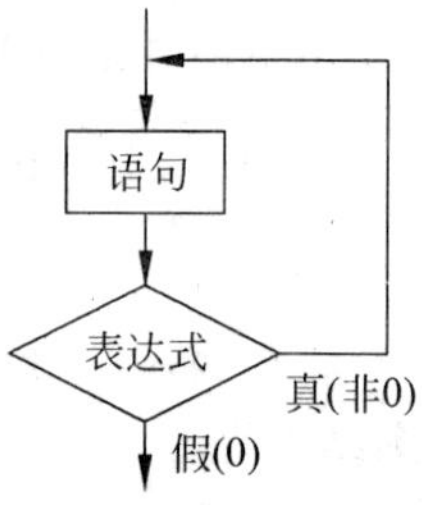

功能说明:

(1) 在此结构中 do 相当于一个标号(其后面不用加冒号":"),标志循环结构开始。

(2) 首先无条件地执行一次循环体,然后求解表达式的值。若表达式的值为真,则再次执行循环体(转到 do),开始下次循环,否则结束循环。

图 6-2 do-while 循环
流程图

（3）若循环体多于一个语句,则应使用复合语句。

（4）do-while 结构整体上是一条语句,所以不要忘记在 while 的括号后加上语句结束符分号。

例 6-8 用 do-while 语句编程求 $S = \sum_{i=1}^{10} i$。

```
# include < stdio.h >
main(){
  int i,s;
  i = 1; s = 0;
  do{
    s = s + i;
    i = i + 1;
  }while(i < = 10);
  printf("\nS = % d",s);
}
```

执行程序,输出:

55

例 6-9 用 do-while 语句实现例 6-1。

```
# include < stdio.h >
int main(){
 int m,n,i,k;
 scanf(" % d % d",&m,&n);
 i = 1;
 do{
   if(m % i == 0&&n % i == 0) k = i;
   i++;
 }while(i < = n&&i < = m);
 printf("\n % d",k);
}
```

练习 6-6 将练习 6-1 中读者编写的程序用 do-while 语句实现。

练习 6-7 将练习 6-3 中读者编写的程序用 do-while 语句实现。

下面比较一下例 6-6 与例 6-8 的程序。

``
# include < stdio.h > 	
main(){
  int i,s;
  i = 1; s = 0;
  while(i < = 10)
  { s = s + i;
    i = i + 1;
  }
  printf("\nS = % d",s);
}
执行程序,输出:
55
``
	``
	# include < stdio.h >
	main(){
	  int i,s;
	  i = 1; s = 0;
	  do
	  { s = s + i;
	    i = i + 1;
	  }while(i < = 10);
	  printf("\nS = % d",s);
	}
	执行程序,输出:
	55
	``

在这两个程序中,while 的作用是相同的,都是条件成立就执行循环体,条件不成立则循环结束。区别在于 while 语句是先判断条件,再执行循环;而 do-while 语句是先执行循

环再判断条件。也就是说,它们的区别在于第一次循环执行时,一个是先判断条件是否成立再确定是否执行循环体,而另一个是无条件地先执行一次循环体。这一区别虽然在例 6-6 与例 6-8 这两个程序上执行结果相同,但下面的例子就不是这样了。

例 6-10 输入 n,输出 s=1+2+3+…+n。	**例 6-11** 输入 n,输出 s=1+2+3+…+n。

``c
# include<stdio.h> 	
main(){
  int n,i=1,s=0;
  scanf("%d",&n);
  while(i<=n)
  { s=s+i;
    i=i+1;
  }
  printf("\nS=%d",s);
}
``
执行程序,输入 100:
5050
再次执行程序,输入:
0
输出:
0
	``c
	# include<stdio.h>
	main(){
	  int n,i=1,s=0;
	  scanf("%d",&n);
	  do
	  { s=s+i;
	    i=i+1;
	  }while(i<=n);
	  printf("\nS=%d",s);
	}
	``
	执行程序,输入 100:
	5050
	再次执行程序,输入:
	0
	输出:
	1

这两个程序在输入有些数据(n>=1)时,输出结果是相同的,而在输入有些数据(i<1)时,输出结果是不同的,为什么呢? 就是因为 while 语句和 do-while 语句的上述区别。例如,输入 0 时,由于例 6-10 的程序首先判断条件 i<=n 为不成立,所以循环体 1 次也没执行,程序输出 0,结果是正确的。而程序 6-11 由于先无条件地执行了一次循环体,使得变量 s 的值发生了变化,然后才判断条件 i<=n 为假,结束循环,最后输出了 1,结果是错误的。

由此可以看出,在编写循环结构的程序时,一定要注意循环的边界,也就是第一次循环和最后一次循环的执行情况。关于这一点将在 6.6 节中将做更为详尽的比较。

6.4 for 语 句

除了 while 语句和 do-while 语句,C 语言还提供了另外的一个使用最为广泛的循环语句——for 语句,for 语句流程图如图 6-3 所示。

for 语句的一般形式为:

for(表达式 1;表达式 2;表达式 3) 循环体语句;

功能说明:

(1) 求解表达式 1(该表达式只在这一步骤处被求解一次)。

(2) 求解表达式 2,若为真则执行循环体,否则结束 for 语句。

(3) 循环体执行结束后,求解表达式 3,并转向步骤(2)。

(4) 循环体语句应该为一条语句,如果有多条语句要执行,应该使用复合语句。

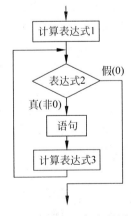

图 6-3 for 语句流程图

例 6-12 编程用 for 语句完成例 6-4。

```c
# include < stdio. h >
main(){
  int i,s = 0;
  for(i = 1;i < = 10;i++) s = s + i;
  printf("\n%d",s);
}
```

本例是 for 语句最典型的应用,可以理解为循环变量 i 从 1 一直变化到 10,每次循环变量的变化量为加 1,循环变量每变化一次,执行一次循环体。也就是说,for 语句中表达式 1 的功能通常用来给循环变量赋初值;表达式 2 是进入循环体的条件;表达式 3 通常用来表示循环变量的变化规律。因此,for 语句也可以理解为:

for(循环变量赋初值;进入循环的条件;循环变量的变化) 循环体;

例如,下面的程序段:

for(i = 1;i < = 100;i = i + 2) printf("%d",i);

可以被理解为输出从 1 到 100 之间的奇数。

例 6-13 编程用 for 语句完成例 6-1。

```c
# include < stdio. h >
main(){
  int m,n,i,k;
  scanf("%d%d",&m,&n);
  for(i = 1;i < = n&&i < = m;i++)
    if(m%i == 0&&n%i == 0) k = i;
  printf("\n%d",k);
}
```

for 语句在每次(也包括第 1 次)进入循环体之前都要先判断条件,这一特点与 while 语句是一致的,所以 for 语句的一般形式也可以改写为:

```c
表达式 1;
while(表达式 2)
{
  语句(循环体);
  表达式 3;
}
```

for 语句非常适合表达循环次数固定,循环变量每次增加(或减少)幅度一致的循环问题。

另外,在 for 语句中,表达式 1、表达式 2、表达式 3 都可以省略。其中表达式 2 省略,系统默认其条件为真。

例 6-14 例 6-12 的另一种程序。

```c
# include < stdio. h >
main(){
  int i = 1,s = 0;
```

循环结构程序设计

```
     for(   ; i<=10 ;   ) { s = s + i; i++; }
     printf("\n%d",s);
}
```

可以将 3 个表达式同时省略,例如,下面这条 for 语句,实际上为死循环,永远也执行不完。

```
for( ; ; )  ;                                    /* 相当于 while(1) ; */
```

例 6-15 输入一个正整数 n 的值,求 n!。

```
# include < stdio.h >
main(){
  long i, n;
  long   fact = 1;                               /* 将累乘积 fact 初始化为 1 */
  scanf("%ld", &n);
  for(i = 1; i <= n; i++) fact *= i;             /* 实现累乘 */
  printf("%ld ! = %ld\n", n, fact);
}
```

例 6-16 编程输出 Fibonacci 数列的前 40 个数。

Fibonacci 数列的通项公式为:

$$f_n = \begin{cases} 1 & (n = 1, 2) \\ f_{n-1} + f_{n-2} & (n > 2) \end{cases}$$

根据这一递推公式,得到如下程序:

```
# include < stdio.h >
main(){
  long int f1,f2;
  int i;
  f1 = 1; f2 = 1;
  printf("%ld, %ld", f1, f2);
  for(i = 3;i <= 20;i++)
  {   f3 = f1 + f2;
    f1 = f2;
    f2 = f3;
    printf(",%ld", f3);
  }
}
```

练习 6-8 将练习 6-1 中读者编写的程序用 for 语句实现。

练习 6-9 将练习 6-3 中读者编写的程序用 for 语句实现。

练习 6-10 将例 6-16 的程序用 while 语句实现。

6.5 break 语句

从三种循环语句来看,它们共同的特点都是根据循环判断条件来决定是否进入下一次循环,都是在不满足循环条件时结束循环。有时可以在循环体内部通过 C 语言提供的

break 语句来跳出循环。

break 语句的一般形式是：

```
break;
```

功能说明：

（1）在循环体内,当程序执行到 break 语句时,会立即跳出循环结构,即提前结束循环体。

（2）break 语句通常出现在某个 if 语句的分支中,以实现有条件地结束循环。

（3）break 语句只能用于 switch 结构内部或循环结构内部,否则程序出错。

例 6-17 编程求 $S = \sum_{i=1}^{10} i$（用 while 循环加 break 语句）。

```
#include<stdio.h>
main(){
  int i,s;
  i = 1; s = 0;
  while(1){
    s = s + i; i = i + 1;
    if(i>10) break;
  }
  printf("\n%d",s);
}
```

例 6-18 编程求 $S = \sum_{i=1}^{10} i$（用 for 循环加 break 语句）。

```
#include<stdio.h>
main(){
  int i = 1,s = 0;
  for( ; ; ) { s = s + i; i++; if(i>10) break; }
  printf("\n%d",s);
}
```

6.6 continue 语句

break 语句实现了在循环体内部控制循环的功能,C 语言还提供了另一个类似功能的 continue 语句。

continue 语句的一般形式是：

```
continue;
```

功能说明：

（1）在循环体内,当程序执行到 continue 语句时,会立即结束本次循环（跳过循环体中 continue 语句后面的部分不执行）,接着执行下一次循环。

（2）continue 语句通常出现在某个 if 语句的分支中。

（3）continue 语句只能用于循环结构内部,否则程序出错。

例 6-19　把 100～200 之间的不能被 13 整除的数输出。

```
#include<stdio.h>
main(){
  int n;
  for(n=100;n<=200;n++)
  { if(n%13==0) continue;
    printf("%d",n);
  }
}
```

可以看出，continue 语句和 break 的区别是：continue 语句只结束本次循环，而不是结束整个循环。

6.7　循环结构的嵌套

循环结构的循环体是一个语句或一个复合语句，当然这个语句或复合语句中也可以是另外一个循环结构。如果是这样，就构成了循环结构的嵌套。

三种循环结构可以互相嵌套，例如：

```
(1) while(   )
      {
        …
       while(   ) { … }
        …
      }
```

```
(2) while(   )
      {
        …
       do
        {
         …
        }while(   );
      }
```

```
(3) for( ; ; )
      {
      …
      while(   ){ … }
      …
      }
```

```
(4) while(   )
      {
        …
       for( ; ; ) { … }
        …
      }
```

```
(5) for( ; ; )
      {
        …
       for( ; ; ){ … }
        …
      }
```

```
(6) do
      {
        …
       for( ; ; ){ … }
        …
      }
```

以上列出了 6 种常见的循环嵌套情况，这 6 种也只是两层循环嵌套，还有 3 层甚至更多层次的循环嵌套在一起。

例 6-20 按如下格式输出九九乘法表。

```
1 * 1 = 1
1 * 2 = 2 2 * 2 = 4
1 * 3 = 3 2 * 3 = 6 3 * 3 = 9
…
1 * 9 = 9 2 * 9 = 18 … 9 * 9 = 81
```

这是一个非常典型的应用双层循环嵌套来解决的问题,可以利用外层循环来输出乘法表的每一行(共 9 行),在外层循环内利用一个内层循环来输出某一行的每一列(该行是第几行,该行就共有几列)。程序如下:

```c
# include < stdio. h >
int main(){
  int i,j;
  for(i = 1;i < = 9;i++)
  { printf("\n  ");
    for(j = 1;j < = i;j++)
      printf("%d * %d = %2d  ",j,i,i * j);
  }
}
```

例 6-21 设有大写字母 A～G、数字 0～9,输出由这些字符构成的所有单词(单词的构成规则是 1 个字母和 1 个数字的组合,例如 A3)。

```c
# include < stdio. h >
main(){
  char c; int i;
  for(c = 'A';c < = 'G';c++)
  { printf("\n");
    for(i = 0;i < = 9;i++) printf("%c%d ",c,i);
  }
}
```

执行程序,输出:

```
A0 A1 A2 A3 A4 A5 A6 A7 A8 A9
B0 B1 B2 B3 B4 B5 B6 B7 B8 B9
C0 C1 C2 C3 C4 C5 C6 C7 C8 C9
D0 D1 D2 D3 D4 D5 D6 D7 D8 D9
E0 E1 E2 E3 E4 E5 E6 E7 E8 E9
F0 F1 F2 F3 F4 F5 F6 F7 F8 F9
G0 G1 G2 G3 G4 G5 G6 G7 G8 G9
```

6.8 循环结构程序举例

例 6-22 编程求 $S = \sum_{i=1}^{10} i$。

我们再来回顾一下这个经典问题,下面给出关于这个问题的若干种解法。有些是正确的,有些是错误的。请读者仔细分析错误的程序错在哪里,为什么会犯这样的错误,怎样才能尽量避免出现类似的错误。

程序 1:

```c
# include < stdio. h >
main(){
  int i,s = 0;
  i = 0;
  while(i < = 9)
  { i++;
    s = s + i;
  }
  printf(" % d",s);
}
```

程序 2:

```c
# include < stdio. h >
main(){
  int i,s = 0;
  i = 0;
  while(i++ < = 9) s = s + i;
  printf(" % d",s);
}
```

程序 3:

```c
# include < stdio. h >
main(){
  int i,s = 0;
  i = 0;
  while(i < = 9) s = s + ++i;
  printf(" % d",s);
}
```

程序 4:

```c
# include < stdio. h >
main(){
  int i,s = 0;
  i = 1;
  while(s = s + i++,i < = 10);
  printf(" % d",s);
}
```

程序 5:

```c
# include < stdio. h >
main(){
  int i,s = 0;
  i = 0;
  while(i < = 10)
```

```
  { i++;
    s = s + i;
  }
  printf(" % d",s);
}
```

程序 6：

```
# include < stdio. h >
main(){
  int i,s = 0;
  i = 1;
  while(i++< = 10) s = s + i;
  printf(" % d",s);
}
```

程序 7：

```
# include < stdio. h >
main(){
  int i,s = 0;
  i = 1;
  while(i< = 10) s = s + ++i;
  printf(" % d",s);
}
```

程序 8：

```
# include < stdio. h >
main(){
  int i,s = 0;
  i = 0;
  while(s = s + i++,i < = 9);
  printf(" % d",s);
}
```

在以上的诸多程序中，只需要把握一条就可以轻松地判别哪些是正确的，而哪些是错误的。那就是，真正累加到 s 中的变量 I 的值是哪些，是从 1 到 10 吗？由于每循环一次变量 i 的值在所有程序中都是自动加 1，所以只需要考察累加到变量 s 中的第一个 i 值和最后一个 i 值就可以了。这也就是循环的边界问题。

另外，在以上的 8 个程序中出现了一些奇怪的 while 循环，仔细分析它们的执行流程，这些小程序对于理解循环结构是非常有帮助的。

例 6-23　输入一个正整数，输出这个正整数是几位数。

对于一个正整数来说，如果它小于 10，那么它是 1 位数；否则如果它小于 100，那么它是 2 位数；……以此类推可至无穷。于是得到以下的程序：

程序 1：

```
# include < stdio. h >
main(){
  long int n,s = 0;
```

```
    scanf(" % ld",&n);
    if(n < 10)              s = 1;
    else if(s < 100)        s = 2;
    else if(s < 1000)       s = 3;
    else if(s < 10000)      s = 4;
    else if(s < 100000)     s = 5;
    else if(s < 1000000)    s = 6;
    else if(s < 10000000)   s = 7;
    else if(s < 100000000)  s = 8;
    else if(s <= 2147483647) s = 9;
    printf("\n % d",s);
}
```

执行程序,输入:

1234

输出:

4

由于长整型数最大可以表示到＋2 147 483 647,所以程序判断到这个极值就可以了。这是一个正确的程序,但不免使我们觉得这个程序的含金量有点不高。能不能不用考察数据的取值范围而确定它的位数呢?

我们知道,一个整数除以 10 的结果是一个整数。例如 123/10 的结果是 12,这一结果的另一层含义是在其右侧舍弃 1 位整数。对于一个整数,不断地做这样的除法,就意味着不断地舍弃 1 位数,直到商是 0 为止。不断地做这样的除法,正是循环的思想,如果能对循环的次数进行统计,这个数有多少位也就可以知道了,于是得到如下的程序:

程序 2:

```
# include < stdio. h >
main(){
    int n,s = 0;
    scanf(" % d",&n);
    do                    /* 无条件首先执行一次循环 */
    {   n = n/10;         /* 执行一次循环,舍弃其右侧的 1 位数 */
        s++;              /* 舍 1 位,s++ */
    }while(n > 0);        /* n > 0 表示还没舍尽 */
    printf("\n % d",s);
}
```

执行程序,输入:

12345

输出:

5

对比程序 1 和程序 2,看各自有什么优缺点。

另外,对于本例程序 2 中的 do-while 循环,是不是可以改写成 while 循环呢? 怎样改写？请读者思考,然后试一试。

例 6-24　输入一个正整数,倒序输出。

类似的问题在例 4-18 中已经遇到,但此时问题的关键是不知道输入的是几位数,所以例 4-18 的程序思想肯定行不通了。我们可以从例 6-23 中得到一些启发,既然可以从右向左依次舍弃 1 位数,那么如果将这些被舍弃的数从左向右依次输出,不正好是原数的倒序吗？于是,得到以下程序：

程序 1：

```
#include<stdio.h>
main(){
    long int n,s = 0;
    scanf("%d",&n);
    do{
        printf("\n%ld",n%10);/* 输出该数的最末 1 位 */
        n = n/10;            /* 舍弃该数的最末 1 位 */
    }while(n>0);
}
```

执行程序,输入：

1234

输出：

4321

以上的程序是正确的,但其输出结果是一位一位拼出来的,而不是整体输出一个与原数倒序排列的整数。下面的程序实现了整体输入,经过处理后,整体输出的功能。程序如下：

程序 2：

```
#include<stdio.h>
main(){
    long n,m = 0;
    scanf("%ld",&n);
    while(n>0){
        m = m * 10 + n%10;
        n = n/10;
    }
    printf("\n%ld",m);
}
```

执行程序,输入：

1234

输出：

4321

在这个程序中,真正地得到了一个整数 m,它和整数 n 对比是 n 的倒序。但当输入一个

循环结构程序设计

末位数是 0 的数时,会得到如下结果。

执行程序,输入:

1200

输出:

21

可以这样认为,1200 的倒序就是 21。这样程序就完全正确了。

例 6-25　输入一个正整数,输出其所有正约数。

这个问题很简单,只需要使用穷举法就可以了。把 1～n 的所有自然数穷举一遍,如果是 n 的约数就输出。程序如下:

```c
#include <stdio.h>
main(){
    int n,s = 0;
    scanf("%d",&n);
    for(i = 1;i <= n;i++)
        if(n % I == 0)printf("%d ",i);
}
```

执行程序,输入:

24

输出:

1 2 3 4 6 8 12 24

例 6-26　输入一个正整数,输出其是否为素数。

关于这个问题,在第 1 章的算法中已经详细地分析并讨论过了,下面给出关于它的几种解法,其中每个程序对应第 1 章中的一个算法,请分析每个程序的优劣。

程序 1:

```c
#include <stdio.h>
main(){
    int n,i,s = 0;
    scanf("%d",&n);
    for(i = 2;i <= n;i++) if(n % i == 0) s++;
    if(s == 2) printf("\n YES!");
    else      printf("\n NO! ");
}
```

执行程序,输入:

13

输出:

YES

程序 2：

```
#include<stdio.h>
main(){
 int n,i,f=1;
 scanf("%d",&n);
 for(i=2;i<n;i++) if(n%i==0) f=0;
 if(f==1) printf("\n YES!");
 else     printf("\n NO! ");
}
```

执行程序，输入：

15

输出：

NO

程序 3：

```
#include<stdio.h>
main(){
 int n,i,f=1;
 scanf("%d",&n);
 for(i=2;i<n&&f==1;i++) if(n%i==0) f=0;
 printf(f==1?"\n YES!":"\n NO! ");
}
```

执行程序，输入：

17

输出：

YES

例 6-27 编程输入一个正整数，验证角谷猜想。输出其运算过程的每一个数。

角谷猜想是初等数论中的一个著名猜想，像哥德巴赫猜想一样，虽然举不出反例但至今无人能证明它的正确与否。它的内容是这样的：任何一个自然数，不断地应用以下规则进行变换最终都将得到 1。变换规则为：若是奇数则乘 3 后加 1，若是偶数则除以 2。

例如整数 7，它的变换过程为：22,11,34,17,52,26,13,40,20,10,5,16,8,4,2,1。

"不断地应用以下规则变换"，这正是循环，进入循环的条件为该数不为 1。只要该数不为 1，就进入循环，在循环体内应用变换改变这个数的值后，进入下一次循环。程序如下：

```
#include<stdio.h>
main(){
  long n;
  scanf("%ld",&n);
  while(n!=1L){
      if(n%2L==1L)n=n*3L+1L;
      else        n=n/2L;
```

```
    printf("%ld",n);
  }
}
```

执行程序,输入:

23

输出:

70 35 106 53 160 80 40 20 10 5 16 8 4 2 1

例 6-28 编程输出以下字符图形。

```
      *
     ***
    *****
   *******
    *****
     ***
      *
```

对于这个问题,可以采用直接输出的办法来解决,程序如下:

程序 1:

```
#include <stdio.h>
main(){
  printf("\n    *");
  printf("\n   ***");
  printf("\n *****");
  printf("\n*******");
  printf("\n *****");
  printf("\n   ***");
  printf("\n    *");
}
```

可以看出,上面的程序无论是对出题者还是对完成题目的人来说都是没有意义的。应该如何利用循环结构来完成这个问题呢?可以看出,该字符图形是由若干行组成的,可以利用一层循环来输出每一行。而每一行又是由若干个空格和若干个星号组成的,可以在外层循环内通过内层循环来输出这若干个空格和星号。对于前 4 行不难找出行号与空格和星号之间的数量关系,后 3 行也是一样。

经过以上分析,得到如下程序:

程序 2:

```
#include <stdio.h>
main(){
  int i,k,x;
  for(i=1;i<=4;i++)                    /* 第 i 行(前 4 行) */
  { printf("\n");                      /* 先换行 */
    for(k=1;k<=4-i;k++) printf(" ");   /* 输出 4-i 个空格 */
```

```
      for(x=1;x<=2*i-1;x++)printf(" * ");   /* 输出 2*i-1 个星号 */
    }
    for(i=3;i>=1;i--)                         /* 第 i 行(后 3 行) */
    {
      printf("\n");
      for(k=1;k<=4-i;k++) printf(" ");
      for(x=1;x<=2*i-1;x++)printf(" * ");
    }
  }
```

上面的程序是正确的,但是程序有代码重复。能不能将程序 2 中的两个外层循环合并成一个呢? 请看下面的程序:

程序 3:

```
#include<stdio.h>
main(){
  int n,i,k,x;
  for(n=1;n<=7;n++)
  { if(n<=4) i=n;
    else      i=8-n;
    printf("\n");
    for(k=1;k<=4-i;k++) printf(" ");
    for(x=1;x<=2*i-1;x++)printf(" * ");
  }
}
```

这里用了一个小小的"变换伎俩",把两个循环合并成了一个。循环中变量 n 的值为 1,2,3,4,5,6,7,而变量 i 的值为 1,2,3,4,3,2,1。其思想和程序 2 是一致的,前 4 行和后 3 行仍然可以看作是分别处理的。

能否真正做到把这 7 行统一用一个循环来处理呢? 这时的行号 i 应该为 1~7,那么能找到每行的空格个数和星号个数与行号之间的数量关系公式吗? 答案是肯定的,请看下面的程序:

程序 4:

```
#include<stdio.h>
main(){
  int h,i,k,x;
  for(i=1;i<=7;i++)
  { printf("\n");
    for(k=1;k<=abs(4-i);k++)        printf(" ");
    for(x=1;x<=7-2*abs(4-i);x++) printf(" * ");
  }
}
```

请读者根据程序,自己找出行号与每行空格数及星号数之间的换算关系。

例 6-29 输入一串字符(直到按回车键为止),统计其中数字字符的个数。

这个问题比较简单,请读者自己先自行设计程序,然后再来看下面给出的三种解法。

循环结构程序设计

程序 1：

```
#include"stdio.h"
main(){
  char c; int s = 0;
  c = getchar();
  while(c! = '\n')
  {if(c > = '0'&&c < = '9') s++;
   c = getchar();
  }
 printf("\n % d",s);
}
```

执行程序，输入：

12ABCD56E

输出：

4

程序 2：

```
#include"stdio.h"
main(){
  char c; int s = 0;
  do
  { c = getchar();
    if(c > = '0'&&c < = '9') s++;
  }while(c! = '\n');
  printf("\n % d",s);
}
```

程序 3：

```
#include"stdio.h"
main(){
  char c; int s = 0;
  while((c = getchar())! = '\n') if(c > = '0'&&c < = '9') s++;
  printf("\n % d",s);
}
```

从以上这三种解法可以看出一些编程的技巧，善于使用这些技巧的程序思路清楚，代码简洁。读者在学习程序设计时要注意学习这些技巧，掌握这些技巧，应用这些技巧，对于将来设计大型程序是非常有帮助的。

例 6-30　输入一个 4 位正整数，验证 6174 黑洞问题，按要求输出其运算过程。

6174 黑洞问题：任何一个 4 位数（除了 4 位数字全相同的数，如 6666），不断经过以下变换，最终将得到 6174。变换规则为：4 位数字重新排列成一个最大的数和一个最小的数，两数相减得到一个新的 4 位数。

程序输入输出形式如下：

输入：

5678

输出：

8765 - 5678 = 3087
8730 - 0378 = 8352
8532 - 2358 = 6174

请读者先自行设计程序,参考程序如下：

```c
# include < stdio. h >
main(){
  int n,a,b,c,d,p,q,t;
  scanf(" % d",&n);
  while(n! = 6174)
  { a = n/1000;
    b = n % 1000/100;
    c = n % 100/10;
    d = n % 10;
    if(a < b){t = a;a = b;b = t;}
    if(a < c){t = a;a = c;c = t;}
    if(a < d){t = a;a = d;d = t;}
    if(b < c){t = b;b = c;c = t;}
    if(b < d){t = b;b = d;d = t;}
    if(c < d){t = c;c = d;d = t;}
    p = a * 1000 + b * 100 + c * 10 + d;
    q = d * 1000 + c * 100 + b * 10 + a;
    n = p - q;
    printf("\n % 04d - % 04d = % 04d",p,q,n);
  }
  getch();
}
```

例 6-31　重新编程解决约瑟夫环问题。

在例 5-17 中已经完成了这个程序,但程序中有大量的重复代码。如果将一次扫描的代码放在一个循环体中,那么就不用重复书写这些代码了。

程序 1：

```c
# include < stdio. h >
main(){
  int n1 = 1, n2 = 2, n3 = 3, n4 = 4, n5 = 5, n6 = 6, n7 = 7, n8 = 8, n9 = 9,
     n10 = 10,n11 = 11,n12 = 12,n13 = 13,n14 = 14,n15 = 15,n16 = 16,n17 = 17;
  int t1 = 1, t2 = 1, t3 = 1, t4 = 1, t5 = 1, t6 = 1, t7 = 1, t8 = 1, t9 = 1,
     t10 = 1, t11 = 1, t12 = 1, t13 = 1, t14 = 1, t15 = 1, t16 = 1, t17 = 1;
  int s = 0,n = 8,k = 0;
  while(++k < = 26)
  {
    /* 以下代码段的功能为：对所有的 17 个人扫描一次 */
    if(t1 == 1)                        /* 如果 n1 在圈内 */
    { s++;                             /* 报数 */
      if(s == n)                       /* 如果他所报的数是 8 */
      { printf(" % d ",n1 );           /* 打印 n1 的序号值 */
        t1 = 0;                        /* t1 置 0,表示 n1 出圈 */
```

```
        s = 0;                           /* s 置 0,下一个人从 1 开始报数 */
    }
}
if(t2 == 1){s++;if(s == n){printf("%d",n2);t2 = 0;s = 0;}}
if(t3 == 1){s++;if(s == n){printf("%d",n3);t3 = 0;s = 0;}}
if(t4 == 1){s++;if(s == n){printf("%d",n4);t4 = 0;s = 0;}}
if(t5 == 1){s++;if(s == n){printf("%d",n5);t5 = 0;s = 0;}}
if(t6 == 1){s++;if(s == n){printf("%d",n6);t6 = 0;s = 0;}}
if(t7 == 1){s++;if(s == n){printf("%d",n7);t7 = 0;s = 0;}}
if(t8 == 1){s++;if(s == n){printf("%d",n8);t8 = 0;s = 0;}}
if(t9 == 1){s++;if(s == n){printf("%d",n9);t9 = 0;s = 0;}}
if(t10 == 1){s++;if(s == n){printf("%d",n10);t10 = 0;s = 0;}}
if(t11 == 1){s++;if(s == n){printf("%d",n11);t11 = 0;s = 0;}}
if(t12 == 1){s++;if(s == n){printf("%d",n12);t12 = 0;s = 0;}}
if(t13 == 1){s++;if(s == n){printf("%d",n13);t13 = 0;s = 0;}}
if(t14 == 1){s++;if(s == n){printf("%d",n14);t14 = 0;s = 0;}}
if(t15 == 1){s++;if(s == n){printf("%d",n15);t15 = 0;s = 0;}}
if(t16 == 1){s++;if(s == n){printf("%d",n16);t16 = 0;s = 0;}}
if(t17 == 1){s++;if(s == n){printf("%d",n17);t17 = 0;s = 0;}}
    }
}
```

这里只是简单地将执行一次扫描的程序段放在一个 while 循环中,并且利用变量 k 来控制循环的次数。这个程序与例 5-17 所介绍的程序设计思想是相同的。但是这两个程序有一个共同的弱点,就是读者必须事先自己确定代码段重复的次数(循环次数),这需要估计或者计算,而如果估计不准确或计算有误,则不会得到正确的程序。那么可不可以由程序自己决定什么时候结束呢?

可以在程序中定义一个变量 out,用它来表示已经出圈的人数,当出圈的人数达到 17 时,利用 break 语句跳出循环。这样一来,循环被执行多少次就不用关心了。于是得到如下程序:

程序 2:

```
#include < stdio.h >
main(){
  int n1 = 1, n2 = 2, n3 = 3, n4 = 4, n5 = 5, n6 = 6, n7 = 7, n8 = 8, n9 = 9,
      n10 = 10,n11 = 11,n12 = 12,n13 = 13,n14 = 14,n15 = 15,n16 = 16,n17 = 17;
  int t1 = 1, t2 = 1, t3 = 1, t4 = 1, t5 = 1, t6 = 1, t7 = 1, t8 = 1, t9 = 1,
      t10 = 1, t11 = 1, t12 = 1, t13 = 1, t14 = 1, t15 = 1, t16 = 1, t17 = 1;
  int s = 0,n = 8,out = 0;
  while(1)                       /* 不用关心循环执行次数,在循环内部决定什么时候结束循环 */
  {
    /* 以下代码段的功能为:对所有的 17 个人扫描一次 */
    if(t1 == 1)                  /* 如果 n1 在圈内 */
    { s++;                       /* 报数 */
      if(s == n)                 /* 如果他所报的数是 8 */
      { printf("%d",n1);         /* 打印 n1 的序号值 */
        t1 = 0;                  /* t1 置 0,表示 n1 出圈 */
        s = 0;                   /* s 置 0,下一个人从 1 开始报数 */
        out++;                   /* 有人出圈,变量 out 自加 1 */
```

```
            if(out == 17) break;    /*  如果所有的人都已经出圈,结束循环  */
        }
    }
    if(t2  == 1){s++;if(s == n){printf("%d ",n2 );t2  = 0;s = 0;out++;if(out == 17)break;}}
    if(t3  == 1){s++;if(s == n){printf("%d ",n3 );t3  = 0;s = 0;out++;if(out == 17)break;}}
    if(t4  == 1){s++;if(s == n){printf("%d ",n4 );t4  = 0;s = 0;out++;if(out == 17)break;}}
    if(t5  == 1){s++;if(s == n){printf("%d ",n5 );t5  = 0;s = 0;out++;if(out == 17)break;}}
    if(t6  == 1){s++;if(s == n){printf("%d ",n6 );t6  = 0;s = 0;out++;if(out == 17)break;}}
    if(t7  == 1){s++;if(s == n){printf("%d ",n7 );t7  = 0;s = 0;out++;if(out == 17)break;}}
    if(t8  == 1){s++;if(s == n){printf("%d ",n8 );t8  = 0;s = 0;out++;if(out == 17)break;}}
    if(t9  == 1){s++;if(s == n){printf("%d ",n9 );t9  = 0;s = 0;out++;if(out == 17)break;}}
    if(t10 == 1){s++;if(s == n){printf("%d ",n10);t10 = 0;s = 0;out++;if(out == 17)break;}}
    if(t11 == 1){s++;if(s == n){printf("%d ",n11);t11 = 0;s = 0;out++;if(out == 17)break;}}
    if(t12 == 1){s++;if(s == n){printf("%d ",n12);t12 = 0;s = 0;out++;if(out == 17)break;}}
    if(t13 == 1){s++;if(s == n){printf("%d ",n13);t13 = 0;s = 0;out++;if(out == 17)break;}}
    if(t14 == 1){s++;if(s == n){printf("%d ",n14);t14 = 0;s = 0;out++;if(out == 17)break;}}
    if(t15 == 1){s++;if(s == n){printf("%d ",n15);t15 = 0;s = 0;out++;if(out == 17)break;}}
    if(t16 == 1){s++;if(s == n){printf("%d ",n16);t16 = 0;s = 0;out++;if(out == 17)break;}}
    if(t17 == 1){s++;if(s == n){printf("%d ",n17);t17 = 0;s = 0;out++;if(out == 17)break;}}
    }
}
```

　　一个小小的改动,把程序设计者解放了。因为,不需要知道也不用去"猜"循环究竟执行了多少次。如果一定要搞清楚程序中的循环究竟执行了多少次,修改以上的程序,让程序在最后输出循环执行的次数,这是非常容易做到的。

习　　题

一、单项选择题

1. 以下叙述正确的是(　　　)。

A) do-while 语句构成的循环不能用其他语句构成的循环代替

B) do-while 语句构成的循环只能用 break 语句退出

C) 用 do-while 语句构成的循环,在 while 后的表达式为非 0 时结束循环

D) 用 do-while 语句构成的循环,在 while 后的表达式为 0 时结束循环

2. 以下程序的输出结果是(　　　)。

```
main(){
 int x = 10,y = 10,i;
 for(i = 0;x > 8;y = ++i) printf("%d, %d",x--,y);
}
```

A) 10,1 9,2 　　　　B) 9,8 7,6 　　　　C) 10,9 9,0 　　　　D) 10,10 9,1

3. 以下程序的输出结果是(　　　)。

```
main( ){ int n = 4; while(n--) printf("%d", --n); }
```

A) 2 0 　　　　　　B) 3 1 　　　　　　C) 3 2 1 　　　　　D) 2 1 0

循环结构程序设计

4. 以下程序的输出结果是（　　　）。

```
main( ){
 int i;
 for(i = 1;i < 6;i++){
   if(i % 2){ printf("＃");continue;}
   printf("＊");
 }
}
```

A) ＃＊＃＊＃　　　　　　　　　　B) ＃＃＃＃＃

C) ＊＊＊＊＊　　　　　　　　　　D) ＊＃＊＃＊

5. 以下程序的输出结果是（　　　）。

```
main( ){
 int i;
 for(i = 'A';i <'I';i++,i++) printf("%c",i + 32);
}
```

A) 编译不通过，无输出　　　　　　B) aceg

C) acegi　　　　　　　　　　　　　D) abcdefghi

6. 以下循环体的执行次数是（　　　）。

```
main( ){
 int i,j;
 for(i = 0,j = 1; i <= j + 1; i + = 2, j-- )  printf("%d \n",i);
}
```

A) 3　　　　　　　B) 2　　　　　　　C) 1　　　　　　D) 0

7. 以下程序段的执行结果是（　　　）。

```
int a,y;   a = 10;y = 0;
do{
  a + = 2;y + = a;
  printf("a = %d y = %d\n",a,y);
  if(y > 20)   break;
}while(a = 14);
```

A) a＝12 y＝12　　　B) a＝12 y＝12　　　C) a＝12 y＝12　　　D) a＝12 y＝12
　　a＝14 y＝16　　　　　a＝16 y＝28　　　　　a＝14 y＝26　　　　　a＝14 y＝44
　　a＝16 y＝20　　　　　a＝18 y＝24

8. 如下程序的执行结果是（　　　）。

```
main( ){
 int i,sum;
 for(i = 1;i <= 3;sum++) sum + = i;
 printf("%d\n",sum);
}
```

A) 6　　　　　　　B) 3　　　　　　　C) 死循环　　　　　D) 0

9. 以下程序的执行结果是(   )。

```
main( ){
 int x = 23;
 do{ printf(" % d",x--); } while(!x);
}
```

A) 321   B) 23   C) 不输出任何内容   D) 陷入死循环

10. 以下程序的输出结果是(   )。

```
main( ){
 int n = 9;
 while(n > 6) {n--;printf(" % d",n);}
}
```

Λ) 987   B) 876   C) 8765   D) 9876

11. 有以下程序段循环执行的次数是(   )。

```
int k = 0;
while(k = 1)   k++;
```

A) 无限次   B) 有语法错,不能执行
C) 一次也不执行   D) 执行 1 次

12. 以下程序执行后 sum 的值是(   )。

```
main( ){
 int i,sum;
 for(i = 1;i < 6;i++)   sum + = i;
 printf(" % d\n",sum);
}
```

A) 15   B) 14   C) 不确定   D) 0

13. 以下程序段输出结果是(   )。

```
int x = 3;
do{ printf(" % d",x - = 2); }while(!( --x));
}
```

A) 1   B) 3 0   C) 1 -2   D) 死循环

14. t 为 int 型,进入下面的循环之前,t 的值为 0,则以下叙述中正确的是(   )。

```
while( t = 1 ){ …}
```

A) 循环控制表达式的值为 0   B) 循环控制表达式的值为 1
C) 循环控制表达式有语法错误   D) 以上说法都不对

二、程序填空题

1. 下面程序的功能是计算正整数 2345 的各位数字平方和。

```
# include < stdio. h>
main(){
  int   n,sum = 0;
```

```
        n = 2345;
      do{   sum = sum + (n % 10) * (n % 10));
        n = _____;        / * 填空 * /
      }while(n! = 0);
      printf("sum = % d",sum);
    }
```

2. 下面程序的功能是计算 1~50 中是 7 的倍数的数值之和。

```
# include < stdio. h>
main()
  {   int   i,sum = 0;
      for(i = 1;i < = 50;i++)
      if(_____)   sum + = i;/ * 填空 * /
      printf(" % d",sum);
  }
```

三、写出程序运行结果

1. ```
   int   x = 2,s = 0;
   while (x ! = 0) {
        s = s + x;   x - - ;
   }
   printf(" % d",s);
   ```

2. ```
   int   x = 7,s = 0;
   while (x > 0){
        x = x - 2;   s = s + x;
   }
   printf("x = % d,s = % d",x,s);
   ```

3. ```
   x =   - 3;
   do{x = x + 2;}while(x > 0);
   printf(" % d",x);
   ```

4. ```
   # include < stdio. h>
   main(){
    int   n,sum = 0; n = 2345;
    while(n > 0){
        sum = sum + n % 10; n = n/10;
    }
    printf("sum = % d",sum);
   }
   ```

5. ```
   # include < stdio. h>
   main(){
    int   y = 5,s = 0;
    do{ y - - ;s = s + y; } while(y > 0);
    printf(" % d, % d",s,y);
   }
   ```

6. ```
   # include < stdio. h>
   main(){
    int y = 9,s = 0;
    while(y > 0){
        s = s + y; y = y/2;
   ```

```
        }
    printf("%d,%d",s,y);
}
```

7.
```
for(y=1;y<5; ){x=3*y;y=x-1;}
printf("x=%d,y=%d",x,y);
```

8.
```
#include<stdio.h>
main(){
 int a=5,b=7,i,t=9;
 for(i=0;i<2;i++){
 t=a; a=b; b=t;
 }
 printf("%d,%d",a,b);
}
```

9.
```
#include<stdio.h>
main(){
 int a=3,s=0,i;
 for(i=0;i<3;i++){s=s+a;}
 printf("%d,%d",s,i);
}
```

10.
```
#include<stdio.h>
main(){
 int  n=0;i;
 for(i=1;i<20;i++){
  if(i%3==0){
    printf("%d",i);
    n++;
  }
  if(n%3==0)printf("\n");
 }
}
```

11.
```
#include<stdio.h>
main(){
 int  i;
 for(i=7;i>0;i--){
  if(i%3==1)printf("%d",i);
  else if(i%3==2)printf("A");
  else continue;
  printf("B");
 }
 printf("C");
}
```

12.
```
#include<stdio.h>
main(){
 int n; char c='A';
 for(n=0;n<5;n++)
  printf("%c%c%c%c",
     c+n,c+n,c+n,c+n);
}
```

13.
```
#include<stdio.h>
main(){
 int   i,j;
 for(i=1;i<5;i++){
  for(j=1;j<=i;j++)
    printf("%d",j);
 printf("\n");
 }
}
```

14.
```
#include<stdio.h>
main(){
 int   a=0,i;
 for(i=0;i<10;i+=2){a+=i;}
 printf("%d,%d",a,i);
}
```

四、编程题

1. 有一分数序列：

2/1,3/2,5/3,8/5,13/8,21/13,…

求出这个数列的前 20 项之和。

2. 编写程序，求 s＝1！＋2！＋3！＋…＋10！ 的和，并输出。（提示：使用二重循环）

3. 使用二重 for 循环编程打印下列图形，其中行数由键盘输入，行数不超过 26。

```
    A
   BBB
  CCCCC
 DDDDDDD
EEEEEEEEE
   ……
```

4. 搬砖问题。有 36 块砖，要求正好 36 人来搬；男人每人搬 4 块，女人每人搬 3 块，两个小孩抬一块砖。要求一次全搬完，问男、女、小孩各需多少人？

5. 已知四位数 a2b3 能被 23 整除，编写程序求此四位数。

6. 编写程序，输入某门功课的若干个同学的成绩，假定成绩都为整数，以－1 作为终止的特殊成绩，计算平均成绩并输出。（提示：使用循环结构）

7. 编写程序，输出 1900—2010 年间的所有闰年，要求每行输出 5 个数据。

8. 输入若干实数，计算所有正数的和、负数的和以及这 10 个数的总和。（提示：遇到非法字符输入结束）

9. 有 N 个小运动员在参加完比赛后，口渴难耐，去小店买饮料。饮料店搞促销，凭三个空瓶可以再换一瓶，他们最少买多少瓶饮料才能保证至少每人一瓶？编程输入人数 n，输出最少应买多少瓶饮料。

10. "同构数"是指这样的整数：它恰好出现在其平方数的右端。如：376 * 376＝141 376。请找出 10 000 以内的全部"同构数"。

第7章　数　组

前面各章所介绍的 C 语言程序所使用的变量都属于简单变量。除此之外,C 语言还提供了构造数据类型,如数组、结构体、共用体和指针等。所谓构造数据类型,就是由基本数据类型按照一定规则组合而成的新的数据类型。本章主要介绍 C 语言中的数组的使用,包括一维数组和二维数组的定义、使用和初使化等。

7.1　认　识　数　组

在前面所学习的程序当中基本上都使用了变量,变量就是用来存放数据的,有多少数据要处理就需要定义多少个变量。在例 6-31 中,为了计算 17 个人的出圈顺序,定义了 34 个变量,用 17 个变量来存放 17 个人的位序,用 17 个变量存放这 17 个人是否已经出圈。由此可以看出,如果有 100 个数据要处理,就要将这 100 个数据存放到 100 个变量中,那么就需要在程序中定义 100 个变量。这样的程序编写起来显然非常困难,因为所定义的各个变量之间完全独立,没有任何关联,各个变量在内存中存储的地址也是不连续的。

C 语言为了解决以上的问题,提供了一个构造类型的数据结构——数组。什么是数组呢? 数组是一种特殊的构造数据类型,它是一组由若干个相同类型的变量构成的集合,这些变量具有一个统一的相同的名字——数组名,各个变量之间用各自的下标(序号)来区分。每个变量称为这个数组的元素,数组的下标从 0 开始计数。

例如,有个名字为 a 的整型数组,共有 10 个元素,则在 C 语言中这 10 个数组元素的名字分别为 a[0],a[1],a[2],a[3],a[4],a[5],a[6],a[7],a[8],a[9]。

一个数组的所有元素在内存中是顺序存放的,比如刚刚提到的数组 a,在内存中共占据连续的 20 个字节的空间,前 2 个字节用来存放 a[0],接下来的 2 个字节用来存放 a[1],以此类推。

可以看出,数组是具有一定顺序关系的若干个相同类型变量的集合体,数组属于构造类型。在程序中恰当地使用数组,能大大减少程序中的变量数目,使程序更加精练。如果不使用数组,会使程序变得繁复冗长,不易理解。

下面的例 7-1 和例 7-2 的程序所完成的功能是完全相同的,一个没有使用数组,而另一个使用了数组。

例 7-1　输入 10 个人的年龄,输出他们的年龄总和及平均年龄。

```
# include < stdio.h >
int main(){
  int a0,a1,a2,a3,a4,a5,a6,a7,a8,a9,sum;
```

```
    double average;
    scanf("%d%d%d%d%d%d%d%d%d%d",
           &a0,&a1,&a2,&a3,&a4,&a5,&a6,&a7,&a8,&a9);
    sum = a0 + a1 + a2 + a3 + a4 + a5 + a6 + a7 + a8 + a9;
    average = sum/10;
    printf("\nSum = %d",sum);
    printf("\nAverage = %lf",average);
}
```

执行程序,输入:

20 23 25 21 19 22 20 36 50 34 ↙

输出:

Sum = 270
Average = 27.000000

例 7-2 输入 10 个人的年龄,输出他们的年龄总和及平均年龄。

```
#include<stdio.h>
int main(){
    int a[10],sum,i;
    double average;
    for(i=0;i<=9;i++){
        scanf("%d",&a[i]);
        sum = sum + a[i];
    }
    average = sum/10;
    printf("\nSum = %d",sum);
    printf("\nAverage = %lf",average);
}
```

执行程序,输入:

20 23 25 21 19 22 20 36 50 34 ↙

输出:

Sum = 270
Average = 27.000000

可以看出在使用了数组以后的程序中,减少了变量的定义,数据的处理变得简单。更为重要的是可以利用循环结构对所有数组元素进行统一处理,这一点对于多个独立的变量来说是不可能的。

7.2 一 维 数 组

数组是具有相同名字的、通过下标来互相区别的、在内存中连续存放的一组变量。如果数组元素之间只通过一个下标分量来相互区分,那它就是一维数组。

数组和其他普通变量一样,在程序中必须先定义后引用。

7.2.1 一维数组的定义

一维数组是只有一个下标的数组,通过一个下标序号就能确定数组元素。

一维数组定义的一般形式为:

类型说明符 数组名[常量表达式];

例如:

```
int    a[10];      /* 数组名为 a,类型为整型,有 10 个元素 */
float f[20];       /* 数组名为 f,类型为单精度实型,有 20 个元素 */
char  ch[20];      /* 数组名为 ch,类型为字符型,有 20 个元素 */
```

功能说明:

(1) 类型说明符定义了数组元素的类型,该数组的所有元素必须具有相同的数据类型。

(2) 数组名和变量名的命名规则相同,都是标识符。

(3) 常量表达式一定要放在方括号内,且必须是常量表达式,而不能是包括变量的表达式。表达式的值定义了该数组一共有多少个元素。这个常量表达式的值必须是一个正整型的值,否则程序将出错。

(4) 数组的所有元素被安排在一块连续的存储空间,数组元素在内存中顺次存放,它们的地址是连续的。C 语言规定,数组名就是数组的首地址,也可以理解为数组名就是数组中第一个元素的地址。

(5) 数组元素的下标从 0 开始,所以上文中数组 a 的元素有 a[0],a[1],a[2],a[3],a[4],a[5],a[6],a[7],a[8],a[9]共 10 个元素;数组 f 的元素有 f[0],f[1],f[2],…,f[19]共 20 个元素。

下面程序中的数组定义是非法的:

```
① main()
   { int n = 10;
     int a[n];
   }
② main()
   {
     int a[5.0];
   }
③ main()
   {
     int a[0];
   }
```

而下面程序中的数组定义是合法的:

```
# define N 10
main(){
  int a[N],b[N + 10];
}
```

(6) 数组元素和普通变量的地位及操作相同,可以被赋值,也可以参加运算。

7.2.2 一维数组元素的引用

数组必须先定义后引用。由于数组元素和变量的地位相同,所以可以像使用变量一样使用数组的元素。而且一次只能引用一个数组元素,而不能一次引用整个数组。

引用数组元素的一般形式是:

数组名[下标]

下标可以是整型常量或整型表达式,例如:

```
a[0] = 5;
a[1] = a[0] * 5 + 9;
a[a[0]] = 6;
```

例 7-3 数组元素引用举例。

```
main(){
    int a[10],k;
    for(k = 0;k <= 9;k++) a[k] = k;
    for(k = 9;k >= 0;k--) printf(" % d ",a[k]);
}
```

执行程序,输出结果为:

```
9 8 7 6 5 4 3 2 1 0
```

7.2.3 一维数组的初始化

数组元素可以通过赋值语句来进行直接赋值,也可以在定义数组时对其进行初始化。C语言规定不能用一个值来给数组整体赋初值,只能一个元素一个元素地赋值,方法如下:

(1)在定义数组时对数组全部元素进行初始化。例如:

```
int a[10] = {0,1,2,3,4,5,6,7,8,9};
```

将数组元素的初值用逗号分隔依次放在一对花括号内,初值的个数不能超出数组元素个数,否则程序出错。初值与数组元素是一一对应的,所以经过上述初始化后,数组元素 a[0]～a[10] 的值依次为 0～9。

(2)在定义数组时对数组部分元素进行初始化。例如:

```
int a[10] = {0,1,2,3,4};
```

数组定义了 10 个元素,初始化列表中只给出了 5 个值,这 5 个值依次赋给 a[0] 至 a[4],其余数组元素的值为 0。在这种情况下,花括号内至少应该有一个值。还可以省略过部分元素,例如:

```
int a[10] = {0, , , ,4};
```

这时数组元素 a[0] 被赋初值 0,a[4] 被赋初值 4,其余元素的初值自动为 0。

（3）如果数组在定义时没有进行初始化操作，那么它所有元素的初始值为一个随机值。

例 7-4 数组元素初始化程序举例。

```
# include < stdio.h>
int main(){
  int a[10],i;
  for(i = 0;i < = 9;i++) printf(" % d ",a[i]);
}
```

执行程序，输出结果为：

```
- 50 1133 32 0 0 - 40 1334 32 1136 207
```

注意以上输出结果都是随机值，会随机器的不同而不同。

（4）如果数组在定义时进行了部分元素的初始化操作，那么其余所有未被初始化的元素系统会自动赋值为 0。

例 7-5 数组元素初始化程序举例。

```
# include < stdio.h>
int main(){
  int i; int a[10] = {0,1,2,3,4};
  for(i = 0;i < = 9;i++)printf(" % d ",a[i]);
}
```

执行程序，输出结果为：

```
0 1 2 3 4 0 0 0 0 0
```

（5）当对数组的全部元素进行初始化时，数组定义语句中可以不指定数组大小，系统会自动识别并指定数组的大小。例如：

```
int a[] = {0,1,2,3,4,5,6,7,8,9};   / * 等价 int a[10] = {0,1,2,3,4,5,6,7,8,9}; * /
```

虽然没有指定数组的大小，但编译程序会从初始化列表中自动识别数组的长度为 10。

注意：只有在给数组全部元素赋初值时，定义数组才可以省略数组长度。虽然 C 语言提供了这一特性，但建议读者在编程定义数组时不要省略数组长度。

7.2.4 一维数组程序举例

例 7-6 输出 Fibonacci 数组的前 20 项。

```
# include < stdio.h>
int main(){
  int i,f[20] = {1,1};                    / * 初始化第 0、1 个数 * /
  for(i = 2;i < 20;i++) f[i] = f[i - 2] + f[i - 1];   / * 求第 2~19 个数 * /
  for(i = 0;i < 20;i++){                 / * 输出，每行 5 个数 * /
    if(i % 5 == 0) printf("\n");
    printf(" % 12d",f[i]);
  }
}
```

例 7-7 输入 10 个整数，按从大到小的顺序输出。

```c
#include<stdio.h>
int main(){
  int i,j,t,a[10];
  for(i=0;i<10;i++) scanf("%d",&a[i]);
  for(i=0;i<9;i++)
    for(j=i+1;j<=9;j++)
      if(a[i]<a[j]){
        t=a[i];
        a[i]=a[j];
        a[j]=t;
      }
  for(i=0;i<10;i++) printf("%d ",a[i]);
}
```

例 7-8 重新编程解决约瑟夫环问题。

程序 1：

```c
#include<stdio.h>
int main(){
  int a[18],t[18],k=0,s=0,i,n=8,out=0;
  for(i=1;i<=17;i++){ a[i]=i; t[i]=1; }
  while(out<17){
    for(i=1;i<=17;i++)
    if(a[i]>0){
      s++;
      if(s==n){
        printf("%d ",a[i]);
        s=0;   a[i]=0;   out++;
      }
    }
  }
  getch();
}
```

程序 2：

```c
#define M 17
#define N 8
#include<stdio.h>
int main(){
  int a[M+1],k=M;
  int i,j,p,t;
  for(i=1;i<=M;i++)a[i]=i;
  p=1;
  for(t=1;t<=M;t++){
    p=(N+p-1)%k; if(p==0) p=k;
    printf("\nThe %d th : %d",t,a[p]);
    for(i=p;i<=k-1;i++)a[i]=a[i+1];
    k--;
  }
  getch();
}
```

7.3　二维数组

7.3.1　二维数组的定义

二维数组是有两个下标的数组,通过两个下标序号才能确定数组元素。

二维数组定义的一般形式为:

类型说明符 数组名[常量表达式][常量表达式];

例如:

float a[3][4];

可以将其理解为一个3行4列的矩阵,第 个下标为行号,第二个下标为列号,每个数组元素都由行号和列号两个下标决定。数组的各个元素如下:

a[0][0] a[0][1] a[0][2] a[0][3]
a[1][0] a[1][1] a[1][2] a[1][3]
a[2][0] a[2][1] a[2][2] a[2][3]

功能说明:

(1) 二维数组的数组名和变量名的命名规则和一维数组相同,都是标识符。数组的所有元素被安排在一块连续的存储空间,数组元素在内存中顺次存放,它们的地址是连续的。

(2) 二维数组关于常量表达式的规定和一维数组相同,每一维的下标都是从0开始计数的。

7.3.2　二维数组元素的引用

二维数组元素引用的一般形式为:

数组名[下标][下标];

例如:

a[1][2] = a[2][3]/2;
a[2][1] = a[1][2] + a[2][3];

7.3.3　二维数组元素的初始化

二维数组元素的初始化可以通过以下几种方法来进行:
(1) 分行赋初值(每个内层花括号负责一行)。

int a[3][4] = { {1,2,3,4},{5,6,7,8},{9,10,11,12} };

(2) 不按行,从左到右依次赋值。

int a[3][4] = {1,2,3,4,5,6,7,8,9,10,11,12};

（3）可以只对部分元素赋值。

```
int a[3][4] = {1,2,3,4,5,6,7,8};                    /* 不按行,依次从左至右赋初值 */
int a[3][4] = {{1,2},{5,6,7},{8}};                  /* 按行,每行只是部分赋初值 */
```

（4）如果是对数组中的全部元素赋初值,则第一维的大小可省略,系统会根据第二维的大小及所有初值的个数自动计算第一维的大小。

```
int a[][4] = {1,2,3,4,5,6,7,8,9,10,11,12};
```

（5）关于未经初始化的数组元素的初值,与一维数组的规定相同。

7.3.4　二维数组程序举例

例 7-9　一个简单的二维数组程序。

```
# include < stdio. h>
int main(){
 int i,j,a[5][5];
 for(i = 0;i < = 4;i++)
  for(j = 0;j < = 4;j++)
     a[i][j] = (i + 1) * 10 + (j + 1);

 for(i = 0;i < = 4;i++){
   printf("\n");
   for(j = 0;j < = 4;j++)
     printf(" % 8d",a[i][j]);
 }
 getch();
}
```

例 7-10　从键盘上给二维数组赋值,并在屏幕上显示出来。

```
# define Row 2
# define Col 3
# include < stdio. h>
int main(){
  int i, j, array[Row][Col];              /* 定义 1 个 2 行 3 列的二维数组 array */
  for(i = 0; i < Row; i++)                /* 外循环:控制二维数组的行 */
  for(j = 0; j < Col; j++){               /* 内循环:控制二维数组的列 */
    printf("please input array[ % d][ % d]:",i,j);
    scanf(" % d",&array[i][j]);           /* 从键盘输入 a[i][j]的值 */
  }
  printf("\n");
  /* 输出二维数组 array */
  for(i = 0;i < Row; i++){
    for(j = 0;j < Col;j++)
      printf(" % d\t",array[i][j]);       /* 将 a[i][j]的值显示在屏幕上 */
    printf("\n");
  }
  getch();
}
```

例 7-11 将一个二维数组的行列互换，存于另一数组中(矩阵转置)，并输出。

```c
#include<stdio.h>
int main(){
  static int a[2][3] = {{1,2,3},{4,5,6}};
  static int b[3][2],i,j;
  printf("Array a:\n");
  for(i = 0;i < 2;i++){
    for(j = 0;j < 3;j++){
      printf(" %5d",a[i][j]);
      b[j][i] = a[i][j];
    }
    printf("\n");
  }
  printf("Array b:\n");
  for(i = 0;i < 3;i++){
    for(j = 0;j < 2;j++){
      printf(" %5d",b[i][j]);
    }
    printf("\n");
  }
  getch();
}
```

运行结果:

```
Array a:
  1    2    3
  4    5    6
Array b:
  1    4
  2    5
  3    6
```

例 7-12 以下程序根据已知成绩数据计算个人平均成绩与各科平均成绩，并在屏幕上显示出来。

```c
#define NUM_std     5          /* 定义符号常量人数为 5 */
#define NUM_course  4          /* 定义符号常量课程为 4 */
#include<stdio.h>
int main(){
  int i,j;
  float score[NUM_std + 1][NUM_course + 1] =
      {  {78,85,83,65},
         {88,91,89,93},
         {72,65,54,75},
         {86,88,75,60},
         {69,60,50,72}  };
/* 以上定义一个 6 行 5 列的二维数组,并初始化,留下最后一列 score[i][4]存放个人平均成绩,最
   后一行 score[5][j]存放学科平均成绩 */
  for(i = 0;i < NUM_std;i++){
    for(j = 0;j < NUM_course;j++){
```

```
            score[i][NUM_course] += score[i][j];          /* 求第 i 个人的总成绩 */
            score[NUM_std][j] += score[i][j];             /* 求第 j 门课的总成绩 */
        }
        score[i][NUM_course] /= NUM_course;               /* 求第 i 个人的平均成绩 */
    }
    for(j = 0;j < NUM_course;j++)
        score[NUM_std][j] /= NUM_std;                     /* 求第 j 门课的平均成绩 */
    /* 输出表头 */
    printf("学生编号  课程1   课程2   课程3   课程4   个人平均\n");
    /* 输出每个学生的各科成绩和平均成绩 */
    for(i = 0;i < NUM_std;i++){
        printf("学生 % d\t",i + 1);
        for(j = 0;j < NUM_course + 1;j++)
            printf(" % 6.1f\t",score[i][j]);
        printf("\n");
    }
    /* 输出 1 条短划线 */
    for(j = 0;j < 8 * (NUM_course + 2);j++) printf(" - ");
    printf("\n课程平均");
    /* 输出每门课程的平均成绩 */
    for(j = 0;j < NUM_course;j++)
        printf(" % 6.1f\t",score[NUM_std][j]);
    printf("\n");
    getch();
}
```

7.4 字 符 数 组

7.4.1 字符串及字符数组

字符串常量是用双撇引号括起来的一串字符,例如:"china"。C 语言中没有专门的字符串变量,都是用字符数组来存放字符串的。

字符串是指若干有效字符的序列。C 语言中的字符串,可以包括字母、数字、专用字符、转义字符等。C 语言规定:以'\0'作为字符串结束标志('\0'代表 ASCII 码为 0 的字符,表示一个"空操作",只起一个标志作用)。因此可以对字符数组采用另一种方式进行操作,即字符数组的整体操作。

由于系统在存储字符串常量时,会在串尾自动加上 1 个结束标志,结束标志也要在字符数组中占用一个元素的存储空间,因此在说明字符数组长度时,至少为字符串所需长度加 1。

7.4.2 字符数组的定义

字符数组的定义与前面所介绍的一维数组和二维数组类似,例如:

char s[10];

定义了一个名为 s 且有 10 个元素的字符数组,可以通过如下形式为它的所有元素赋值：

```
s[0] = 'I'; s[1] = ' '; s[2] = 'L'; s[3] = 'O'; s[4] = 'V';
s[5] = 'E'; s[6] = ' '; s[7] = 'Y'; s[8] = 'O'; s[9] = 'U'
```

也可以定义一个二维字符数组，例如：

```
char c[10][80];
```

7.4.3　字符数组的初始化

以一维字符数组为例，字符数组元素的初始化可以通过以下几种方法：

（1）按数组元素依次单独赋初值。

```
char s[11] = { 'I',' ','L','O','V','E',' ','Y','O','U','!'};
```

（2）可以只对部分元素赋值。

```
char s[12] = { 'I',' ','L','O','V','E'};
```

（3）可以用字符串常量赋初值，除字符串本身字符外，串尾还将自动加一个空字符'\0'。

```
char s[12] = {"I LOVE YOU!"};
```

虽然字符串中只有 11 个有效字符，但实际上数组中有 12 个元素，最后一个元素 a[11] 的值为'\0'。

（4）如果是对全部元素赋值，则数组大小可省略。

```
char s[] = { 'I',' ','L','O','V','E',' ','Y','O','U','!'};
```

该数组中共有 11 个元素，数组的长度为 11，最后一个数组元素 s[10]的值为'!'。

```
char s[] = {"I LOVE YOU!"};
```

该数组中共有 12 个元素，数组长度为 12，最后一个数组元素 a[11]的值为'\0'。

7.4.4　字符数组元素的输入

假设有定义 char s[10];，那么如何输入字符数组元素呢？可以有以下三种方法：

（1）逐个字符输入。

```
for(k = 0;k < 10;k++) s[k] = getchar();
```

或者

```
for(k = 0;k < 10;k++) scanf(" % c",&s[k]);
```

（2）利用%s 格式符将整个字符串一次输入。

```
scanf(" % s",s);
```

由于数组名就是数组的首地址，所以这里的数组名 s 之前不用放取地址运算符 &。以%s 输入字符串时，Tab 键和空格都被认为是分隔符，除输入的字符外还要在字符串尾部自动加上一个'\0'(空字符)作为字符串结束符。例如输入：

AB□CDEFG↙　　　(用□表示空格,用↙表示回车)

那么由于空格被认为是分隔符,所以真正接收的是字符串"AB",即 s[0]的值为'A'、s[1]的值为字符'B'、s[2]的值为字符'\0',其他元素的值不定。

(3) 利用字符串输入函数 gets()。

gets 函数的一般调用形式是：

gets(字符数组名)

例如：

gets(s);

此函数从标准输入设备(stdin－键盘)上接收一串字符,直到回车结束(空格也作为字符串内容),在串尾自动加一个'\0'。

7.4.5　字符数组元素的输出

假设有定义 char s[10];,那么如何输出字符数组元素呢? 可以有以下三种方法：

(1) 逐个字符输出。

```
for(k = 0;k < 10;k++) putchar(s[k]);
```

或者：

```
for(k = 0;k < 10;k++) printf("%c",s[k]);
```

(2) 利用%s 格式符将整个字符串一次输出。

```
printf("%s",s);
```

(3) 利用字符串输出函数 puts()。

puts 函数的一般调用形式是：

puts(字符数组)

例如：

puts(s);

此函数的功能是把字符数组中所存放的字符串,输出到标准输出设备(stdout－显示器)中,并用'\n'取代字符串的结束标志'\0',所以用 puts()函数输出字符串时,系统会自动换行。

7.4.6　字符数组程序举例

例 7-13　从键盘上输入一串字符,直到回车结束。输出数字字符的个数。

```
# include < stdio. h >
int main(){
  char s[80];
```

```
int i,j,sum = 0;
for(i = 0;i < 80;i++)
  scanf(" % c",&s[i]);
for(i = 0;i < 80;i++)
  if(s[i]> = '0'&&s[i]< = '9') sum++;
printf("\n % d",sum);
getch();
}
```

执行程序,输入:

12AB34CD

输出:

4

练习 7-1　输入一串字符,把其中的英文字符加密。方法是:某一字符用其后面的第 3 个字符代替(如 A−D,B−E,W−Z,X−A,Y−B,Z−C),输出加密后的文字。

例 7-14　接收键盘输入的两个字符串,并将其首尾相接后输出。每个字符串内部不含空格,两个字符串之间以空白符分隔。

已经知道,字符串的存储需要用字符数组;字符串的输入,可以用具有词处理功能的 scanf()函数;字符串拼接方法是先找到第一个字符串的末尾,然后将第二个串的字符逐个添加到末尾。

注意:要去掉第一个串的结束符'\0',但第二个串的结束符'\0'要添加进去。

```
# include < stdio. h >
int main(){
  char str1[50],str2[20];
  int i,j;
  printf("Enter string No.1:\n");
  scanf(" % s",str1);
  printf("Enter string No.2:\n");
  scanf(" % s",str2);
  i = j = 0;
  while(str1[i]! = '\0')      i++;
  while((str1[i++] = str2[j++])! = '\0');
  printf("string No.1 - > % s\n",str1);
  getch();
}
```

运行结果:

```
Enter string No.1:
abcdefgh
Enter string No.2:
IJKLMNOPQRS
string No.1 - > abcdefghIJKLMNOPQRS
```

例 7-15　从键盘输入若干行文本,每行以回车结束,以 Ctrl+Z 作为输入结束符,统计其行数。

由于只统计行数,所以不必使用数组存储文本内容,只需定义一个字符变量暂存读入的字符。读入字符可以用 getchar() 函数。每读入一个字符,要判断是否输入结束,如果没有结束则要判断读入的是否是回车符,定义一个整型变量对回车符进行计数。

```c
# include < stdio. h >
int main(){
  int c,sum = 0,line = 0;
  while(c = getchar()){
    sum++;
    if(c == '\n'){line++;sum = 0;}
    if(c == EOF&&sum > 1)line++;
    if(c == EOF) break;
  }
  printf(" % d\n",line);
  getch();
}
```

输入:

This supplement is designedas a tutorial
for a student who uses Data Structures
with C++without the language background
or who wishes for a quick review of basic
C++concepts.^Z

输出:

5

例 7-16 把输入的字符串逆序排列,并显示。

输入的字符串用字符数组存放。逆序排列用交换算法,求出字符串最后一个字符的下标,然后将第一个和最后一个交换,第二个和倒数第二个交换……

```c
# include < stdio. h >
int main(){
  char str[80];
  int c,i,j;
  printf("Enter a string:\n");
  scanf(" % s",str);
  for(i = 0,j = strlen(str) - 1;i < j;i++,j-- ){
    c = str[i];
    str[i] = str[j];
    str[j] = c;
  }
  printf("\nReversed string:\n % s\n",str);
  getch();
}
```

运行结果:

Enter a string:
abcdefgh

Reversed string:

hgfedcba

例 7-17 从键盘输入字符，以 Ctrl＋Z 结束，统计输入的数字 0～9、空白符和其他字符的个数。

定义一个具有 10 个元素的整型数组来存放数字 0～9 的个数。定义两个整型变量来存放空白符和其他字符的个数。计数用的数组和变量要初始化为 0。用循环结构处理字符读入，内嵌分支结构处理计数。

```
#include <stdio.h>
int main(){
  int c,i,nwhite,nother,ndigit[10];
  nwhite = nother = 0;
  for(i = 0;i < 10;i++) ndigit[i] = 0;
  while((c = getchar())! = EOF)
    if(c >= '0'&&c <= '9')                ++ndigit[c - '0'];
    else if (c == ' '||c == '\n'||c == '\t')    ++nwhite;
    else                                  ++nother;
  for(i = 0;i < 10;i++)   printf("digit '%d':%d\n",i,ndigit[i]);
  printf("white space:%d\n",nwhite);
  printf("other character:%d\n",nother);
  getch();
}
```

输入：

The use of the double colon in front of
the variable name, in lines 11, 13, and
16, instructs the system that we are
interested in using the global variable
named index.

输出：

digit '1':4
digit '2':0
digit '3':1
digit '4':0
digit '5':0
digit '6':1
digit '7':0
digit '8':0
digit '9':0
white space:34
other character:132

例 7-18 从键盘输入一个字符串（长度不超过 20，其中不含空格），将其复制一份，复制时将小写字母都转换成大写字母。

定义两个数组，存放字符串。小写字母转换为大写字母：小写字母－'a'＋'A'。

```
#include <stdio.h>
int main(){
```

```
char a[20],b[20];
int i;
printf("Enter a string:\n");
scanf(" % s",a);
i = 0;
do{
   b[i] = (a[i]> = 'a'&&a[i]< = 'z')?a[i] - 'a' + 'A':a[i];
}while(a[i++]! = '\0');
printf("Copyed string:\n % s\n",b);
getch();
}
```

运行结果:

```
Enter a string:
Programmer
Copyed string:
PROGRAMMER
```

例 7-19　输入一串字符(不超过 80 个),输出其中的单词个数(单词为以空格分隔的一串字符)。

```
# include < stdio. h>
int main(){
   char s[80],p; int i,j,sum = 0;
   gets(s);
   p = ' ';
   for(i = 0;s[i]! = '\0';i++){
      if(p == ' '&&s[i]! = ' ')sum++;
      p = s[i];
   }
   printf("\n % d",sum);
   getch();
}
```

7.4.7　字符串函数

1. 字符串比较——strcmp()函数

(1) 调用方式:

strcmp(字符串 1 ,字符串 2)

其中"字符串"可以是串常量,也可以是一维字符数组。

(2) 函数功能:比较两个字符串的大小。

字符串 1＝字符串 2,函数返回值等于 0;

字符串 1＜字符串 2,函数返回值负整数;

字符串 1＞字符串 2,函数返回值正整数。

(3) 使用说明:

① 如果一个字符串是另一个字符串从头开始的子串,则母串为大。

② 不能使用关系运算符"＝＝"来比较两个字符串,只能用 strcmp()函数来处理。

例 7-20　输入密码,与指定密码"PASSWORD"比较,允许输入三次。

```
# include < stdio. h >
int main(){
    char pass_str[80];                      /* 定义字符数组 passstr */
    int i = 0;
    while(1){                               /* 检验密码 */
        printf("\n 请输入密码:");
        gets(pass_str);                     /* 输入密码 */
        if(strcmp(pass_str,"password")! = 0) /* 口令错 */
            printf("\n 口令错误,按任意键继续");
        else
            break;                          /* 输入正确的密码,中止循环 */
        getch();
        i++;
        if(i == 3){                         /* 输入三次错误的密码,退出程序 */
            printf("\n 密码错误超过 3 次,按任意键退出程序…");
            getch();
            exit(0);
        }
    }
    printf("\n 密码正确…");
    getch();
}
```

2. 复制字符串——strcpy()函数

(1) 调用方式:

strcpy(字符数组, 字符串)

其中"字符串"可以是串常量,也可以是字符数组。

(2) 函数功能:将"字符串"完整地复制到"字符数组"中,字符数组中原有内容被覆盖。

(3) 使用说明:

① 字符数组必须定义得足够大,以便容纳复制过来的字符串。复制时,连同结束标志'\0'一起复制。

② 不能用赋值运算符"="将一个字符串直接赋值给一个字符数组,只能用 strcpy()函数来处理。

3. 连接字符串——strcat()函数

(1) 调用方式:

strcat(字符数组, 字符串)

(2) 函数功能:把"字符串"连接到"字符数组"中的字符串尾端,并存储于"字符数组"中。"字符数组"中原来的结束标志被"字符串"的第一个字符覆盖,而"字符串"在操作中未被修改。

(3) 使用说明:

① 由于没有边界检查,编程者要注意保证"字符数组"定义得足够大,以便容纳连接后

的目标字符串；否则，会因长度不够而产生问题。

② 连接前两个字符串都有结束标志'\0'，连接后"字符数组"中存储的字符串的结束标志'\0'被舍弃，只在目标串的最后保留一个'\0'。

4. 求字符串长度——strlen()函数

（1）调用方式：

strlen(字符串)

（2）函数功能：求字符串（常量或字符数组）的实际长度（不包含结束标志）。

5. 将字符串中大写字母转换成小写——strlwr()函数

（1）调用方式：

strlwr(字符串)

（2）函数功能：将字符串中的大写字母转换成小写，其他字符（包括小写字母和非字母字符）不转换。

6. 将字符串中小写字母转换成大写——strupr()函数

（1）调用方式：

strupr(字符串)

（2）函数功能：将字符串中小写字母转换成大写，其他字符（包括大写字母和非字母字符）不转换。

例 7-21 编程输入一个字符串，将其中小写字母转换成大写字母后输出如下规律的字符的图形。

输入举例：

abcdefg

输出举例：

G – FG – EFG – DEFG – CDEFG – BCDEFG – ABCDEFG

参考程序如下：

```
# include < stdio. h>
int main(){
    char str1[80],str2[80] = {""};
    int i;
    gets(str1);
    strupr(str1);
    for(i = strlen(str1) - 1;i > = 0;i - - ){
        strcat(str2,str1 + i);
        if(i > 0) strcat(str2," - ");
    }
    puts(str2);
    getch();
}
```

习　　题

一、单项选择题

1. 以下程序的输出结果是(　　　)。

```
main( ){
 int i,x[3][3] = {1,2,3,4,5,6,7,8,9};
 for(i = 0;i < 3;i++)  printf("%d,",x[i][2-i]);
}
```

A) 1,5,9,　　　　　　B) 1,4,7,　　　　　　C) 3,5,7,　　　　　　D) 3,6,9,

2. 以下程序的输出结果是(　　　)。

```
main( ){
 char w[ ][10] = { "ABCD","EFGH","IJKL","MNOP"},k;
 for(k = 1;k < 3;k++)  printf("%s\n",w[k]);
}
```

A) ABCD　　　　　B) ABCD　　　　　C) EFG　　　　　D) EFGH

　FGH　　　　　　EFG　　　　　　JK　　　　　　IJKL

　KL　　　　　　IJ　　　　　　O

　M

3. 当执行下面的程序时,如果输入 ABC,则输出结果是(　　　)。

```
# include "stdio.h"
# include "string.h"
main( ){
  char ss[10] = "1,2,3,4,5";
  gets(ss);strcat(ss,"6789");printf("%s\n",ss);
}
```

A) ABC6789　　　B) ABC67　　　C) 12345ABC6　　D) ABC456789

4. 以下程序段的输出结果是(　　　)。

```
char s[ ] = "\\141\141abc\t";
printf("%d\n",strlen(s));
```

A) 9　　　　　　B) 12　　　　　　C) 13　　　　　　D) 14

5. 下列描述中不正确的是(　　　)。

A) 字符型数组中可以存放字符串

B) 可以对字符型数组进行整体输入、输出

C) 可以对整型数组进行整体输入、输出

D) 不能在赋值语句中通过赋值运算符"="对字符型数组进行整体赋值

6. 执行下面的程序段后,变量 k 中的值为(　　　)。

```
int k = 3,s[2]; s[0] = k; k = s[1] * 10;
```

A) 不定值　　　　B) 33　　　　　　C) 30　　　　　　D) 10

7. 设有数组定义：char array[ ]＝"China";，则数组 array 所占的空间为（   ）。

A）4 个字节　　　　　B）5 个字节　　　　　C）6 个字节　　　　　D）7 个字节

8. 如下程序的输出结果是（   ）。

```
main( ){
 int n[5] = {0,0,0},i,k = 2;
 for(i = 0;i < k;i++)   n[i] = n[i] + 1;
 printf("% d\n",n[k]);
}
```

A）不确定的值　　　　B）2　　　　　　　　C）1　　　　　　　　D）0

9. 若有以下的定义：int t[3][2];，能正确表示 t 数组元素地址的表达式是（   ）。

A）&t[3][2]　　　　　B）t[3]　　　　　　　C）t[1][2]　　　　　D）t[2]

10. 以下程序的输出结果是（   ）。

```
main( ){
 int a[3][3] = {{1,2},{3,4},{5,6}},i,j,s = 0;
 for(i = 1;i < 3;i++)
   for(j = 0;j <= i;j++)   s += a[i][j];
 printf("% d\n",s);
}
```

A）18　　　　　　　　B）19　　　　　　　　C）20　　　　　　　　D）21

二、写出程序运行结果

1. ```
# include < stdio. h>
   main(){
    int   a[] = {1,3,5,7,9},i;
    for(i = 0;i < 2;i++){
     printf(" % d, % d\n",i,2 * a[i]);
    }
   }
   ```

2. ```
# include < stdio. h>
   main(){
    int   a[5] = {7,1,5,8,2},i;
     for(i = 0;a[i] % 2! = 0;i++){
      printf(" % d",i);
     }
   }
   ```

3. ```
# include < stdio. h>
   main(){
    int   a[5],i;
    for(i = 0;i < 5;i++) a[i] = 2 * i + 1;
    for(i = 4;i > = 0;i--)
      printf(" % d",a[i]);
   }
   ```

4. ```
# include < stdio. h>
   main(){
    int a[8] = {1,3,5,7,9,11,13,15},
   ```

```
   i,j,k;
  for(i = 0,j = 7;i < j;i++,j -- ){
   k = a[i];a[i] = a[j];a[j] = k;
  }
  k = a[2] + a[3]; printf(" % d",k);
 }
```

5.
```
# include < stdio. h >
main(){
 int a[7] = {7,34,2,8,0,67,21},i,k;
 k = 0;
 for(i = 1;i < 7;i++){
  if(a[i]> a[k])k = i;
 }
 printf(" % d, % d",k,a[k]);
}
```

6.
```
# include < stdio. h >
main(){
 char a[] = "computer";
 for(i = 2;i < 5;i++)
   printf(" % c",a[i]);
}
```

7.
```
# include < stdio. h >
main(){
 char a[] = "computer", * p;
 p = a;   printf(" % s",p);
}
```

8.
```
# include < stdio. h >
main(){
 char   a[] = "123",n = 0;
 for(i = 0;a[i]! = '\0';i++)
   n = n + (a[i] - '0') * 10;
 printf(" % d",n);
}
```

9.
```
int k;
int a[3][3] = {1,2,3,4,5,6,7,8,9};
for(k = 0;k < 3;k++)
  printf(" % d",a[k][2 - k]);
```

10.
```
main(){
 int   a[6],i;
 for(i = 0;i < 6;i++)a[i] = 2 * i + 1;
 printf(" % d, % d",a[2],a[5]):
}
```

11. 下面程序段是输出两个字符串中对应字符相等的字符。

```
char   x[] = "programming";
char   y[] = "Fortran";
int   i = 0;
```

```
while(x[i]! = '\0'&& y[i]! = '\0'){
 if(x[i] == y[i])
   printf ("%c",x[i++]);
 else
   i++;
}
```

12.
```
#include <stdio.h>
    main(){
      char  ch[7] = "12ab56";
      int  i,s = 0;
     for(i = 0;ch[i] > = '0'&&ch[i]< = '9';
      i += 2) s = s + ch[i] - '0';
     printf("%d\n",s);
    }
```

13. 当运行以下程序时,从键盘输入:AhaMA   Aha<CR>(<CR>表示回车符)。

```
#include  "stdio.h"
main(){
  char  s[80],c = 'a';
  int i = 0;
  scanf("%s",s);
  while(s[i]! = '\0'){
   if(s[i] == c)s[i] = s[i] - 32;
   else
    if(s[i] == c - 32)s[i] = s[i] + 32;
    i++;
  }
  puts(s);
}
```

14.
```
main(){
    int i,data[5] = {1,3,5,7,9},s = 0;
    for (i = 0;i < 5;i++)s = s + data[i];
    printf("s = %d\n",s);
  }
```

15.
```
main(){
    char a[10] = {'1','2','3','4','5',
        '6','7','8','9','\0'}, * p;
    int i;  i = 8;  p = a + i;
    printf("%s",p - 3);
  }
```

16.
```
#include <stdio.h>
    main( ){
    int a[] = {1,2,3,4}, i, j, s = 0;
    j = 0;
    for (i = 3; i >= 0; i--){
      s = s + a[i] * j;  j = j * 10;
    }
    printf("s = %d\n", s);
  }
```

三、编程题

1. 从键盘上输入一个以回车符结束的字符串,将其中的所有大写字母都转换成小写字母,然后输出该字符串。

2. 编写程序,打印杨辉三角形(行数要求从键盘输入)。

提示:使用二维数组。

```
1
1 1
1 2 1
1 3 3 1
1 4 6 4 1
1 5 10 10 5 1
...
```

3. 由键盘输入一个 3 行 3 列的矩阵,实现矩阵的转置(即行列互换)并输出。

4. 从键盘输入一个字符串,删除字符串中所有空格后输出。

5. 输入一个正整数 n,输出如下所示规律的 n 阶方阵(设 n=4)。

```
 1   2   3   4
12  13  14   5
11  16  15   6
10   9   8   7
```

第8章　函　　数

函数是掌握程序设计方法的一个重要概念,也是进行结构化程序设计的必经之路。本章将重点讲述 C 语言中函数的定义、函数的调用、函数的参数传递方式等概念。

8.1　认　识　函　数

C 语言程序的基本单位是函数,一个 C 语言程序至少应该包含一个主函数。一个大型的 C 语言程序都要包含用户自己定义的函数。在例 2-8 的程序中,已经接触到了一个用户自定义的函数。

在一个 C 语言程序中,可以包括若干个用户自定义的函数,但主函数只能有一个。各个函数在定义时彼此是独立的,在执行时可以互相调用,但其他函数不能调用主函数。

C 语言中所有的函数在使用之前必须先在主函数之前进行定义,在主函数之后定义的函数也必须在主函数中先说明才能使用。

C 语言提供了功能丰富的库函数,一般库函数的定义都被放在头(库)文件中。头文件是一个扩展名为.h 的文件。例如标准输入输出函数包含在头文件 stdio.h 中,非标准输入输出函数包含在头文件 io.h 中,数学类的库函数包含在头文件 math.h 中等。在使用库函数时必须先知道该函数包含在哪个头文件中,然后在程序的开头用 ♯include < ∗.h>或 ♯include "∗.h"语句将该头文件包含进来。只有这样,程序在编译、连接时才不会出错,否则系统将认为是用户自己编写的函数而不能编译成功。例如,函数 sqrt()的功能为返回参数的算术平方根,要想在程序中使用它,必须在程序开始处加上 ♯include <math.h>。

例 8-1　标准库函数使用举例。

```c
#include < stdio.h>
#include < math.h>
int main(){
    printf("\n % f",sqrt(10));
}
```

执行程序,输出:

3.162278

例 8-2　从键盘输入 3 个整数,输出其中最大的一个。

```c
#include < stdio.h>
int max(int x,int y){
```

```
    int t;
    if(x > y) t = x;
    else      t = y;
    return (t);
}
int main(){
    int a,b,c,m;
    scanf("%d%d%d",&a,&b,&c);
    m =  max(a,b);
    m =  max(m,c);
    printf("\nThe max is:%d.\n",m);
}
```

执行程序,输入:

5 8 6 ↙

输出:

The max is:8.

在实际的应用中,主函数往往被编写得很简单,它的作用就是调用各个函数。程序的各个功能主要都是由用户自定义的函数完成的。下面的程序就说明了这一点。

例 8-3　函数应用举例。

```
# include < stdio. h >
void print_line(){
    printf("\n=========================");
}
void print_message(){
    printf("\nThis is a C program.");
}
int main(){
    print_line();
    print_message();
    print_line();
}
```

执行程序,输出:

```
=========================
This is a C program.
=========================
```

该程序由三个函数组成,这三个函数当中一个是不可缺少的主函数,另外两个是用户自定义函数。它们在形式上是互相独立的,没有嵌套和从属关系。

从函数定义的形式来看,函数可以分为无参函数和有参函数两类:

(1) 无参函数。在调用时不用指定参数,例 8-3 中的 print_line()。

(2) 有参函数。在调用时要指定参数,像例 8-1 的 sqrt(10)、例 8-2 中的 max(a,b)。

从函数的功能来看,函数可以分为有返回值函数和无返回值的函数两类:

(1) 有返回值函数。调用结束时会返回一个值,供调用处运算,像例 8-2 中的 max(a,b)。

用户自己定义的函数可以通过 return 语句返回函数值。

（2）无返回值函数。调用结束时不会返回一个值，像例 8-3 中的 print_star()。

8.2　函数的定义和说明

已经知道,C 语言中的函数可以分为标准函数和用户自定义函数两类。在前面所接触的 C 语言程序中，几乎所有的输入输出操作都是通过 scanf() 和 printf() 这两个函数完成的，它们被称为标准函数，也就是系统库函数。这些函数不用用户自己定义，可以直接使用。虽然系统提供了很多库函数，但通常不能满足用户的需求，这时用户就必须自己定义函数了。

用户自定义无参函数的一般形式是：

```
函数类型标识符    函数名(){
    函数体
}
```

例 8-3 中的函数 print_line() 函数和 print_message() 函数都是无参函数。

用户自定义有参函数的一般形式是：

```
函数类型标识符    函数名(形式参数表列){
    函数体
}
```

例 8-2 中的 max() 函数就是有参函数。

功能说明：

（1）函数类型标识符定义的是函数返回值的类型（或称为函数的类型），可以是前面介绍过的整型（int）、长整型（long）、字符型（char）、单精度浮点型（float）、双精度浮点型（double）以及空类型（void）等，也可以是将要介绍的指针类型，包括结构指针。

例 8-2 中函数 max() 的返回值为 int 型。

（2）如果函数没有返回值，函数类型标识符应该为 void（空类型）。但是如果省略函数类型标识符，系统默认函数的返回值为整型。

（3）函数名是用户自己定义的一个标识符，应该符合标识符的命名规则。

（4）定义无参函数时，函数名后的括号内应该为空。定义有参函数时，函数名后的括号内应该依次列出函数的形式参数，参数之间以逗号分隔，每个参数的说明都应该指定其类型。例如：

```
int max(int x, int y)
```

（5）对于函数参数的定义说明，C 语言还有一种传统的方式。也就是在括号内只说明参数名称而不说明参数类型。这时，可以采用在函数体之前额外增加一行语句来说明参数类型的办法，如下面的例 8-4 中的程序。

例 8-4　对形式参数说明的传统方式举例。

```
# include < stdio.h>
int max(x, y)
```

```
int x,y;
{
    int t;
    if(x > y) t = x;
    else      t = y;
    return (t);
}
int main(){
    int a,b,c,m;
    scanf("%d%d%d",&a,&b,&c);
    m = max(a,b);
    m = max(m,c);
    printf("\nThe max is:%d\n",m);
}
```

（6）如果函数有返回值，那么在函数体内应该用 return 语句返回一个值。return 语句的一种常用的形式是：

return 表达式；

函数体内可以有多个 return 语句，系统执行到任何一个 return 语句都将结束函数的运行，返回到对该函数的调用处继续向下执行。

例 8-5　多个 return 语句的函数举例。

```
# include < stdio.h >
int max(int x,int y){
    int t;
    if(x > y) return x;
    else      return y;
}
int main(){
    int a,b,c,m;
    scanf("%d%d%d",&a,&b,&c);
    m = max(max(a,b),c);
    printf("\nThe max is:%d\n",m);
}
```

（7）也可以定义空函数。所谓空函数，即函数体为空的函数。例如：

```
void empty(){
}
```

空函数被调用时，什么也不做，没有实际的作用。但有时为了日后对程序功能的扩充，可以在主函数中调用空函数。暂时没有什么实际应用，但以后可以为空函数加上函数体，使其发挥作用。

例 8-6　编程在主函数中输入两个实数，利用函数计算它们的和并在主函数中输出。

```
# include < stdio.h >
double add(double a,double b){
    double s;
    s = a + b;
```

```
    return s;
  }
int main(){
  double x,y;
  scanf(" % lf % lf",&x,&y);
  printf("\n % lf",add(x,y));
}
```

例 8-7　输出 100 以内的素数。

```
# include < stdio. h >
# include"math. h"
long prime( long x){
  long i,f = 1;
  for( i = 2;i < = sqrt(x)&&f! = 0;i++)
    if(x % i = = 0)f = 0;
  return f;
}
int main(){
  long n;
  for(n = 2;n < = 100;n++)
    if(prime(n))printf(" % ld ",n);
}
```

函数一定要先定义后使用,如果一个函数的定义被放在了调用它的函数(通常是主函数)之后,那么一定要在调用它的函数的开始处对这个函数进行声明(也称为说明)。

函数声明语句只要将函数定义的首部(第一行)直接拿来就可以了,因为函数声明是一条语句,所以后面要加分号。

函数声明语句的一般形式是:

函数类型标识符　　函数名(形式参数表列);

或者

函数类型标识符　　函数名();

例 8-8　函数声明举例。

```
# include < stdio. h >
int main(){
  double add(double a,double b);      / * 函数声明,也可以写成 double add(); * /
  double x,y;
  scanf(" % lf % lf",&x,&y);
  printf("\n % lf",add(x,y));
}
double add(double a,double b){
  double s = a + b;
  return s;
}
```

功能说明:

(1) 函数声明语句绝不是函数定义,只是声明在本函数中可能会调用这样一个函数。

(2) 函数声明语句的参数列表可以全部省略,或者只省略参数变量名称。例如:

```
double add();
double add(double,double);
```

(3) 如果一个函数没有被声明就被调用,编译程序并不认为出错,而将此函数默认为整型(int)函数。因此当一个函数的返回值为整型时,可以不作事先声明。而当一个函数返回其他类型,又没有事先声明,编译时将会出错。

例 8-9 函数说明举例。

```
#include <stdio.h>
int main(){
  int x,y;
  scanf("%d%d",&x,&y);
  printf("\n%d",add(x,y));
}
add(int a,int b){
  int s;
  s = a + b;
  return s;
}
```

执行程序,输入:

5   8

输出:

13

本例中,虽然函数 add()的定义被放在了主函数的后面,而且在主函数中并未对其进行声明,但由于它的返回值为整型,编译时不会出错,C语言是允许的。程序的执行是正确的。

(4) 也可以将函数声明语句放在所有函数的外面(即整个程序的开始处)。这时,在调用该函数的各个函数之中就不用依次声明了。

例 8-10 函数声明举例。

```
#include <stdio.h>
double add(double a,double b);          /* 函数声明放在所有函数之前且在外部 */
main(){
  double x,y;
  scanf("%lf%lf",&x,&y);
  printf("\n%lf",add(x,y));
}
double add(double a,double b){
  double s;
  s = a + b;
  return s;
}
```

从本例可以看出,在所有函数之外声明函数是一种非常方便的方法,否则必须在每个调用了某函数的函数中都要加上声明该函数的语句。

8.3 函数的调用

前面已经接触了很多个带有函数的程序,在程序中都对函数进行了调用,例如前面例子中多次出现的下列语句都是函数调用:

```
print_star();
printf("\n%d",add());
m = max(a,b);
```

8.3.1 函数调用的一般形式

函数调用的一般形式是:

函数名(实在参数列表)

功能说明:

(1) 如果调用的是无参函数,实在参数列表可以为空,但是括号不能省略。例如:

```
print_star();              /* 这是对无返回值函数的调用 */
```

(2) 如果调用的是有参函数,则应该加上实在参数。实在参数可以是任何合法的表达式(包括常量、变量)。多个实在参数之间用逗号分隔。实在参数与被调用函数的形式参数要一一对应,参数个数要相同,类型也要一致。例如:

```
printf("\n%lf",add(x,y));    /* 这是对有返回值函数的调用 */
```

(3) 函数在没有被调用之前,其形式参数是不存在的。函数只有在被调用时,其形式参数才被定义及被分配内存单元。形式参数被分配的内存单元是单独在空闲内存(栈区)中分配的。即使形式参数变量名称与其他函数中的变量重名,其内存也不是一个地址。甚至对于同一个函数的两次不同调用,系统为形式参数所分配的地址也可能是不同的。所以形式参数变量名可以和其他函数中的变量重名,系统不会出错。形式参数所占用的内存单元,在函数结束时会被自动释放。

(4) 函数调用的过程是这样的:首先为函数的所有形式参数在内存中的空闲区域分配内存,再将所有实在参数的值计算出来,依次赋值给对应的形式参数。然后进入函数体开始执行函数,在执行完成或遇到return语句时,函数结束。如果是通过return语句返回的,将返回值带回到调用处。

(5) 调用函数时将实在参数的值计算出来,依次赋值给对应的形式参数这一过程也称为函数参数的值传递。这是函数参数传递的最简单的一种方式,这种方式下实在参数与形式参数之间只是一个普通的赋值关系,值传递完成以后,实在参数与形式参数之间将不存在任何关系,函数中形式参数值的改变,不能影响实在参数。

例 8-11 函数举例。

```
# include < stdio. h>
int main(){
  int a = 5,b = 8;
  printf("\nmain():a = % d,b = % d",a,b);
  p(a,b);
  printf("\nmain():a = % d,b = % d",a,b);
}
p(int a,int b){
  a++; b--;
  printf("\np()    :a = % d,b = % d",a,b);
}
```

执行程序,输出:

```
main():a = 5,b = 8
p()   :a = 6,b = 7
main():a = 5,b = 8
```

(6) 应该说明的是,如果实在参数列表中多于一个参数,不同的系统对实参的求值顺序是不确定的。有的从左至右求值,有的从右至左求值。如果各个实参之间是没有关系的表达式,求值顺序是无所谓的。但如果各个实参之间是有关联的,求值顺序也许会影响程序的执行结果。

例 8-12 实在参数求值顺序。

```
# include < stdio. h>
int max( int x, int y){
  return (x > y?x:y);
}
int main(){
  int a = 5,b = 8,ma,mb;
  ma = max(a,a++);
  mb = max(b++,++b);
  printf("\nma = % d,a = % d",ma,a);
  printf("\nmb = % d,b = % d",mb,b);
}
```

本例中的函数调用,实在参数的个数都是 1 个以上,且实在参数之间存在关联。如果实在参数是从左至右求值,那么程序的执行结果是什么呢? 经过分析,不难得出以下的输出结果:

```
ma = 5,a = 6            // 函数调用相当于 ma = max(5,5)
mb = 10,b = 10          // 函数调用相当于 ma = max(8,10)
```

但是,如果实在参数是从右至左求值,那么程序的执行结果是什么呢? 经过分析,也不难得出以下的输出结果:

```
ma = 6,a = 6            // 函数调用相当于 ma = max(6,5)
mb = 9,b = 10           // 函数调用相当于 ma = max(9,9)
```

不同的系统对此规定是不同的,但 Turbo C、DEV C++ 及 VC++ 都是按自右向左的顺序进行求值的。对于例 8-10 的程序,读者可以在机器上执行验证。

这一规定对标准库函数同样适用,请分析下面例 8-13 的程序的输出结果。

例 8-13 库函数参数求值顺序。

```
#include <stdio.h>
int main(){
    int a = 3;
    printf("\n%d, %d, %d",a,++a,a = a + 4);
}
```

本例中的函数 printf() 也有多个参数,它们的求解顺序也是从右至左的。

8.3.2 函数调用的方式

从以上众多的函数调用例子程序中不能看出,函数的调用方式按函数调用在程序中出现的位置来分可以有以下三种:

(1) 函数语句。把函数调用作为一个独立的语句出现,例如:

```
print_star();
p();
```

这种调用方式不要求函数有返回值,或者即使有返回值也没有加以利用。C 语言程序中的 scanf() 函数和 printf() 函数的使用多属于这种形式。

(2) 函数表达式。函数的调用出现在一个表达式中,这时要求函数必须返回一个确定的值。例如:

```
printf("\n%lf",add(x,y));
m = max(a,b);
m = 5 + 2 * max(a,b);
```

(3) 函数参数。函数调用作为另一次函数调用的实参,这时也要求函数必须返回一个确定的值。例如:

```
m = max(max(a,b),c);
printf("\n%d",max(5,6));
```

函数调用被用作另一次函数调用的参数,实际上也是函数表达式调用的一种形式。

8.3.3 return 语句与函数的返回值

在执行被调用函数时,如果需要该函数带回一个确定的值返回给调用函数,则要借助于 return 语句了。在前面所接触的程序中,已经了解了 return 语句的一种表达形式。其实 return 语句中的表达式也可以省略,此时它的功能就是结束函数的执行,没有指定返回值。

1. return 语句的一般形式

return 语句的一般形式有以下三种情况:

(1) return 表达式;

(2) return (表达式);

（3）return ;

功能说明：

（1）前两种形式是等价的，其功能为结束函数的执行并把表达式的值返回给调用处。此时要求函数在定义时必须有一个指定的函数类型，绝不能为空类型（void）。

（2）省略表达式的 return 语句的功能为结束函数的执行，返回到调用处。该语句没有指定返回值。

（3）函数体中如果没有 return 语句，或者虽然有 return 语句但无法执行到，那么执行完函数体的最后一条语句后就返回。

（4）函数体中也可以有多个 return 语句，执行到哪个，哪个起作用。不管执行到哪个 return 都结束函数的执行，返回到调用处。

例 8-14　输入某次考试 100 分制的成绩，输出 5 分制成绩。要求：百分制成绩为整数；总分为 100 的百分制成绩以 20 分一段转换成 5 分制成绩；如果输入的整数超出 0～100 的范围，输出出错信息。

本例要求实现 100 分制向 5 分制的转换，可以通过函数来完成。设计一个函数名称为 change()，参数为 100 分制的成绩，返回值为 5 分制的成绩。读者也许会编写出以下的程序。

```
#include <stdio.h>
int main(){
  int score;
  scanf("%d",&score);
  printf("\n%d",change(score));
}
int change(int x){
  if(x==0)                 return 0;
  else if(x>=0&&x<20)      return 1;
  else if(x>=20&&x<40)     return 2;
  else if(x>=40&&x<60)     return 3;
  else if(x>=60&&x<80)     return 4;
  else if(x>=80&&x<=100) return 5;
  else printf("\nERROR!");
}
```

执行程序，对于不同的输入，程序会得到不同的输出结果，如图 8-1 所示。

输入： 0	输入： 16	输入： 67	输入： 95	输入： 123	输入： −3
输出： 0	输出： 1	输出： 4	输出： 5	输出： ERROR! 7	输出： ERROR! 7

图 8-1　例 8-14 程序的各种不同输出结果

在本例程序定义的函数 change() 中，利用多分支 if 语句，在函数体中加入了 6 个 return 语句。函数执行时会根据多分支语句中条件表达式的值，哪个表达式成立就执行哪个分支，执行哪个分支，哪个分支的 return 语句就起作用。

在上述的 6 组输出数据中,相信前 4 组都能理解,最后的 2 组输出数据中,为什么会输出一个 7 呢? 当输入的整数超出了 0～100 的范围时,函数体将执行 if 语句的最后一个分支,在这个分支中只是输出了出错信息,并没有 rerurn 语句。那么函数为什么还会输出一个返回值 7 呢? 下面就来讨论这一问题。

2. 特殊函数的返回值

scanf()函数和 printf()函数几乎在每个程序中都要使用,它们有没有返回值呢? 有的书中说 scanf()函数和 printf()函数没有返回值,这种说法是错误的。这两个函数都有返回值,只是很少加以利用罢了。在 C 语言中只有函数类型为 void 的函数没有返回值,其他的函数都有返回值。

例 8-15 scanf()函数和 printf()函数的返回值举例。

```
# include < stdio. h>
int main(){
  int a,b,c,d;
  c = scanf(" % d % d",&a,&b);
  d = printf(" % d, % d",a,b);
  printf("\nc = % d,d = % d",c,d);
}
```

执行程序,输入:

1   2

输出:

1,2
c = 2,d = 3

再次执行程序,输入:

12   - 34

输出:

12, - 34
c = 2,d = 6

再次执行程序,输入:

1   A

输出:

1,12803
c = 1,d = 7

为什么会有这样的输出结果呢? 原来 C 语言规定,函数 scanf()的返回值为正确接收到的数据的个数。函数 printf()的返回值为输出数据(字符流)的字节数(字符个数),不包括字符串末尾的空字符'\0'.

例 8-16 函数返回值程序举例。

```
#include <stdio.h>
int main(){
  int s;
  s = p(6);
  printf("\ns = %d",s);
}
p(int a){
  a++;
  printf("\na = %d",a);
  a += 5;
  printf("\na = %d",a);
}
```

本例中,函数 p() 的定义省略了函数类型,系统默认为 int 型。对于返回值为 int 型的函数,即使放在主函数的后边也可以不用说明。从这方面看,程序没有语法上的错误。令人费解的是,在主函数中调用函数 p(6) 并把它的值赋给了变量 s,但是在函数 p() 的定义中并没有找到能返回确定值的 return 语句。这时程序的输出结果会是什么呢? 经过上机验证,读者会得到以下的输出结果:

```
a = 7
a = 12
s = 5
```

为什么是这样呢? 原来 C 语言规定,对于返回值类型为 int 的函数,如果函数在执行过程中没有遇到返回确定值的 return 语句就结束了,那系统默认该函数的返回值为函数中最后一个 printf 语句的返回值,如果没有 printf 语句,返回 0。

注意:函数中没有 return 语句或者 return 语句中没有返回值表达式,绝不意味着函数就一定没有返回值。关于这一点,很多书都简单地说这些函数没有返回值,这是错误的。

在设计确实没有返回值的函数时,应该明确地定义这个函数的类型为 void,以表示这个函数确实没有返回值。这样,系统就保证不使该函数返回任何值,从而避免错误的发生。建议编程时,对于不需要返回任何值的函数,定义时一定加上函数类型 void,以养成良好的编程习惯。例如例 8-3 程序中的函数定义就体现了这一点。如果在定义函数时省略函数类型,系统会默认为整型。

当函数体中由 return 语句返回的表达式值的类型与函数类型不一致时,系统规定以返回值以函数类型为准进行转换,转换后的值为最终的函数值。

例 8-17 函数返回值程序举例。

```
#include <stdio.h>
int add(float a,float b){
  return(a + b);
}
int main(){
  double a,b,m;
  a = 1.8; b = 3.6;
  m = add(a,b);
```

```
   printf("\n%lf",m);
}
```

对于本例的程序,读者也许希望会输出:

5.400000

但程序执行后,实际输出:

5.000000

为什么输出结果是 5.000000 呢? 就是因为在函数中虽然 return 语句返回的确实是 5.400000,但由于函数类型为 int 型,所以表达式 add(a,b)的最终值为整型数 5,将这个值赋给 double 型变量 m,变量 m 的值为 5.000000,所以才会得到 5.000000 这样的输出结果。

由 return 语句返回值的类型和函数类型一定要一致或 return 语句返回值的类型比函数类型精度低。如果 return 语句返回值的类型比函数类型精度高,那么函数的返回值就不正确了。

8.4 函数参数的传递方式

在调用函数时,实在参数与形式参数之间要进行数据传递,传递方式有两种:值传递和地址传递。

8.4.1 值传递方式

在本书前面所介绍的例子程序中,凡是函数调用,其参数的传递方式都是值传递方式。前面也曾介绍过,实在参数的值被传递给形式参数后,实参与形参之间不再有任何关系,形式参数值的改变不影响实在参数。值传递方式的特点是"参数值单向传递"。

例 8-18 函数参数的值传递方式举例。

```c
# include <stdio.h>
void swap(int a,int b){
  int t;
  t = a;
  a = b;
  b = t;
  printf("\n%d, %d",a,b);
}
int main(){
  int a = 5,b = 8;
  printf("\n%d, %d",a,b);
  swap(a,b);
  printf("\n%d, %d",a,b);
}
```

执行程序,输出:

5,8
8,5
5,8

在本例程序中,虽然在主函数和用户自定义函数中都定义了变量 a 和 b,但它们绝不是同一个变量。程序开始执行,首先主函数中的第一个 printf 语句输出"5,8",然后调用函数swap(a,b)。这时会在空闲内存空间中开辟出一块区域来给函数 swap 中的变量 a 和变量 b分配内存,然后把实在参数 a 的值传递给形式参数 a,把实在参数 b 的值传递给形式参数 b。值传递完成后,转到函数体执行函数,在函数体中将函数内的形式参数 a 和 b 的值交换后,执行函数体内的 printf 语句输出"8,5"后,函数结束。函数结束时会释放刚刚为其分配的内存单元,形式参数随之消亡。形式参数值的改变是在另外的内存单元中进行的,和主函数中的同名变量没有关系,主函数中变量的值没有被改变。函数结束后返回到主函数调用处,继续执行主函数中的下一个 printf 语句,输出"5,8",可见主函数中的变量 a 和变量 b 的值没有改变。这就是值传递方式。

8.4.2 地址传递方式

地址传递方式是指实在参数是某个变量的地址,形式参数是某种类型的指针,如例 8-19所示。C 语言中的取地址运算符为 &,在 scanf() 函数中已经熟悉了它的使用。发生函数调用时,将实在参数(变量的地址)赋值给形式参数(指针),这时形式参数所指向的存储单元与实在参数中变量的地址单元是一个。因此,函数体中对形式参数的访问,实际上是通过地址而直接访问了实在参数本身。函数体中对形式参数的任何改变,也就是对实在参数的改变。所以,地址传递方式的特点是双向传递,即对形式参数的改变同时也是对实在参数的改变。而值传递方式的特点是单向传递,即对形式参数的任何改变与实在参数无关。

例 8-19 函数参数的地址传递方式举例。

```
#include<stdio.h>
void swap(int *a,int *b){
    int t;   t=*a;   *a=*b;   *b=t;
    printf("\n%d,%d",*a,*b);
}
int main(){
    int a=5,b=8;
    printf("\n%d,%d",a,b);
    swap(&a,&b);
    printf("\n%d,%d",a,b);
}
```

执行程序,输出:

```
5,8
8,5
8,5
```

在本例程序中,通过 swap(&a,&b) 这一调用形式,确定了其实在参数为变量 a 的地址(&a)和变量 b 的地址(&b)。在定义函数时,函数的形式参数必须是同类型的指针,例如本例中函数 swap 定义的第一行:

```
void swap(int *a,int *b)
```

本例涉及了 C 语言中指针的概念和使用方法,这是目前所没有接触到的知识,所以例 8-19 的程序读者只作简单认识就可以了,不用深入理解。关于指针,将在本书第 11 章作详细介绍,这里不再赘述。

8.5 数组作为函数的参数

调用函数时要指明实在参数,实在参数可以是常量、变量或表达式,当然也可以是数组元素。从 8.4 节知道,实在参数可以是地址值,那么当然也可以是数组名(数组首地址)。数组元素和数组名都可以作为函数调用时的实在参数。

8.5.1 数组元素作为函数参数

数组元素和变量的地位、作用是相同的,凡是变量可以应用的地方,数组元素也可以应用。变量可以作为函数参数,数组元素也可以作为实在参数,这时参数传递的方式与和用变量作实在参数一样,是值传递方式。

例 8-20 从键盘输入 10 个整数(存放在数组 a 中),输出最大值。

```c
# include < stdio. h >
int main(){
  int a[10],i,m;
  for(i = 0;i <= 9;i++) scanf(" % d",&a[i]);
  m = a[0];
  for(i = 1;i <= 9;i++) m = max(m,a[i]);
  printf("The max is : % d",m);
}
int max( int a, int b){
  return (a > b?a:b);
}
```

执行程序,输入:

1 2 3 4 5 6 7 8 9 0

输出:

9

从本例可以看出,数组元素作为函数参数与变量作为函数参数没有任何区别。

8.5.2 数组名作为函数参数

数组名(数组首地址)可以作为函数的实在参数,这时函数的形式参数也必须说明为数组(或指针),如下面的例 8-21 所示。

例 8-21 数组名作为函数参数程序举例。

```c
# include < stdio. h >
int main(){
  int a[10],i,m;
  for(i = 0;i <= 9;i++) scanf(" % d",&a[i]);
  m = max(a);
```

```
    printf("The max is : % d",m);
}
int max(int p[10]){
    int i,m;
    m = p[0];
    for(i = 1;i <= 9;i++) m = p[i]> m?p[i]:m;
    return m;
}
```

执行程序,输入:

1 2 3 4 5 6 7 8 9 0

输出:

9

程序说明:

(1) 数组名作为函数实在参数,实参数组类型应该与形参数组类型一致,否则出错。

(2) 形参数组的长度也可以不指定,系统在编译程序时对其大小不做检查。例如例 8-21 程序中的函数也可以写成:

```
int max(int p[ ]){
    int i,m;
    m = p[0];
    for(i = 1;i <= 9;i++) m = p[i]> m?p[i]:m;
    return m;
}
```

(3) 函数调用时,将实参(数组名/数组首地址)传给形参。这样两个数组就会共用一个首地址,可以认为这两个数组是一个数组。对形参数组元素的任何改变,相当于是对实参数组元素的改变,也可以认为形参数组名是实参数组名的别名。这也就是函数参数的地址传递方式的一种形式。

例 8-22 数组名作为函数参数程序举例。

```
# include < stdio. h>
void sort(int p[ ]);
void print(int p[ ]);
int main(){
    int a[10],i,m;
    for(i = 0;i <= 9;i++) scanf(" % d",&a[i]);
    sort(a);
    printf("\nAfter Sort:");
    print(a);
}
void sort(int p[ ]){
    int i,j,t;
    for(i = 0;i <= 8;i++)
        for(j = i + 1;j <= 9;j++)
            if(p[i]< p[j]){
                t = p[i];p[i] = p[j];p[j] = t;
```

```
    }
  }
  void print(int p[]){
    int i;
    for(i = 0;i < = 9;i++)printf(" % d ",p[i]);
  }
```

执行程序,输入:

12 34 8 78 − 7 67 98 43 5 6

输出:

After Sort:98 78 67 43 34 12 8 6 5 − 7

从输出结果可以看出,对形参数组的排序,相当于对实参数组的排序。数组名作为函数参数时,实参数组和形参数组的首地址相同。在例 8-22 的程序当中,a[i]和 p[i]的地址相同,占用同一组内存单元,是同一个元素。也可以这么认为,数组名 p 是数组 a 的别名。

例 8-23 从键盘输入整型数组 a 的 10 个元素,再输入一个整数 n。编写函数返回 n 在数组 a 中的位序,如果不在数组中返回−1。在主函数中输出这个位序值。

```
# include < stdio. h>
int locate(int p[ ],int x){
  int i;
  for(i = 0;i < = 9;i++)
    if(p[i] == x) return i;
  return − 1;
}
int main(){
  int a[10],n,i;
  for(i = 0;i < = 9;i++)a[i] = i;
  scanf(" % d",&n);
  printf("\nIn this array ,the position of % d is % d.",n,locate(a,n));
}
```

执行程序,输入:

1 2 3 4 5 6 7 8 9 0
4

输出:

In this array ,the position of 4 is 3.

8.5.3 二维数组名作为函数参数

二维数组名同样也可以作为函数参数,其使用方式和特点与一维数组相同。

例 8-24 已知一个二维数组 a[6][10],从第一个元素到最后一个元素的值依次是从 1 开始的连续自然数。输入一个自然数 n,编写函数返回 n 在数组 a 中的位置。在主函数中输出这个位置值(返回的位置值为一个不超过四位的整数,前两位表示行号,后两位表示列号。如果不在数组中返回一1)。

```
#include<stdio.h>
int locate(int p[][10],int x){
  int i,j;
  for(i=0;i<6;i++)
    for(j=0;j<10;j++)
      if(p[i][j]==x) return i*100+j;
  return -1;
}
int main(){
  int a[6][10],n,i,j,k=1;
  for(i=0;i<6;i++)
    for(j=0;j<10;j++)a[i][j]=k++;
  scanf("%d",&n);
  printf("\nIn this array,the position of %d is %04d.",n,locate(a,n));
}
```

执行程序,输入:

45

输出:

In this array,the position of 45 is 0404.

再次执行程序,输入:

78

输出:

In this array,the position of 78 is -001.

对于用二维数组名作为函数的参数,实参数组与形参数组的类型一定要一致。尤其是对形参数组,其第二维大小一定要和实参数组一致,其第一维的大小,系统在编译时不做检查,可以任意。例如,上例程序中的函数定义的第一行也可写成以下形式:

```
int locate(int p[3][10],int x)
int locate(int p[100][10],int x)
```

8.6 函数的嵌套调用

已经知道,C语言中的函数定义都是互相平行、独立的,即在定义一个函数时,不允许在其函数体内再定义另一个函数,也就是说C语言不能嵌套定义函数。但是C语言可以嵌套调用函数,即在调用一个函数的过程中,在该函数的函数体内又调用另一个函数。例如,主函数调用 a 函数,a 函数又调用 b 函数,如图 8-2 所示。

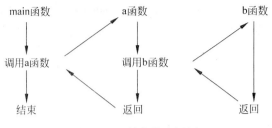

图 8-2   函数的嵌套调用

例 8-25   输入一个大于 4 的充分大偶数，验证哥德巴赫猜想。

```c
#include <stdio.h>
long prime(long n){
    long k;
    for(k=2;k<n;k++)
        if(n%k==0)return 0;
    return 1;
}
void goldbach(long n){
    long k;
    for(k=3;k<n/2;k+=2)
        if(prime(k)&&prime(n-k))printf("\n%ld=%ld+%ld",n,k,n-k);
}
int main(){
    long n;
    scanf("%ld",&n);
    goldbach(n);
}
```

执行程序，输入：

26

程序输出：

```
26=3+23
26=7+19
```

8.7   函数的递归调用

在一个函数的函数体中又出现直接或间接地调用该函数本身，这种调用关系称为函数的递归调用。函数的递归调用有两种情况，即直接递归和间接递归。

直接递归即在函数 f 的定义过程中出现调用函数 f，如图 8-3 所示。

间接递归，即在函数 f1 的定义过程中调用函数 f2，而在函数 f2 的定义过程中又调用了 f1 函数，如图 8-4 所示。

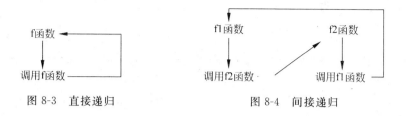

图 8-3　直接递归　　　　　　　　　图 8-4　间接递归

递归调用的实质就是将原来的问题分解为新的问题,而解决新问题时又用到了原有问题的解法。按照这一原则分解下去,每次出现的新问题都是原有问题的简化的子问题,而最终分解出来的问题是一个已知解的问题。这就是有限的递归调用。只有有限的递归调用才是有意义的,无限的递归调用永远得不到解,没有实际意义。

例如,当想计算一个正整数 n 的阶乘(n!)时,可以将问题分解为 n * (n−1)!,这样只需要计算(n−1)! 就可以了。而当在计算(n−1)! 时,又可以将问题分解为(n−1) * (n−2)!,这样只需计算(n−2)! 就可以了……最后,当在计算 1! 时,这是一个已知解。

例 8-26　输入一个正整数,输出 n!(n 的阶乘)。

不用递归调用,一般的解法如下面的程序 1 所示。

程序 1:

```c
long mul(long x){
 long i,p = 1;
 for(i = 1;i < = x;i++) p * = i;
 return(p);
}
int main(){
  long n;
  scanf(" % ld",&n);
  printf(" % d! = % ld\n", m, mul(m));
}
```

使用递归的方法设计的程序如下面的程序 2 所示。

程序 2:

```c
long mul(int n);
int main(){
  int m;
  scanf(" % d",&m);
  printf(" % d! = % ld\n", m, mul(m));
  getch();
}
long mul(int n){
  long p;
  if(n = = 1)   p = 1;
  else       p = n * mul(n−1);
  return(p);
}
```

运行输入 4 时结果为：

4! = 24

从以上两个程序可以看出，使用递归方法设计函数，程序简洁，思路清晰，易于阅读和理解。程序 2 中的函数甚至可以如以下形式，其原理和程序流程是一样的。

```
long mul(int n){
    return ( n==1 ? 1 : n * mul(n-1) );
}
```

程序 1 的执行过程在这里不再赘述，关于程序 2 的执行在这里说明以下几点。

（1）函数的递归调用属于函数嵌套调用的一种，只不过它调用的是自己罢了。

（2）C 语言中每当开始一次新的函数调用时，都是额外的在内存的空闲区中给新一次调用的函数中的变量分配地址空间。新一次函数调用的执行和任何其他程序代码及前一次调用都没有关系。

（3）当 n 的值为 4 时，函数调用 mul(4) 的执行过程是这样的：

第 1 次调用函数 mul(形式参数 n 的值为 4)，程序执行到 p=n * mul(n-1)，也就是 p=n * mul(3)，在计算 mul(3) 时，第 1 次调用没有结束而程序将第 2 次进入函数 mul。

第 2 次调用函数 mul(形式参数 n 的值为 3)，系统会在另外的内存空间中分配内存，此次调用的形式参数 n 的值为 3。虽然两次调用的是同一个函数，同一个函数中的变量 n 又重名，但因为是在不同的地址空间区域内进行计算的，所以这两次调用并不冲突。第 2 次调用(形式参数 n 的值为 3)，程序执行到 p=n * mul(2)，在计算 mul(2) 时，第 2 次调用没有结束而程序进入第 3 次调用。

第 3 次调用函数 mul(形式参数 n 的值为 2)，程序执行到 p=n * mul(1)，在计算 mul(1) 时，第 3 次调用没有结束而程序进入第 4 次调用。

第 4 次调用函数 mul(形式参数 n 的值为 1)，函数直接返回 1，第 4 次调用结束。

第 4 次调用结束，返回值 1 会返回到第 3 次调用 p=n * mul(1) 处，使得第 3 次调用的返回值是 2。

第 3 次调用的返回值 2 会返回到第 2 次调用 p=n * mul(2) 处，使得第 2 次调用的返回值是 6。

第 2 次调用的返回值 6 会返回到第 1 次调用 p=n * mul(3) 处，使得第 1 次调用的返回值是 24。

第 1 次调用的返回值 24。

以上递归调用过程可用图 8-5 所示的示意图来表示。

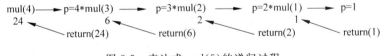

图 8-5　表达式 mul(5) 的递归过程

例 8-27　输出 Fibonacci 数列的前 40 项。

从 Fibonacci 数列的递推公式(见例 6-16)来看，公式本身就是一种递归，因此得到以下程序：

```
long f(long n){
    if(n==1||n==2)return 1;
    else return f(n-1)+f(n-2);
}
int main(){
    long i;
    for(i=1;i<=60;i++) printf("%16ld",f(i));
}
```

根据本例分析一下函数的执行过程,然后在计算机上验证该程序,并体会递归方法的优点。

例8-28 编程解决汉诺塔问题。有三根柱子A、B、C。设A柱上有n个盘子,盘子的大小不等,大的盘子在下,小的盘子在上,如图8-6所示。要求将A柱上的n个盘子移到C上,每一次只能移一个盘子。在移动过程中,可以借助于任何一根柱子,但必须保证三根柱子上的盘子都是大的盘子在下,小的盘子在上。要求编一个程序打印出移动盘子的步骤。

图8-6 汉诺塔问题示意图

在印度,有这么一个古老的传说:在世界中心贝拿勒斯(在印度北部)的圣庙里,一块黄铜板上插着三根宝石针。印度教的主神梵天在创造世界的时候,在其中一根针上从下到上地穿好了由大到小的64片金片,这就是所谓的汉诺塔(Tower of Hanoi)。不论白天黑夜,总有一个僧侣在按照下面的法则移动这些金片到另一根针上。法则是一次只移动一片,而且小片必在大片上面。当所有的金片都从梵天穿好的那根针上移到第三根针上时,世界就将在一声霹雳中消灭,梵塔、庙宇和众生都将同归于尽。

这就是关于汉诺塔传说,由此衍生出汉诺塔问题,这个问题看起来好像有点复杂,实际上可以用递归的思想来分析:

将n个盘子从A柱移到C柱可以分解为下面三个步骤:

(1) 将A柱上的n−1个盘子借助于C柱移到B柱上;

(2) 将A柱上的最后一个盘子移到C柱上;

(3) 再将B柱上的n−1盘子借助于A柱移到C柱上。

其中,第一步又可以分解为以下三步:

(1) 将A柱上的n−2个盘子借助于B柱移到C柱上;

(2) 将A柱上的第n−1个盘子移到B柱上;

(3) 再将C柱上的n−2个盘子借助于A柱移到B柱上。

这种分解可以一直递归地进行下去,直到变成移动一个盘子,递归结束。事实上,以上三个步骤包含两种操作:

(1) 将多个盘子从一根柱子移到另一根柱子上,这是一个递归的过程;

(2) 将一个盘子从一根柱子移到另一根柱子。

分别编写两个函数来实现以上两个操作。函数 hanoi(int n, char one, char two, char three)实现把"one"柱上的 n 个盘子借助于"two"柱移到"three"柱上；函数 move(char x, char y)表示将 1 个盘子从 x 柱移到 y 柱，并输出移动盘子的提示信息。

程序如下：

```c
void move(char x,char y){
    printf("\n%c-->%c",x,y);
}
void hanoi(int n,char one,char two,char three){
    if (n==1)     move(one,three);
    else{
        hanoi(n-1,one,three,two);
        move(one,three);
        hanoi(n-1,two,one,three);
    }
}
int main(){
    int n;
    scanf("%d",&n);
    hanoi(n,'A','B','C');
}
```

执行程序，输入：

3

程序输出：

```
A-->C
A-->B
C-->B
A-->C
B-->A
B-->C
A-->C
```

仔细研究这一关于递归的经典问题，可以得出实际上很多看似复杂的问题都可以用递归的思想来解决。递归使得一个复杂的问题变得简单，通常是使问题规模缩小，不断递归下去，可使问题缩小到可得出明确的解。这样利用程序，问题就迎刃而解了。

8.8　变量的作用域

在讨论函数的形参变量时曾经提到，形参变量只在被调用期间才分配内存单元，调用结束立即释放。这一点表明形参变量只有在函数内才是有效的，离开该函数就不能再使用了。把这种变量有效的范围称为变量的作用域。不仅对于形参变量，C 语言中所有的变量都有自己的作用域。变量说明的方式不同，其作用域也不同。C 语言中的变量，按作用域范围可分为局部变量和全局变量两种类型。

8.8.1 局部变量

局部变量有时也称为内部变量。局部变量是在函数内作定义说明的。其作用域仅限于函数内,离开该函数后再使用这种变量是非法的。

```
int f1(int x){                    /* 函数 f1 */
 int y,z;
 …
}                                 /* x,y,z 作用域 */
int f2(int p){                    /* 函数 f2 */
 int q,r;
}                                 /* p,q,r 作用域 */
int main(){
 int a,b;
}                                 /* a,b 作用域 */
```

在函数 f1 内定义了三个变量,x 为形参,y 和 z 为一般变量。在 f1 的范围内 x,y,z 有效,或者说 x,y,z 变量的作用域限于 f1 内。同理,p,q,r 的作用域限于 f2 内。a,b 的作用域限于 main 函数内。关于局部变量的作用域还有以下几点说明:

(1) 主函数中定义的变量也只能在主函数中使用,不能在其他函数中使用。同时,主函数中也不能使用其他函数中定义的变量。因为主函数也是一个函数,它与其他函数是平行关系。这一点是 C 语言与其他语言的不同之处,应予以注意。

(2) 形参变量是属于被调函数的局部变量,实参变量是属于主调函数的局部变量。

(3) 允许在不同的函数中使用相同的变量名,它们代表不同的对象,分配不同的单元,互不干扰,也不会发生混淆。关于这一点,可从本章前面的很多例题中得以体现。

(4) 在复合语句中也可定义变量,其作用域只在复合语句范围内。

例 8-29 复合语句内定义变量程序举例。

```
int main(){
  int x = 11,y = 12,z = 13;
  printf("\nx = % d,y = % d,z = % d",x,y,z);
  {
    int x = 21,y = 22;
    printf("\nx = % d,y = % d,z = % d",x,y,z);
  }
  printf("\nx = % d,y = % d,z = % d",x,y,z);
  getch();
}
```

本程序在 main 中定义了 x,y,z 三个变量。而在复合语句内又定义了两个变量 x,y,这两个变量与主函数(复合语句外)中定义的不是同一个变量。在复合语句外由 main 定义的 x 和 y 起作用,而在复合语句内则由在复合语句内定义的 x 和 y 起作用。因此该程序的输出结果为:

```
x = 11,y = 12,z = 13
x = 21,y = 22,z = 13
x = 11,y = 12,z = 13
```

8.8.2　全局变量

全局变量也称为外部变量,它是在函数外部定义的变量。它不属于哪一个函数,而属于一个源程序文件,其作用域是整个源程序。在函数中使用全局变量,一般应作全局变量说明。只有在函数内经过说明的全局变量才能使用。全局变量的说明符为 extern。但在一个函数之前定义的全局变量,在该函数内使用可不再加以说明。例如:

```
int a,b;
void f1(){
  /*不用说明可以使用外部变量 a,b*/
  /*不加说明使用 x,y 非法*/
}
float x,y;
main(){
  /*不用说明可以使用外部变量 a,b 和 x,y*/
}
```

从上述可以看出 a,b,x,y 都是在函数外部定义的外部变量,都是全局变量。但 x,y 定义在函数 f1 之后,而在 f1 内又没有对 x,y 的说明,所以它们在 f1 内无效。a,b 定义在源程序最前面,因此在 f1 及 main 内不加说明也可使用。

例 8-30　输入半径 r,分别输出以 r 为半径的圆的周长、面积和球的体积。

```
#define PI 3.14159265
double l,s,v;
void fun(double r){
  l=2*PI*r;
  s=PI*r*r;
  v=(4.0/3.0)*PI*r*r*r;
}
int main(){
  double r;
  scanf("%lf",&r);
  fun(r);
  printf("L=%lf s=%lf v=%lf",l,s,v);
}
```

执行程序输入:

1.0

输出:

L=6.283185 s=3.141593 v=4.188790

本程序定义了三个外部变量 l,s,v,用来存放周长、面积和体积,其作用域为整个程序。函数 fun 用来求解这三个值,由主函数完成结果输出。由于 C 语言规定函数返回值只有一个,当需要增加函数的返回数据时,用外部变量是一种很好的方式。在本例中,如不使用外部变量,在主函数中就不可能取得 l,s,v 三个值。而采用了外部变量,在函数 fun 中求得的 l,s,v 值在 main 中仍然有效。因此外部变量是实现函数之间数据通信的有效手段。

对于全局变量还有以下几点说明：

（1）对于局部变量的定义和说明，可以不加区分。而对于外部变量则不然，外部变量的定义和外部变量的说明并不是一回事。外部变量定义必须在所有的函数之外，且只能定义一次。其一般形式为：

[extern] 类型说明符 变量名,变量名…;

其中方括号内的 extern 可以省去不写。

例如：

int a,b;

等效于

extern int a,b;

而外部变量的说明出现在要使用该外部变量的各个函数内，在整个程序内，可能出现多次，外部变量说明的一般形式为：

extern 类型说明符 变量名,变量名,…;

外部变量在定义时就已分配了内存单元，外部变量定义可作初始赋值，外部变量说明不能再赋初始值，只是表明在函数内要使用某外部变量。

（2）外部变量可加强函数模块之间的数据联系，但是又使函数要依赖这些变量，因而使得函数的独立性降低。从模块化程序设计的观点来看这是不利的，因此在不必要时尽量不要使用全局变量。

（3）在同一源文件中，允许全局变量和局部变量同名。在局部变量的作用域内，全局变量不起作用。

例 8-31 全局变量和局部变量同名程序举例。

```
int x = 11,y = 12,z = 13;
void fun(){
  int x = 21,y = 22;
  printf("\nx = % d,y = % d,z = % d",x,y,z);
}
int main(){
  printf("\nx = % d,y = % d,z = % d",x,y,z);
  fun();
  printf("\nx = % d,y = % d,z = % d",x,y,z);
}
```

执行程序，输出：

```
x = 11,y = 12,z = 13
x = 21,y = 22,z = 13
x = 11,y = 12,z = 13
```

8.9 变量的存储类型（生存期）

变量的作用域不同，就其本质来说是因为变量的存储类型不同。所谓存储类型是指变量占用内存空间的方式，也称为存储方式。变量的存储方式可分为"静态存储"和"动态存储"两种。

静态存储变量通常是在变量定义时就分定存储单元并一直保持不变,直至整个程序结束。8.8 节介绍的全局变量即属于此类存储方式。动态存储变量是在程序执行过程中,使用它时才分配存储单元,使用完毕立即释放。典型的例子是函数的形式参数,在函数定义时并不给形参分配存储单元,只是在函数被调用时,才予以分配,调用函数完毕立即释放。如果一个函数被多次调用,则反复地分配、释放形参变量的存储单元。从以上分析可知,静态存储变量是一直存在的,而动态存储变量则时而存在时而消失。把这种由于变量存储方式不同而产生的特性称变量的生存期。生存期表示了变量存在的时间。生存期和作用域是从时间和空间这两个不同的角度来描述变量的特性,这两者既有联系,又有区别。一个变量究竟属于哪一种存储方式,并不能仅从其作用域来判断,还应有明确的存储类型说明。

在 C 语言中,对变量的存储类型说明有以下 4 种:

- auto:自动变量。
- register:寄存器变量。
- extern:外部变量。
- static:静态变量。

自动变量和寄存器变量属于动态存储方式,外部变量和静态变量属于静态存储方式。

在介绍了变量的存储类型之后,可以知道对一个变量的说明不仅应说明其数据类型,还应说明其存储类型。因此变量说明的完整形式应为:

存储类型说明符 数据类型说明符 变量名,变量名…;

例如:

```
static int a,b;                        /* a,b 为静态类型变量 */
auto char c1,c2;                       /* c1,c2 为自动字符变量 */
static int a[5] = {1,2,3,4,5};         /* a 为静态整型数组 */
extern int x,y;                        /* x,y 为外部整型变量 */
```

8.9.1 自动变量

自动变量的类型说明符为 auto。这种存储类型是 C 语言程序中使用最广泛的一种类型。C 语言规定,函数内凡未加存储类型说明的变量均视为自动变量,也就是说自动变量可省去说明符 auto。在前面各章的程序中所定义的变量凡未加存储类型说明符的都是自动变量。

自动变量具有以下特点:

(1) 自动变量的作用域仅限于定义该变量的个体(函数或复合语句)内。在函数中定义的自动变量,只在该函数内有效。在复合语句中定义的自动变量只在该复合语句中有效。

(2) 自动变量属于动态存储方式,只有在使用它,即定义该变量的函数被调用时才给它分配存储单元,开始它的生存期。函数调用结束,释放存储单元,结束生存期。因此函数调用结束之后,自动变量的值不能保留。在复合语句中定义的自动变量,在退出复合语句后也不能再使用,否则将引起错误。

(3) 由于自动变量的作用域和生存期都局限于定义它的个体内(函数或复合语句内),

因此不同的个体中允许使用同名的变量而不会混淆。即使在函数内定义的自动变量也可与该函数内部的复合语句中定义的自动变量同名。

8.9.2　静态变量

静态变量的类型说明符是 static。静态变量当然是属于静态存储方式，但是属于静态存储方式的量不一定就是静态变量，例如外部变量虽属于静态存储方式，但不一定是静态变量，必须由 static 加以定义后才能成为静态外部变量，或称静态全局变量。对于自动变量，前面已经介绍它属于动态存储方式。但是也可以用 static 定义它为静态自动变量，或称静态局部变量，从而成为静态存储方式。由此看来，一个变量可由 static 进行再说明，并改变其原有的存储方式。

1. 静态局部变量

在局部变量的说明前再加上 static 说明符就构成静态局部变量。

例如：

```
static int a,b;
static float array[5] = {1,2,3,4,5};
```

静态局部变量属于静态存储方式，它具有以下特点：

(1) 静态局部变量在函数内定义，但不像自动变量那样，当调用时就存在，退出函数时就消失。静态局部变量始终存在着，也就是说它的生存期为整个源程序。

(2) 静态局部变量的生存期虽然为整个源程序，但是其作用域仍与自动变量相同，即只能在定义该变量的函数内使用该变量。退出该函数后，尽管该变量还继续存在，但不能使用它。

(3) 允许对构造类静态局部量赋初值。在第 7 章中，介绍数组初始化时已作过说明。若未赋以初值，则由系统自动赋以 0 值。

(4) 对基本类型的静态局部变量若在说明时未赋初值，则系统自动赋予 0 值。而对自动变量不赋初值，则其值是不定的。

根据静态局部变量的特点，可以看出它是一种生存期为整个源程序的量。虽然离开定义它的函数后不能使用，但如再次调用定义它的函数时，它又可继续使用，而且保存了前次被调用后留下的值。因此，当多次调用一个函数且要求在调用之间保留某些变量的值时，可考虑采用静态局部变量。虽然用全局变量也可以达到上述目的，但全局变量有时会造成意外的副作用，因此仍以采用局部静态变量为宜。

例 8-32　输入一个正整数，验证角谷猜想。输出变换过程及变换次数。

```
long next(long n){
    long s = 0;
    if(n % 2 == 1) n = n * 3 + 1;
    else       n = n/2;
    s++;
    printf("\nTimes of % ld is % ld.",s,n);
    return n;
}
int main(){
```

```
long n;
scanf(" % ld",&n);
while(n! = 1){
   n = next(n);
}
getch();
}
```

执行程序,输入:

5

输出:

```
Times of 1 is 16.
Times of 1 is 8.
Times of 1 is 4.
Times of 1 is 2.
Times of 1 is 1.
```

程序中定义了函数 next,其中的变量 s 说明为自动变量并赋予初始值为 0。当 main 中多次调用 next 时,s 均被赋初值为 0,故加 1 后每次输出值均为 1。现在把 s 改为静态局部变量,程序如下:

```
long next(long n){
   static long s = 0;
   if(n % 2 = = 1) n = n * 3 + 1;
   else        n = n/2;
   s++;
   printf("\nTimes of % ld is % ld.",s,n);
   return n;
}
int main(){
   long n;
   scanf(" % ld",&n);
   while(n! = 1){
      n = next(n);
   }
   getch();
}
```

执行程序,输入:

5

输出:

```
Times of 1 is 16:
Times of 2 is 8:
Times of 3 is 4:
Times of 4 is 2:
Times of 5 is 1:
```

由于 s 为静态变量,能在每次调用后保留其值并在下一次调用时继续使用,所以输出值成为累加的结果。

2. 静态全局变量

在全局变量(外部变量)的说明之前冠以 static 就构成了静态的全局变量。全局变量本身就是静态存储方式,静态全局变量当然也是静态存储方式。这两者在存储方式上并无不同。其区别在于非静态全局变量的作用域是整个源程序,当一个源程序由多个源文件组成时,非静态的全局变量在各个源文件中都是有效的。而静态全局变量则限制了其作用域,即只在定义该变量的源文件内有效,在同一源程序的其他源文件中不能使用它。由于静态全局变量的作用域局限于一个源文件内,只能为该源文件内的函数公用,因此可以避免在其他源文件中引起错误。从以上分析可以看出,把局部变量改变为静态变量后是改变了它的存储方式即改变了它的生存期。把全局变量改变为静态变量后是改变了它的作用域,限制了它的使用范围。因此 static 这个说明符在不同的地方所起的作用是不同的。应予以注意。

8.9.3 外部变量

外部变量的类型说明符是 extern。关于外部变量在前面已经详细介绍过,这里再补充说明外部变量的几个特点:

(1) 外部变量和全局变量是对同一类变量的两种不同角度的提法。全局变量是从它的作用域提出的,外部变量从它的存储方式提出的,表示了它的生存期。

(2) 当一个源程序由若干个源文件组成时,在一个源文件中定义的外部变量在其他的源文件中也有效。例如有一个源程序由源文件 F1.C 和 F2.C 组成:

F1.C:

```
int a,b;                      /* 外部变量定义 */
char c;                       /* 外部变量定义 */
main(){
…
}
```

F2.C:

```
extern int a,b;               /* 外部变量说明 */
extern char c;                /* 外部变量说明 */
func (int x,y){
…
}
```

在 F1.C 和 F2.C 两个文件中都要使用 a,b,c 三个变量。在 F1.C 文件中把 a,b,c 都定义为外部变量。在 F2.C 文件中用 extern 把三个变量说明为外部变量,表示这些变量已在其他文件中定义,编译系统已经记住了这些变量的类型和变量名,于是不再为它们分配内存空间。对构造类型的外部变量,如数组等可以在说明时作初始化赋值,若不赋初值,则系统自动定义它们的初值为 0。

8.9.4 寄存器变量

寄存器变量的说明符是 register。上述各类变量都存放在存储器内,因此当对一个变量频繁读写时,必须要反复访问内存储器,从而花费大量的存取时间。为此,C语言提供了另一种变量,即寄存器变量。这种变量存放在CPU的寄存器中,使用时,不需要访问内存,而直接从寄存器中读写,这样可提高效率。对于循环次数较多的循环控制变量及循环体内反复使用的变量均可定义为寄存器变量。

例 8-33　求从 1 加到 200 的和。

```
# include < stdio. h >
int main(){
 register int i, s = 0;
 for(i = 1; i < = 200; i++)
 s = s + i;
 printf("s = % d\n", s);
}
```

本程序循环 200 次,i 和 s 都将频繁使用,因此叫定义为寄存器变量。

对寄存器变量还要说明以下几点:

(1) 只有局部自动变量和形式参数才可以定义为寄存器变量。因为寄存器变量属于动态存储方式。凡需要采用静态存储方式的量不能定义为寄存器变量。

(2) 在 Turbo C,MS C 等系统上使用的 C 语言中,实际上是把寄存器变量当成自动变量处理的,因此速度并不能提高。而在程序中允许使用寄存器变量只是为了与标准 C 保持一致。

(3) 即使能真正使用寄存器变量的机器,由于 CPU 中寄存器的个数是有限的,因此使用寄存器变量的个数也是有限的。

8.10　内部函数和外部函数

函数一旦定义后就可以被其他函数调用,但当一个源程序由多个源文件组成时,在一个源文件中定义的函数能否被其他源文件中的函数调用呢?为此,C语言又把函数分为以下两类:内部函数和外部函数。

1. 内部函数

如果在一个源文件中定义的函数只能被本文件中的函数调用,而不能被同一源程序其他文件中的函数调用,这种函数称为内部函数。定义内部函数的一般形式是:

static 类型说明符 函数名(形参表)

例如:

static int f(int a, int b)

内部函数也称为静态函数。但此处静态 static 的含义已不是指存储方式,而是指对函数的调用范围只局限于本文件。因此在不同的源文件中定义同名的静态函数不会引起混淆。

2. 外部函数

外部函数在整个源程序中都有效,其定义的一般形式为:

extern 类型说明符 函数名(形参表)

例如：

```
extern int f(int a,int b)
```

如在函数定义中没有说明 extern 或 static，则隐含为 extern。在一个源文件的函数中调用其他源文件中定义的外部函数时，应该用 extern 说明被调函数为外部函数。例如：

F1.C（源文件一）：

```
int main(){
  extern int f1(int i);           /*外部函数说明,表示 f1 函数在其他源文件中*/
  …
}
```

F2.C（源文件二）：

```
extern int f1(int i){             /* 外部函数定义 */
  …
}
```

8.11　函数程序设计举例

例 8-34　编写函数，输出一个正整数的所有约数。主函数的功能为输出 1～100 的每一个数的所有约数。

```
void print_yueshu(long x){
  long i;
  printf("\n 自然数 %ld 的约数有:",x);
  for(i=1;i<=x;i++)
    if(x%i==0)printf(" %ld ",i);
}
int main(){
  long i;
  for(i=1;i<=100;i++){
    print_yueshu(i);
  }
  getch();
}
```

例 8-35　编写函数，输出一个正整数的素数分解式。主函数的功能为输出 100～200 的每一个数的素分解式。

```
long prime(long x){
  long i,f=1;
  for(i=2;i<=x-1;i++) {if(x%i==0)f=0;break;}
  return f;
}
void print_prime(long x){
  long i,j,k,f,p;
  printf("\n%ld=",x);
  i=2;
```

```
    do{
        if(prime(i)&&x % i == 0){
            printf(" % ld * ",i);
            x = x/i;
        }
        else
            i++;
    }while(x! = 1);
    printf("\b \b");
}
main(){
    int i;
    for(i = 100;i < = 200;i++) print_prime(i);
    getch();
}
```

例 8-36 输出 10000 以内的所有亲和数对。

```
long yueshuhe(long x){
    long s = 0,i,j,k;
    for(i = 1;i < = x - 1;i++)if(x % i == 0)s = s + i;
    return s;
}
int main(){
    long int m,n;
    for(m = 2;m < = 10000;m++)
    { if( m == yueshuhe(n = yueshuhe(m))&&m < n)
        printf("\n % ld, % ld",m,n);
    }
}
```

例 8-37 输入一个十进制的正整数,输出其二进制形式。

```
long c10to2_1(long n){
    long m = 0,k = 1;
    while(n > 0){
        m = (n % 2) * k + m;
        k = k * 10;
        n = n/2;
    }
    return m;
}
long c10to2_2(long n){
    if(n == 1L||n == 0L)    return n;
    else                    return c10to2_2(n/2L) * 10 + n % 2;
}
int main(){
    long n;
    scanf(" % ld",&n);
    printf("\n % ld",c10to2_1(n));
    printf("\n % ld",c10to2_2(n));
    getch();
}
```

例 8-38 一维数组综合练习程序：编程实现对数组元素的如下各种处理：

（1）输出所有元素；

（2）尾部追加一个新的元素；

（3）插入元素；

（4）元素排序；

（5）求最大元素；

（6）求最小元素；

（7）查找某元素；

（8）求所有元素平均值。

```c
int a[201],k = 0;
#include "stdio.h"
#include "conio.h"

menu(){
  printf("\n*********************************************");
  printf("\n*    P. print            **    U. sum            *");
  printf("\n*    I. input            **    A. average        *");
  printf("\n*    S. sort             **    T. insert          *");
  printf("\n*    M. max              **    L. locate2         *");
  printf("\n*    N. min              **    X. exit            *");
  printf("\n*********************************************");
}
input(){
  printf("please input %dth elem:",k + 1);
  scanf("%d",&a[k + 1]); k++;
}
output(){
  int i; printf("\n\n");
  for(i = 1;i <= k;i++)printf("%d ",a[i]);
}
delete(){
  int n,i,p = 0;scanf("%d",&n);
  for(i = 1;i <= k&&p == 0;i++)if(a[i] == n)p = i;
  if(p == 0) printf("NOT FOUND!");
  else{
    for(i = p;i <= k - 1;i++)a[i] = a[i + 1];
    k--; printf("\nDELETED OK!");
  }
}
sort(){
  int i,j,t;
  for(i = 1;i <= k - 1;i++)
  for(j = i + 1;j <= k;j++)
  if(a[i]< a[j]){t = a[i];a[i] = a[j];a[j] = t;}
}
max(){
  int m,i;
```

```
      if(k = = 0) printf("\nNO ELEM!");
      else{
       m = a[1];
       for(i = 2;i < = k;i++)if(m < a[i])m = a[i];
       printf("THE MAX IS: % d",m);
      }
    }
    min(){
      int m,i;
      if(k = = 0) printf("\nNO ELEM!");
      else{
       m = a[1];
       for(i = 2;i < = k;i++)if(m > a[i])m = a[i];
       printf("THE MIN IS: % d",m);
      }
    }
    sum(){
      int s = 0,i;
      if(k = = 0) printf("\nNO ELEM!");
      else{
        for(i = 1;i < = k;i++)s + = a[i];
        printf("THE SUM IS: % d",s);
      }
    }
    average(){
      int s = 0,i;
      if(k = = 0) printf("\nNO ELEM!");
      else{
        for(i = 1;i < = k;i++)s + = a[i];
        printf("THE AVERAGE IS: % f",(float)s/k);
      }
    }
    insert(){
      int i,p = 0,n;scanf(" % d",&n);
      sort();
      for(i = 1;i < = k&&p = = 0;i++)if(a[i] < n)p = i;
      if(p = = 0) a[k + 1] = n;
      else{
       for(i = k;i > = p;i-- )a[i + 1] = a[i];
       a[p] = n;
      }
      k++;
    }
    locate(){
      int i,p = 0,n;scanf(" % d",&n);
      for(i = 1;i < = k&&p = = 0;i++) if(a[i] = = n)    p = i;
      if(p = = 0) printf("NOT FOUND.");
      else    printf("POSITION: % d",p);
    }
    locate2()
    { int i,p = 0,n;scanf(" % d",&n);
```

```
    for(i = 1;i < = k;i++)
        if(a[i] == n){ p = i; printf("\nPOSITION: % d",p); }
    if(p == 0) printf("NOT FOUND.");
}
int main(){
    char c = '#';
    while(c! = 'X'){
        menu();
        printf("\n.");    c = getche();
        if(c > = 'a'&&c < = 'z')c = c - 32; printf("\n");
        switch(c){
            case 'P': output();    break;
            case 'I': input();     break;
            case 'S': sort();      break;
            case 'D': delete();    break;
            case 'M': max();       break;
            case 'N': min();       break;
            case 'U': sum();       break;
            case 'A': average();   break;
            case 'T': insert();    break;
            case 'L': locate2();   break;
            case 'X': break;
            default:printf("Bad Command!");
        }
        if(c! = 'X'){
            printf("\nPress any key to continue …");
            getch();
        }
    }
}
```

习　　题

一、单项选择题

1. C 语言允许函数类型缺省定义,此时该函数的隐含类型是(　　)。

A) int   B) long   C) float   D) double

2. 下列正确的函数定义形式是(　　)。

A) float func(int x,int y)   B) float func(int x;int y)

C) float func(int x,int y);   D) float func(int x,y)

3. 下面程序的输出结果是(　　)。

```
int f(){
    static int i = 0; int s = 1; s += i; i++;    return s;
}
main() {
    int i,a = 0;
    for(i = 0;i < 5;i++) a += f();
```

これ

```
    printf("%d\n",a);
}
```

A) 20   B) 24   C) 25   D) 15

4. 下面程序的输出结果是(   )。

```
int x = 1;
fun(int m){
    int x = 5;   x += m; printf("\n%d ",x); m++;
}
int main(){
    int m = 3; fun(m); x += m++; printf("%d\n",x);
}
```

A) 8   5   B) 8   4   C) 9   5   D) 9   4

5. 下面程序的输出结果是(   )。

```
fun(int a,int b){ return a + b; }
int main(){
    int x = 2,y = 3,z = 4;
    printf("%d\n",fun(fun((x--,y++,x+y),z--),x));
}
```

A) 14   B) 13   C) 12   D) 11

6. 下面程序的输出结果是(   )。

```
fun1(int a[4]){
    int k;
    for(k = 0;k < 3;k++) a[k+1] += a[k];
    return a[0];
}
int main(){
    int a[4] = {1,2,3,4};
    fun1(a);
    printf("%d\n",a[3]);
}
```

A) 0   B) 1   C) 10   D) 11

7. 在 C 语言程序中,当调用函数时(   )。

A) 形参和实参可以共用相同的存储单元

B) 实参和形参共用存储单元

C) 实参和形参都各自占用独立的存储单元

D) 若形参用指针时共用存储单元,否则各自占用存储单元

8. 在一个源文件中定义的全局变量的作用域是(   )。

A) 本文件的全部范围   B) 本程序的全部范围

C) 本函数的全部范围   D) 从定义该变量开始至本文件结束

9. 若有下面程序,叙述不正确的是(   )。

```
# include < stdio. h >
void f(int n);
```

```
main(){ void f(int n); f(5); }
void f(int n){ printf("%d\n",n); }
```

A) 若只在主函数中对函数 f 进行说明，则只能在主函数中正确调用函数 f

B) 若在主函数前对函数 f 进行说明，则在主函数和其后的其他函数中都可以正确调用
函数 f

C) 对于以上程序，编译时系统会提示出错信息：提示对 f 函数重复说明

D) 函数 f 无返回值，所以可用 void 将其类型定义为无值型

10. 在 C 语言中，形参的缺省存储类是(　　)。

A) auto   B) register   C) static   D) extern

11. 下面程序的输出结果是(　　)。

```
f(int b[], int m, int n){
  int i, s = 0;
  for(i = m; i < n; i = i + 2) s = s + b[i];
  return s;
}
int main(){
  int x, a[] = {1,2,3,4,5,6,7,8,9};
  x = f(a,3,7);
  printf("%d\n",x);
}
```

A) 8   B) 18   C) 10   D) 20

12. 下面程序的输出结果是(　　)。

```
#include "stdio.h"
int x = 3;
int main(){
  int i;
  for (i = 1; i < x; i++) incre();
  return;
}
incre(){ static int x = 1; x *= x + 1; printf(" %d",x); }
```

A) 3 3   B) 2 2   C) 2 6   D) 2 5

13. 下面程序的输出结果是(　　)。

```
#include "stdio.h"
void fun(){ static int a = 0; a += 2; printf("%d",a); }
int main(){
  int cc;
  for(cc = 1; cc < 4; cc++) fun();
  printf("\n");
}
```

A) 1 2 3   B) 1 3 5   C) 2 4 6   D) 2 5 7

14. 下面程序的输出结果是(　　)。

```
#include "stdio.h"
func(int a, int b){
```

函数

```
    static int m = 0, i = 2;
    i += m + 1;  m = i + a + b;
    return(m);
}
int main(){
    int k = 4, m = 1, p;
    p = func(k,m);printf(" % d,",p);
    p = func(k,m);printf(" % d  \n",p);
}
```

A) 8,15   B) 8,16   C) 8,17   D) 8,18

15. 若用数组名作为函数调用的实参,传递给形参是(   )。

A) 数组的首地址   B) 数组的第一个元素的值

C) 数组全部元素的值   D) 数组元素的个数

16. 以下程序的输出结果是(   )。

```
int f( ){
    static int i = 0; int s = 1; s += i;i++;
    return  s;
}
int main( ){
    int i,a = 0;
    for(i = 0;i < 5;i++) a += f();
    printf(" % d\n",a);
}
```

A) 20   B) 24   C) 25   D) 15

17. 以下程序的输出结果是(   )。

```
f(int b[ ],int m,int n){
    int i,s = 0;
    for(i = m;i < n;i = i + 2)  s = s + b[i];
    return s;
}
main( ){
    int x,a[ ] = {1,2,3,4,5,6,7,8,9};
    x = f(a,3,7);
    printf(" % d\n",x);
}
```

A) 10   B) 18   C) 8   D) 15

18. 下面程序的输出结果是(   )。

```
func(int b[ ],int m,int n){
    int k,s = 0;
    for(k = m;k < n;k = k + 2) s = s + b[k];
    return s;
}
main(){
    int x, a[ ] = {1, 3, 5, 7, 9, 2, 4, 6, 8,};
```

```
    x = f(a,3,7);
    printf("%d\n",x);
}
```

A) 9   B) 10   C) 11   D) 12

19. 以下程序输出的最后一个值是（   ）。

```
int ff(int n){
    static int f = 1;   f = f * n;   return f;
}
main(){
 int i;
 for(i = 1;i <= 5;i++) printf("%d\n",ff(i));
}
```

A) 5   B) 6   C) 24   D) 120

20. 以下程序的输出结果是（   ）。

```
long fib(int n){
    if(n > 2)    return(fib(n - 1) + fib(n - 2));
    else         return(2);
}
main(){
    printf("%d\n",fib(3));
}
```

A) 2   B) 4   C) 6   D) 8

21. 在 C 语言中,函数的隐含存储类别是（   ）。

A) auto   B) static   C) extern   D) 无存储类别

22. 以下所列的各函数首部中,正确的是（   ）。

A) void play(var：Integer,var b：Integer)

B) void play(int a,b)

C) void play(int a,int b)

D) Sub play(a as integer,b as integer)

23. 以下程序的输出结果是（   ）。

```
fun(int x,int y,int z){ z = x * x + y * y; }
main( ){
 int a = 31; fun(5,2,a); printf("%d",a);
}
```

A) 0   B) 29   C) 31   D) 无定值

24. 当调用函数时,实参是一个数组名,则向函数传送的是（   ）。

A) 数组的长度   B) 数组的首地址

C) 数组每一个元素的地址   D) 数组每个元素中的值

25. 以下只有在使用时才为该类型变量分配内存的存储类说明是（   ）。

A) auto 和 static   B) auto 和 register

C) register 和 static   D) extern 和 register

26. 以下程序的输出结果是( )。

```
long fun( int n){
  long s;
  if(n == 1 || n == 2)   s = 2;
  else                    s = n - fun(n - 1)
  return s;
}
main( ){ printf(" % ld\n",fun(3)); }
```

A) 1   B) 2   C) 3   D) 4

二、程序填空题

以下程序计算 10 数的平均值。

```
float average(float array[10]){
  int k;
  float aver, sum = array[0];
  for(k = 1; _____ ;k++) sum += _____ ;
  aver = sum/10;
  return(aver);
}
int main(){
  float score[10],aver; int k;
  for(k = 0;k < 10;k++) scanf(" % f", &score[k]);
  aver = _____ ;
  printf(" % 8.2f\n",aver);
}
```

三、编程题

1. 编写一个函数,统计 array 数组中小写字母的个数并返回。

2. 编写一个函数,求输入的年是否为闰年,若是闰年,则返回 1,否则返回 0。

3. 编写一个函数,删除字符串中指定位置上的字符,删除成功返回被删除的字符,否则返回空值。

4. 编写一个 upper( ),把小写字母转换成大写字母作为函数值返回,其他字不变,用字符♯结束输入。

5. 编写两个函数,分别返回两个正整数的最大公约数和最小公倍数,用主函数调用这两个函数并输出结果,两个整数的值由键盘输入。

第9章　编译预处理

C语言提供了多种预处理功能,如宏定义、文件包含、条件编译等。合理地使用预处理功能,会使编写的程序便于阅读、修改、移植和调试,也有利于模块化程序设计。本章介绍常用的几种预处理功能。

9.1　概　　述

在前面各章中,已经多次使用过以"♯"号开头的预处理命令,如文件包含命令♯include、符号常量定义(宏定义)命令♯define等。在C语言的源程序中,这些命令通常都放在函数之外,而且一般都放在源文件的最前面,称它们为编译预处理命令,简称预处理。

什么是编译预处理呢? 所谓预处理就是指在进行编译的第一遍扫描(词法扫描和语法分析)之前所做的工作。预处理是C语言的一个重要功能,它由预处理程序负责完成。当对一个源文件进行编译时,系统将自动引用预处理程序对源程序中的预处理部分作出相应的处理,处理完毕后自动进入对源程序的编译。

9.2　宏　定　义

在C语言源程序中允许用一个标识符来表示一个字符串,称为"宏"。被定义为"宏"的标识符称为"宏名"。在编译预处理时,对程序中所有出现的"宏名",都用宏定义中的字符串去替换,这个过程称为"宏替换"或"宏展开"。

宏定义是由源程序中的宏定义命令完成的。宏替换是由预处理程序自动完成的。在C语言中,"宏"分为有参数的宏和无参数的宏两种。

9.2.1　无参宏定义

无参宏的宏名后不带参数。其定义的一般形式为:

♯define　宏名标识符　宏体字符串

例如:

```
♯define PI 3.14159265
♯define PR printf
```

功能说明：

（1）符号"#"开头表示这是一条预处理命令，凡是以符号"#"开头的命令均为预处理命令。

（2）宏名标识符是用户定义的宏名，应该遵循标识符的命名规则。宏名一般在习惯上用全大写的标识符，以便和程序中的关键字、变量明显地区别开。

（3）宏体字符串是宏名所要替换的一串字符。字符串不需要用双引号括起来，如果用双引号括起来，那么将连双引号一起替换。

（4）宏体字符串可以是任意形式的连续字符序列，中间不能有空格。

在前面介绍过的符号常量的定义实际上就是一种无参宏定义。

例 9-1　无参宏程序举例。

```
# define PI 3.14159265
# define PR printf
int main(){
  float r = 5.0;
  PR("\nL = % f",2 * PI * r);
  PR("\nS = % f",PI * r * r);
  PR("\nV = % f",(4.0/3) * PI * r * r * r);
}
```

（5）在宏展开时，只是对宏名的一个简单替换，并不进行正确性检查。如果宏定义写成：

```
# define PI 3.1415ABC
```

预处理程序会照常替换，不管是否正确。直到替换完成进入编译阶段时，系统才会发现错误。

（6）宏定义命令和 C 语句不同，不需要在行末加分号。如果有分号则连分号一起替换。

（7）宏也可以嵌套定义。即用已定义的宏来定义另外的宏，在展开宏时可以层层替换。

例 9-2　嵌套的宏定义程序举例。

```
# define PI 3.14159265
# define PR printf
# define L 2 * PI * r
# define S PI * r * r
# define V (4.0/3.0) * PI * r * r * r
int main(){
  float r = 5.0;
  PR("\nL = % f",L);
  PR("\nS = % f",S);
  PR("\nV = % f",V);
}
```

（8）用双撇引号括起来的字符串中的字符，是字符串的内容。即使字符串中出现了与宏名相同的字符序列，也不进行替换。如例 9-2 程序中双撇引号内的 L,S 和 V。

有时常常对程序中反复使用的表达式进行宏定义。例如：

```
# define M (y * y + 3 * y)      /* 定义宏名 M 代替表达式(y * y + 3 * y) */
```

在编写源程序时，所有的(y * y + 3 * y)都可由 M 代替，而对源程序作编译时，将先由预处理程序进行宏替换,即用(y * y + 3 * y)表达式去置换所有的宏名 M,然后再进行编译。

例 9-3 宏定义程序举例。

```
#define M (y * y + 3 * y)
int main(){
    int s,y;
    printf("input a number: ");
    scanf("% d",&y);
    s = 3 * M + 4 * M + 5 * M;
    printf("s = % d\n",s);
}
```

本例程序中首先进行宏定义,定义 M 表达式(y * y + 3 * y),在 s = 3 * M + 4 * M + 5 * M 中作了宏调用。在预处理时经宏展开后该语句变为:

```
s = 3 * (y * y + 3 * y) + 4 * (y * y + 3 * y) + 5 * (y * y + 3 * y);
```

要注意的是,在宏定义中表达式(y * y + 3 * y)两边的括号不能少,否则会发生错误。当做以下定义后:

```
#difine M y * y + 3 * y
```

在宏展开时将得到下述语句:

```
s = 3 * y * y + 3 * y + 4 * y * y + 3 * y + 5 * y * y + 3 * y;
```

显然与原题意要求不符,计算结果当然是错误的。因此在做宏定义时必须十分注意,应保证在宏替换之后不发生错误。对于宏定义还要说明以下几点:

(1) 宏定义是用宏名来表示一个字符串,在宏展开时又以该字符串取代宏名,这只是一种简单的替换,字符串中可以含任何字符,可以是常数,也可以是表达式,预处理程序对它不作任何检查。如有错误,只能在编译已被宏展开后的源程序时发现。

(2) 宏定义必须写在函数之外,其作用域为宏定义命令起到源程序结束。如要终止其作用域可使用 #undef 命令,例如:

```
#define PI 3.14159
main(){
  …
}
# undef PI
f1(){
  … }
```

表示 PI 只在 main 函数中有效,在 f1 中无效。

(3) 宏名在源程序中若用引号括起来(出现在字符串常量中),则预处理程序不对其作宏替换。

例 9-4 宏定义程序举例。

```
#define OK 100
int main(){
  printf("OK");
```

```
    printf("\n");
}
```

本例中定义宏名 OK 表示 100,但在 printf 语句中 OK 被引号括起来,因此不作宏替换。程序的运行结果为:OK。这表示把"OK"当字符串处理。

(4) 宏定义允许嵌套,在宏定义的字符串中可以使用已经定义的宏名。在宏展开时由预处理程序层层替换。例如:

```
#define PI 3.1415926
#define S PI * y * y      /* PI 是已定义的宏名 */
```

对语句:

```
printf(" % f",S);
```

在宏替换后变为.

```
printf(" % f",3.1415926 * y * y);
```

(5) 习惯上宏名用大写字母表示,以便于与变量区别,但也允许用小写字母。

(6) 可用宏定义表示数据类型,使书写方便。例如:

```
#define STU struct stu
```

在程序中可用 STU 作变量说明:

```
STU body[5], * p;
#define INTEGER int
```

在程序中即可用 INTEGER 作整型变量说明:

```
INTEGER a,b;
```

应注意用宏定义表示数据类型和用 typedef 定义数据说明符的区别。宏定义只是简单的字符串替换,是在预处理完成的,而 typedef 是在编译时处理的,它不是作简单的替换,而是对类型说明符重新命名。被命名的标识符具有类型定义说明的功能。请看下面的例子:

```
#define PIN1    int *
typedef (int * ) PIN2;
```

从形式上看这两者相似,但在实际使用中却不相同。下面用 PIN1,PIN2 说明变量时就可以看出它们的区别:PIN1 a,b;在宏替换后变成 int * a,b;,表示 a 是指向整型的指针变量,而 b 是整型变量。然而,PIN2 a,b;表示 a,b 都是指向整型的指针变量。因为 PIN2 是一个类型说明符。由这个例子可见,宏定义虽然也可以表示数据类型,但毕竟是字符替换。在使用时要格外小心,以避免出错。

(7) 对"输出格式"做宏定义,可以减少书写麻烦。

例 9-5 宏定义程序举例。

```
#define P printf
#define D " % d\n"
#define F " % f\n"
```

```
int main(){
  int a = 5, c = 8, e = 11;
  float b = 3.8, d = 9.7, f = 21.08;
  P(D F,a,b);
  P(D F,c,d);
  P(D F,e,f);
}
```

9.2.2 带参宏定义

C 语言允许宏带有参数。在宏定义中的参数称为形式参数,在宏调用中的参数称为实际参数。对带参数的宏,在调用中,不仅要宏展开,而且要用实参去替换形参。

带参宏定义的一般形式为:

#define 宏名(形参表) 字符串

在字符串中含有各个形参。带参数的宏调用的一般形式为:

宏名(实参表);

例如:

```
#define M(y) y * y + 3 * y        / * 宏定义 * /
k = M(5);                          / * 宏调用 * /
```

在宏调用时,用实参 5 去代替形参 y,经预处理宏展开后的语句为:

k = 5 * 5 + 3 * 5

例 9-6 宏定义程序举例。

```
#define MAX(a,b) (a>b)?a:b
int main(){
  int x,y,max;
  scanf(" % d % d",&x,&y);
  max = MAX(x,y);
  printf("max = % d\n",max);
}
```

本例程序的第一行进行带参宏定义,用宏名 MAX 表示条件表达式(a>b)? a:b,形参 a,b 均出现在条件表达式中。max=MAX(x,y)为宏调用,实参 x,y,将替换形参 a,b。宏展开后该语句为 max=(x>y)? x:y;,用于计算 x,y 中的大数。

对于带参的宏定义有以下说明:

(1) 在带参宏定义中,宏名和形参表之间不能有空格出现。例如:

#define MAX(a,b) (a>b)?a:b

改写为:

#define MAX   (a,b) (a>b)?a:b

将被认为是无参宏定义,宏名 MAX 代表字符串"(a,b) (a>b)? a:b"。宏展开时,宏调用语句 max＝MAX(x,y);将变为 max＝(a,b)(a＞b)？ a:b(x,y);，这显然是错误的。

（2）在带参宏定义中,形式参数不分配内存单元,因此不必作类型定义。而宏调用中的实参有具体的值。要用它们去替换形参,因此必须作类型说明。这是与函数中的情况不同的。在函数中,形参和实参是两个不同的量,各有自己的作用域,调用时要把实参值赋予形参,进行"值传递"。而在带参宏中,只是符号替换,不存在值传递的问题。

（3）在宏定义中的形参是标识符,而宏调用中的实参可以是表达式。

例 9-7 宏定义程序举例。

```
#define SQ(y) (y) * (y)
int main(){
  int a,sq;
  scanf("%d",&a);
  sq = SQ(a + 1);
  printf("sq = %d\n",sq);
}
```

运行程序输入 3,输出结果为:

sq = 16

本例中第一行为宏定义,形参为 y。宏调用中实参为 a＋1,是一个表达式,在宏展开时,用 a＋1 替换 y,再用(y)＊(y)替换 SQ,得到如下语句:

sq = (a + 1) * (a + 1);

这与函数的调用是不同的,函数调用时要把实参表达式的值求出来再赋予形参,而宏替换中对实参表达式不作计算直接地照原样替换。

（4）在宏定义中,字符串内的形参通常要用括号括起来以避免出错。在本例中的宏定义中,(y)＊(y)表达式的 y 都用括号括起来,因此结果是正确的。如果去掉括号,把程序改为以下例 9-8 的形式。

例 9-8 宏定义程序举例。

```
#define SQ(y) y * y
int main(){
  int a,sq;
  scanf("%d",&a);
  sq = SQ(a + 1);
  printf("sq = %d\n",sq);
}
```

运行程序输入 3,输出结果为:

sq = 7

同样输入 3,但结果却是不一样的。问题在哪里呢？ 这是由于程序里的替换只作符号替换而不作其他处理而造成的。宏替换后将得到以下语句:

sq = a + 1 * a + 1;

由于 a 为 3,故 sq 的值为 7。这显然与题意相违,因此参数两边的括号是不能少的。即使在参数两边加括号还是不够的,请看下面例 9-9 的程序。

例 9-9 宏定义程序举例。

```
#define SQ(y) (y)*(y)
int main(){
  int a,sq;
  scanf("%d",&a);
  sq=160/SQ(a+1);
  printf("sq=%d\n",sq);
}
```

本程序与例 9-8 相比,只是把宏调用语句改为 sq=160/SQ(a+1);,运行本程序如输入值仍为 3 时,希望结果为 10。但实际运行的结果是 sq=160。为什么会得这样的结果呢?分析宏调用语句,在宏替换之后变为 sq=160/(a+1)*(a+1);,a 为 3 时,由于"/"和"*"运算符优先级和结合性相同,则先做 160/(3＋1),得 40,再做 40*(3＋1),最后得 160。为了得到正确答案,应在宏定义中的整个字符串外加括号,程序修改如例 9-10 所示。

例 9-10 宏定义程序举例。

```
#define SQ(y) ((y)*(y))
int main(){
  int a,sq;
  printf("input a number: ");
  scanf("%d",&a);
  sq=160/SQ(a+1);
  printf("sq=%d\n",sq);
}
```

以上讨论说明,对于宏定义不仅应在参数两侧加括号,也应在整个字符串外加括号。

(5) 带参的宏和带参函数很相似,但有本质上的不同,同一表达式用函数处理与用宏处理两者的结果也有可能是不同的。

例 9-11 宏定义与函数的区别程序举例。

程序 1:	程序 2:

`int main(){`
  `int i=1;`
  `while(i<=5)`
  `printf("%d\n",SQ(i++));`
  `getch();`
`}`
`SQ(int y){`
  `return(y*y);`
`}`
 	
执行程序,输出:
 	
1
4
9
16
25
	`#define SQ(y) ((y)*(y))`
	`int main(){`
	  `int i=1;`
	  `while(i<=5)`
	  `printf("%d\n",SQ(i++));`
	`}`
	
	执行程序,输出:
	
	1
	9
	25

在本例程序 1 中,函数名为 SQ,形参为 y,函数体中的表达式为((y)＊(y));在程序 2 中,宏名为 SQ,形参也为 y,字符串表达式为((y)＊(y)),从表达式上看两例是相同的。函数调用为 SQ(i＋＋),宏调用为 SQ(i＋＋),实参也是相同的。从输出结果来看,却大不相同。

分析如下:在程序 1 中,函数调用是把实参 i 值传给形参 y 后自增 1,然后输出函数值,因而要循环 5 次,输出 1～5 的平方值;而在程序 2 中的宏调用时只作替换,SQ(i＋＋)被替换为((i＋＋)＊(i＋＋))。在第 1 次循环时,i 等于 1,所以表达式((i＋＋)＊(i＋＋))的值为 1,然后 i 自增 1 变为 2,再自增 1 变为 3。因此在第 2 次循环时 i 值为 3,所以表达式((i＋＋)＊(i＋＋))的值为 9,然后 i 自增 1 变为 4,再自增 1 变为 5。所以在第 3 次循环时,i 值为 5,所以表达式((i＋＋)＊(i＋＋))的值为 25,然后 i 自增 1 变为 6,再自增 1 变为 7,从而循环结束。从以上分析可以看出函数调用和宏调用二者在形式上相似,在本质上是完全不同的。

(6) 宏定义也可用来定义多个语句,在宏调用时,把这些语句又替换到源程序内,如下面的例 9-12 所示。

例 9-12 宏定义程序举例。

```c
#define SSSV(s1,s2,s3,v) s1=l*w;s2=l*h;s3=w*h;v=w*l*h;
int main(){
    int l=3,w=4,h=5,sa,sb,sc,vv;
    SSSV(sa,sb,sc,vv);
    printf("sa=%d\nsb=%d\nsc=%d\nvv=%d\n",sa,sb,sc,vv);
}
```

程序第一行为宏定义,用宏名 SSSV 表示 4 个赋值语句,4 个形参分别为 4 个赋值符左边的变量。在宏调用时,把 4 个语句展开并用实参代替形参,使计算结果送入实参之中。

9.3 文 件 包 含

文件包含是 C 预处理程序的另一个重要功能。文件包含命令行的一般形式为:

```c
#include "文件名"
```

在前面已多次用此命令包含过库函数的头文件。例如:

```c
#include "stdio.h"
#include "math.h"
```

文件包含命令的功能是把指定的文件插入到该命令行位置取代该命令行,从而把指定的文件和当前的源程序文件连成一个源文件。在程序设计中,文件包含是很有用的。一个大的程序可以分为多个模块,由多个程序员分别编程。有些公用的符号常量或宏定义等可单独组成一个文件,在其他文件的开头用包含命令包含该文件即可使用。这样,可避免在每个文件开头都去书写那些公用量,从而节省时间,并减少出错。

对文件包含命令说明以下几点:

(1) 包含命令中的文件名可以用双引号括起来,也可以用尖括号括起来。例如以下写法都是允许的：

```
#include "stdio.h"
#include <math.h>
```

但是这两种形式是有区别的：使用尖括号表示在包含文件目录中去查找（包含目录是由用户在设置环境时设置的），而不在源文件目录去查找；使用双引号则表示首先在当前的源文件目录中查找，若未找到才到包含目录中去查找。用户编程时可根据自己文件所在的目录来选择某一种命令形式。

（2）一个 include 命令只能指定一个被包含文件，若有多个文件要包含，则需用多个 include 命令。

（3）文件包含允许嵌套，即在一个被包含的文件中又可以包含另一个文件。

9.4　条　件　编　译

预处理程序还提供了条件编译的功能，可以按不同的条件去编译不同的程序部分，因而产生不同的目标代码文件，这对于程序的移植和调试是很有用的。条件编译有三种形式，下面分别介绍。

（1）第一种形式：

```
#ifdef 标识符
    程序段 1
#else
    程序段 2
#endif
```

它的功能是：如果标识符已被 #define 命令定义过则对程序段 1 进行编译，否则对程序段 2 进行编译。如果没有程序段 2（即为空），本格式中的 #else 可以没有，即可以写为：

```
#ifdef 标识符
    程序段
#endif
```

例 9-13　条件编译程序举例。

```
#define NUM ok
int main(){
  struct stu{
    int num;
    char * name;
    char sex;
    float score;
  } * ps;
  ps = (struct stu * )malloc(sizeof(struct stu));
  ps -> num = 102;
  ps -> name = "Zhang ping";
  ps -> sex = 'M';
  ps -> score = 62.5;
```

```
#ifdef NUM
    printf("Number = % d\nScore = % f\n",ps -> num,ps -> score);
#else
    printf("Name = % s\nSex = % c\n",ps -> name,ps -> sex);
#endif
    free(ps);
}
```

由于在程序中插入了条件编译预处理命令,因此要根据 NUM 是否被定义过来决定编译哪一个 printf 语句。而在程序的第一行已对 NUM 作过宏定义,因此应对第一个 printf 语句作编译,故运行结果是输出了学号和成绩。在程序的第一行宏定义中,定义 NUM 表示字符串 OK,其实也可以为任何字符串,甚至不给出任何字符串,写为 #define NUM 也具有同样的意义。只有取消程序的第一行才会去编译第二个 printf 语句。

(2) 第二种形式:

```
#ifndef 标识符
    程序段 1
#else
    程序段 2
#endif
```

与第一种形式的区别是将 ifdef 改为 ifndef。它的功能是,如果标识符未被 #define 命令定义过则对程序段 1 进行编译,否则对程序段 2 进行编译。这与第一种形式的功能正相反。

(3) 第三种形式:

```
#if 常量表达式
    程序段 1
#else
    程序段 2
#endif
```

它的功能是,如常量表达式的值为真(非 0),则对程序段 1 进行编译,否则对程序段 2 进行编译。因此可以使程序在不同条件下,完成不同的功能。

例 9-14 宏定义程序举例。

```
#define R 1
int main(){
    float c,r,s;
    printf ("input a number: ");
    scanf(" % f",&c);
    #if R
        r = 3.14159 * c * c;
        printf("area of round is: % f\n",r);
    #else
        s = c * c;
        printf("area of square is: % f\n",s);
    #endif
}
```

本例中采用了第三种形式的条件编译。在程序第一行宏定义中,定义 R 为 1,因此在条件编译时,常量表达式的值为真,故计算并输出圆面积。上面介绍的条件编译当然也可以用条件语句来实现,但是用条件语句将会对整个源程序进行编译,生成的目标代码程序很长,而采用条件编译,则根据条件只编译其中的程序段 1 或程序段 2,生成的目标程序较短。如果条件选择的程序段很长,采用条件编译的方法是十分必要的。

习　　题

一、单项选择题

1. 以下说法中正确的是(　　)。

A)　♯define 是属于语句的范畴

B)　♯define 不属于语句的范畴

C)　♯define 是 C 语句,但是作用范围是全局

D)　♯define 不是 C 语句,但是它可以加分号";"做结束标志

2. 编译预处理是以(　　)符号开头的。

A)　{ 　　　　　　　B)　♯ 　　　　　　　C)　! 　　　　　　　D)　&

3. 在宏定义 ♯define ABC 12.34567 中,用宏名代表(　　)。

A)　常量 　　　　　　B)　单精度数 　　　　　　C)　双精度数 　　　　　　D)　字符串

4. 下面程序执行和输出结果是(　　)。

```
#define FAN(a)  a*a+1
main(){ int m=2,n=3; printf("%d\n",FAN(1+m+n)); }
```

A)　37 　　　　　　　B)　42 　　　　　　　C)　12 　　　　　　　D)　49

5. 以下叙述中不正确的是(　　)。

A)　预处理的内容都在执行过程中要复制到该文件处

B)　预处理可有可无

C)　预处理的内容不需要放到该位置处

D)　预处理的位置可以在程序前,也可以在程序后

6. 下面程序的输出结果是(　　)。

```
#define  SQR(X)   X*X
main(){ int a=16, k=2, m=1; a/=SQR(k+m)/SQR(k+m); printf("%d\n",a); }
```

A)　16 　　　　　　　B)　2 　　　　　　　C)　9 　　　　　　　D)　1

7. 用宏替换计算多项式 4*x*x+3*x+2 之值的函数,正确的宏定义是(　　)。

A)　♯define f(x) 4*x*x+3*x+2 　　　　　B)　♯define f 4*x*x+3*x+2

C)　♯define f(a) (4*a*a+3*a+2) 　　　　D)　♯define 4*a*a+3*a+2 f(a)

8. 对于程序段,正确的判断是(　　)。

```
#define A 3
#define B(a)  ((A+1)*a)
x=3*(A+B(7))
```

A) 程序错误　　　　　　　　　　　B) x＝93

C) x＝21　　　　　　　　　　　D) 宏定义不允许有参数

9. 有下面的程序,执行语句后 sum 的结果是(　　　)。

```
#define ADD(x)   x + x
sum = ADD(1 + 2) * 3
```

A) 9　　　　　　B) 10　　　　　　C) 12　　　　　　D) 18

10. 下面程序的执行结果是(　　　)。

```
#define   SQR(X)   X * X
main(){
 int a = 10,k = 2,m = 1;
  a/ = SQR(k + m)/SQR(k + m);
  printf(" % d\n",a);
}
```

A) 10　　　　　　B) 1　　　　　　C) 9　　　　　　D) 0

11. 下面程序的执行结果是(　　　)。

```
#define MAX(x,y) (x)>(y)?(x):(y)
main(){
 int a = 1, b = 2, c = 3, d = 2, t;
 t = MAX(a + b, c + d) * 100;
 printf(" % d\n",t);
}
```

A) 500　　　　　　B) 5　　　　　　C) 3　　　　　　D) 300

二、填空题

1. 设有以下宏定义:

```
# define   A   20
# define   B   A + 30
```

则执行赋值语句:v＝B * 2 ;后,假设 v 为整型,则 v 的值为:_____。

2. 以下程序的输出结果是_____。

```
#define MAX(x,y) (x)>(y)?(x):(y)
main(){ int a = 5,b = 2,c = 3,d = 3,t; t = MAX(a + b,c + d) * 10; printf(" % d\n",t); }
```

3. 设有如下宏定义:#define MYSWAP(z,x,y) {z＝x; x＝y; y＝z;},以下程序段通过宏调用实现变量 a,b 内容交换_____。

```
float a = 5,b = 16,c;   MYSWAP(_____,a,b);
```

4. 以下程序的输出结果是_____。

```
#define   MCRA(m)     2 * m
#define   MCRB(n,m)   2 * MCRA(n) + m
main(){ int i = 2,j = 3; printf(" % d\n",MCRB(j,MCRA(i))); }
```

三、写出程序运行结果

1. ```c
   #define SSSV(s1,s2,s3,v)    s1 = l * w;s2 = l * h;s3 = w * h;v = w * l * h;
   main(){
       int l = 3,w = 4,h = 5,sa,sb,sc,vv; SSSV(sa,sb,sc,vv);
       printf("sa = % d\nsb = % d\nsc = % d\nvv = % d\n",sa,sb,sc,vv);
   }
   ```

2. ```c
   #include < stdio. h>
   #define BOT ( - 2)
   #define TOP (BOT + 5)
   #define PRI(arg)   printf(" % d\n",arg)
   #define FOR(arg)   for( ; (arg);(arg) -- )
   main(){
     int i = BOT,j = TOP;
   FOR(j)
   switch(j){
     case 1:PRI(i++);
     case 2:PRI(j); break;
     default:PRI(i);
   }
   }
   ```

3. ```c
   #define NUM ok
   main(){
     struct stu{ int num; char * name; char sex;float score; } * ps;
     ps = (struct stu * )malloc(sizeof(struct stu));
     ps - > num = 102;   ps - > name = "Zhang ping"; ps - > sex = 'M';
     ps - > score = 62.5;
     #ifdef NUM
       printf("Number = % d\nScore = % f\n",ps - > num,ps - > score);
     #else
       printf("Name = % s\nSex = % c\n",ps - > name,ps - > sex);
     #endif
     free(ps);
   }
   ```

4. ```c
   #define  M  (y * y + 3 * y)
   main(){
   int s,y; printf("input a number: ");
   scanf(" % d",&y); s = 3 * M + 4 * M + 5 * M;   printf("s = % d\n",s);
   }
   ```

5. ```c
   #define MAX(a,b) (a > b)?a:b
   main(){
     int x,y,max; printf("input two numbers: ");
     scanf(" % d % d",&x,&y); max = MAX(x,y);
     printf("max = % d\n",max);
   }
   ```
   ```

第 10 章　　指　　针

指针是 C 语言中广泛使用的一种数据类型,运用指针编程是 C 语言最主要的风格之一。利用指针变量可以表示各种数据结构,能很方便地使用数组和字符串,并能像汇编语言一样处理内存地址,从而编出精练而高效的程序。

指针极大地丰富了 C 语言的功能。学习指针是学习 C 语言最重要的一个环节,能否正确理解和使用指针是我们是否掌握 C 语言的一个标志。同时,指针也是 C 语言学习最困难的一部分,除了要正确理解基本概念,还必须多编程,并上机调试。

10.1　指针简介

在计算机中,所有的数据都存放在存储器中。一般把存储器中的一个字节称为一个内存单元,不同的数据类型所占用的内存单元数不等,如整型量占 2 个单元,字符量占 1 个单元等,在第 2 章已有详细的介绍。

为了正确访问这些内存单元,必须为每个内存单元编上号码。根据一个内存单元的编号即可准确地找到该内存单元。内存单元的编号也叫做地址。既然根据内存单元的编号或地址就可以找到所需要的内存单元,所以通常也把这个地址称为指针。

内存单元的指针和内存单元的内容是两个不同的概念。可以用一个通俗的例子来说明它们之间的关系。到银行去存取款时,银行工作人员将根据账号去找存款单,找到之后在存单上写入存款、取款的金额。在这里,账号就是存单的指针,存款数是存单的内容。对于一个内存单元来说,单元的地址即为指针,其中存放的数据才是该单元的内容。

在 C 语言中,允许用一个变量来存放指针(地址),这种变量称为指针变量。因此,一个指针变量的值就是某个内存单元的地址或称为某个内存单元的指针。

设有字符变量 c,其内容为'A',变量 c 占用了 0000000100011010 号内存单元(假设地址用 16 位二进数表示)。设有一个指针变量 p,它的值是变量 c 的地址 0000000100011010,这种情况称为指针 p 指向变量 c,或说 p 是指向变量 c 的指针。

严格地说,一个指针就是内存中一个单元的地址值,是一个常量。而一个指针变量却可以被赋予不同的指针值,是变量。但现在也常常把指针变量简称为指针。为了避免混淆,我们约定:"指针"是指地址,是常量;"指针变量"是指定义的指针类型的变量。定义指针的目的是为了通过指针去访问内存单元。

既然指针变量的值是一个地址,那么这个地址不仅可以是变量的地址,也可以是其他数据结构的地址,或者说可以是内存的任意地址。

在 C 语言中,一种数据类型或数据结构往往都占有一组连续的内存单元。用"地址"这个概念并不能很好地描述一种数据类型或数据结构,而"指针"虽然实际上也是一个地址,但它的值却表示一个数据结构的首地址,它是"指向"一个数据结构的,因而概念更为清楚,表示更为明确。这也是引入"指针"概念的一个重要原因。

10.2　指针变量的定义及使用

10.2.1　指针变量的定义

先来讨论指针变量的定义,指针变量定义的一般形式为:

类型说明符　*变量名;

例如:

int * p;

其中,* 表示这是一个指针变量,变量名就是用户定义的指针变量名称,类型说明符表示该指针变量所指向的变量的数据类型。这里表示 p 是一个指针变量,它的值是某个整型变量的地址。或者说 p 指向一个整型变量。至于 p 究竟指向哪一个整型变量,应由向 p 赋予的地址来决定。

又例如:

```
float * f;                      /* f是指向单精度浮点变量的指针变量 */
char * c;                       /* c是指向字符变量的指针变量 */
```

注意:一个指针变量只能指向同一类型的变量,例如指针变量 f 只能指向浮点变量,不能时而指向一个浮点变量,时而又指向一个字符变量。否则,程序将出现逻辑错误。

10.2.2　指针变量的赋值

指针变量同普通变量一样,使用之前不仅要定义说明,而且必须赋予具体的值。未经赋值的指针变量的值为一个随机值,也就是说未经赋值的指针变量指向内存中的一个随机单元,所以是不能使用的,否则将造成系统混乱,甚至死机。

对指针变量只能赋予内存地址值,决不能赋予任何其他数据,否则将引起错误。在 C 语言中,变量的地址是由编译系统分配的,用户不知道变量的具体地址。C 语言提供了地址运算符 & 来表示变量的地址。其一般形式为:& 变量名。例如 &a 表示变量 a 的地址,&b 表示变量 b 的地址。

设有指向整型变量的指针变量 p,如要把整型变量 a 的地址赋予 p,可以有以下两种表示方式。

(1) 定义指针变量时赋初值的方法:

```
int a;
int * p = &a;
```

或写成:

```
int a, * p = &a;
```

（2）使用赋值语句单独赋值的方法：

```
int a, * p;
p = &a;
```

被赋值的指针变量前不能再加"＊"说明符，如写为 ＊ p ＝ &a 是错误的，这个语句将会被程序理解为完全不同的另外一个意思。

10.2.3 指针运算符 & 和 ＊

指针变量可以进行某些运算，但其运算的种类是有限的。它只能进行赋值运算和部分算术运算及关系运算。关于指针运算的运算符中，专门的两个指针运算符是 & 和 ＊。

（1）取地址运算符 &：是单目运算符，其功能是取变量的地址。在 scanf 函数及前面介绍指针变量赋值中，已经了解并使用过 & 运算符。

（2）取内容运算符 ＊：是单目运算符，用来表示指针变量所指向的变量的值。在 ＊ 运算符之后所跟的变量必须是指针变量。

如果有整型变量 a 和指向整型变量的指针 p，并且有赋值 p＝&a，那么指针 p 指向变量 a，则表达式 ＊p 和 a 是等价的，表达式 ＊p＋1 和 a＋1 是等价的。

注意：指针运算符 ＊ 和指针变量说明中的指针说明符 ＊ 不是一回事。在指针变量说明中，＊ 是类型说明符，表示其后的变量是指针类型。而表达式中出现的 ＊ 则是一个运算符，用来表示指针变量所指向的变量的值。

例 10-1 指针运算符举例。

```
# include < stdio. h >
int main(){
  int a = 5, * p;
  p = &a;
  printf (" % d, % d", * p,a);
}
```

执行程序，输出：

5,5

例 10-2 指针运算符举例。

```
# include < stdio. h >
int main(){
  int a, * p;
  p = &a;
  scanf(" % d",p);
  printf (" % d, % d",a + 1, * p + 1);
}
```

执行程序，输入：

5

输出：

6,6

10.2.4 指针变量的运算

1. 指针变量的赋值运算

指针变量的赋值运算有以下几种形式：

（1）指针变量在定义时的初始化赋值。

例如：

```
int a, * pa = &a;
```

（2）把一个变量的地址赋给指针变量，注意类型要一致。

例如：

```
int a, * pa;
pa = &a;
```

（3）把一个指针变量的值赋予另一个相同类型的指针变量。

例如：

```
int a, * pa = &a, * pb;
pb = pa;
```

由于 pa 和 pb 均为指向整型变量的指针变量，因此可以相互赋值。在 C 语言程序中不同类型的指针最好不要相互赋值，否则可能会导致程序的运行错误。

（4）把数组的首地址（数组名）赋予指针变量。

例如：

```
int a[5], * pa;
pa = a;                          /* 数组名表示数组的首地址,故可以赋给指针变量 pa */
```

也可写为：

```
pa = &a[0];                      /* 数组第一个元素的地址也是整个数组的首地址,可赋予 pa */
```

当然也可采取初始化赋值的方法：

```
int a[5], * pa = a;
```

（5）把字符串的首地址赋予指向字符类型的指针变量。

例如：

```
char * pc;
pc = "c language";
```

或用初始化赋值的方法写为：

```
char * pc = "C Language";
```

这里应说明并不是把整个字符串装入指针变量，而是把存放该字符串的字符数组的首地址装入指针变量。关于这一点在后面还将详细介绍。

（6）把函数的入口地址赋予指向函数的指针变量。

例如：

```
int (* pf)();                    /* pf 为指向整型函数的指针 */
pf = f;                          /* f 为整型函数名 */
```

例 10-3 指针变量赋值运算举例。

```
# include < stdio. h >
int main(){
  int a = 5, * p, * q;
  p = &a;
  q = p;
  printf ("% d, % d, % d",a + 1, * p + 1, * q + 1);
}
```

执行程序,输出：

6,6,6

注意：一般情况下不应该把一个数值直接赋予一个指针变量,故下面例 10-4 中的赋值是危险的,极易给程序的执行带来灾难性的错误。

例 10-4 指针变量赋值运算举例。

```
# include < stdio. h >
int main(){
  int * p;                       /* 指针变量定义 */
  p = 1000;                      /* 编译时并不报错 */
  printf ("% d", * p);           /* 引发运行时错误 */
}
```

执行程序,系统弹出如图 10-1 所示的窗口,说明用户引用了非法的内存单元。

另外,指针变量定义后应该立刻赋值合法地址,如果没有赋值就使用同样是危险的,也极易给程序的执行带来灾难性的错误,执行以下例 10-5 程序会出现例 10-4 同样的错误信息。

图 10-1 指针赋值错误

例 10-5 指针变量赋值运算举例。

```
# include < stdio. h >
int main(){
  int * p;                       /* 指针变量定义 */
  printf ("% d", * p);           /* 引发运行时错误,指针变量 p 中值为未知的随机值 */
}
```

2. 单个指针变量的加减算术运算

对于指向数组的指针变量,可以执行加上或减去一个整数 n 的运算。设 pa 是指向数组 a 的指针变量,则 pa＋n,pa－n,pa＋＋,＋＋pa,pa－－,－－pa 等运算都是合法的。指针变量加或减一个整数 n 的意义是把指针所指向的当前位置(指向某数组元素)向前或向后移动 n 个位置(以一个数组元素为单位)。

数组指针变量向前或向后移动一个位置和地址加 1 或减 1 在概念上是不同的。因为数组可以有不同的类型,各种类型的数组元素所占的字节长度是不同的。如指针变量加 1,即向后移动 1 个位置,表示指针变量指向下一个数据元素的首地址,而并不是简单地在原地址基础上加 1。

例如:

```
int a[5], * pa;
pa = a;                        /* pa 的值为数组 a 的首地址,也就是指向 a[0] */
pa = pa + 2;                   /* pa 指向 a[2],即 pa 的值为 &pa[2] */
```

3. 两个指针变量之间的相减运算

两个指针变量的加减运算只有对指向数组的指针变量进行才是有意义的,而对指向其他单个变量的两个指针变量作加减运算是毫无意义的。也就是说,两个指针变量只有在指向同一数组的元素时才能进行比较或相减的运算,否则运算毫无意义。

两指针变量相减所得之差是两个指针所指数组元素之间相差的元素个数。实际上是两个指针值(地址)相减之差再除以该数组元素的字节长度。

例如,pf1 和 pf2 是指向同一浮点数组的两个指针变量,设 pf1 指向数组的第一个元素(值为 2000H),pf2 指向数组的第五个元素(值为 2010H),而浮点数组每个元素占 4 个字节,所以 pf1 - pf2 的结果为(2000H - 2010H)/4 = -4,表示 pf1 和 pf2 之间相差 4 个元素。

因为没有意义,所以两个指针变量不能进行加法运算。

例 10-6　指针变量运算举例。

```
#include < stdio. h>
int main(){
  int a[10], * p, * q, i;
  p = a;
  for(i = 0; i < 10; i++){
      * p = i + 1;
      p++;
  }
  p = a + 2;
  q = p + 1;
  printf("\n% ld, % ld", * p, * q);
  printf("\n% ld, % ld", p, q);
  printf("\n% ld, % ld", p - q, q - p);
  getch();
}
```

执行程序,输出:

```
3,4
2293576,2293580 (注意此行输出每次执行可能会有所不同)
-1,1
```

例 10-7　指针变量运算举例。

```
#include < stdio. h>
int main(){
```

```
int a = 5,b = 8,t, * pa, * pb, * pt;
pa = &a;
pb = &b;
pt = pa; pa = pb;pb = pt;
printf("\n % d, % d, % d, % d",a,b, * pa, * pb);
pa = &a;
pb = &b;
t = * pa; * pa = * pb; * pb = t;
printf("\n % d, % d, % d, % d",a,b, * pa, * pb);
getch();
}
```

执行程序,输出:

```
5,8,8,5
8,5,8,5
```

4. 两指针变量之间的关系运算

指向同一数组的两指针变量进行关系运算可表示它们所指数组元素之间的关系。

例如:

pf1==pf2 表示 pf1 和 pf2 指向同一内存单元或同一数组元素。

pf1>pf2 表示 pf1 处于高地址位置。

pf1<pf2 表示 pf1 处于低地址位置。

指针变量还可以与 0 比较。设 p 为指针变量,则 p==0 表明 p 是空指针,它不指向任何变量;p! =0 表示 p 不是空指针。空指针是由对指针变量赋予 0 值而得到的。

例如:

```
#define NULL 0
int * p = NULL;
```

对指针变量赋 0 值和不赋值是不同的。指针变量未赋初值时,它的值可能是任意值,是不能使用的,否则将造成意外错误。而指针变量赋 0 值后,则可以使用,只是它不指向具体的变量而已。

例 10-8 指针变量运算举例。

```
# include < stdio. h >
# include < time. h >
# include < stdlib. h >
int main(){
    int a[10], * ps, * pe,t;
    srand((unsigned long)time(NULL));
    for(ps = a;ps < a + 10;ps++)
        * ps = rand();
    printf("\nBefore:");
    for(ps = a;ps < a + 10;ps++)
        printf(" % d ", * ps);
    for(ps = a;ps < a + 9;ps++)
        for(pe = ps + 1;pe < a + 10;pe++)
            if( * ps < * pe){t = * ps; * ps = * pe; * pe = t;}
```

```
    printf("\nAfter :");
    for(ps = a;ps < a + 10;ps++)printf(" % d ", * ps);
    getch();
}
```

执行程序,输出:

```
Before:23875 8852 9273 9390 25742 11489 6402 11909 9401 4245
After :25742 23875 11909 11489 9401 9390 9273 8852 6402 4245
```

10.3　指针与数组

数组是内存中的一组连续地址空间,其首地址是数组名。数组名作为数组的首地址,它是一个常量。指针的值是一个地址,指针的值加 1 表示让指针指向后一个数据。如果将数组的首地址赋值给一个指针变量,那么该指针变量不断加 1 就能访问到该数组的所有元素。

指向数组的指针变量称为数组指针变量。在讨论数组指针变量的说明和使用之前,先明确以下几个关系。

(1) 一个数组是由连续的一块内存单元组成的,数组名就是这块连续内存单元的首地址。

(2) 一个数组也是由各个数组元素组成的。每个数组元素按其类型不同占有几个连续的内存单元。一个数组元素的首地址也是指它所占有的几个内存单元的首地址。

(3) 一个指针变量既可以指向一个数组(其实是指向数组的第一个元素),也可以指向任何一个数组元素。

10.3.1　指向一维数组的指针

将一维数组元素的地址(首地址)赋值给一个指针变量,这个指针就成了指向一维数组的指针。

例如,通常通过以下的定义来说明一个数组指针:

```
int a[10], * p;
p = a;
```

此时,指针 p 指向整个数组(也就是指向 a[0]),也可以让指针 p 指向某一个元素,例如:

```
p = &a[3];
```

或写成:

```
p = a + 3;
```

综上所述,有了指针的概念及数组指针的概念以后,数组元素及其地址的表示方法就不只一种了。

设有定义:

```
int a[10], * p = a;
```

列出了如图 10-2 所示的一些等价情况,供读者参考。

值	各种等价的表示方法					
A[0]的地址	A	a+0	p	p+0	&a[0]	&p[0]
A[0]的值	*a	*(a+0)	*p	*(p+0)	a[0]	p[0]
A[i]的地址		a+i		p+i	&a[i]	&p[i]
A[i]的值		*(a+i)		*(p+i)	a[i]	p[i]

图 10-2   一些等价情况

例 10-9   指向一维数组的指针程序举例。

```c
#include<stdio.h>
#include<time.h>
#include<stdlib.h>
int main(){
  int a[10],*p,i,j,t;
  srand((unsigned long)time(NULL));
  for(p=a;p<a+10;p++)
    *p=rand();
  printf("\nBefore:");
  for(p=a;p<a+10;p++)printf("%d ",*p);
  p=a;
  for(i=0;i<9;i++)
    for(j=i+1;j<10;j++)
      if(*(p+i)<*(p+j)){
        t=*(p+i);
        *(p+i)=*(p+j);
        *(p+j)=t;
      }
  printf("\nAfter :");
  for(p=a;p<a+10;p++)printf("%d ",*p);
  getchar();
}
```

执行程序,输出:

Before:25253 22695 11314 6029 20349 30169 9136 21783 30476 31200
After :31200 30476 30169 25253 22695 21783 20349 11314 9136 6029

值得注意的是,数组名 a 就是数组的首地址,它是一个常量,它的值是不可以改变的,但指针变量 p 的值是可以改变的。初始的时候,p 指向数组的首地址,可以通过赋值运算改变它,使它指向不同的元素,例如:

```
p=a+3;                    /* p指向a[3],*p的值就是a[3]的值 */
p++;                      /* p指向a[4],*p的值就是a[4]的值 */
p=p+2;                    /* p指向a[6],*p的值就是a[6]的值 */
--p;                      /* p指向a[5],*p的值就是a[5]的值 */
```

所以,可以通过让指针变量的值的改变,来访问不同的数组元素(程序见例 10-8)。

10.3.2　指向二维数组的指针变量

这里以二维数组为例介绍指向多维数组的指针变量。在概念上和使用上,多维数组指针要比一维数组指针复杂一些。

设有整型二维数组 a[3][4]。它的定义如下:

```
int a[3][4] = {{0,1,2,3},{4,5,6,7},{8,9,10,11}};
```

C语言规定,二维数组可以看成是由若干个一维数组组成的数组。例如,该数组可以看成是由三个一维数组构成的(3行),它们是 a[0]、a[1] 和 a[2]。可以把 a[0] 看成一个整体,它是一个一维数组的名字,也就是这个一维数组的首地址,这个一维数组有 4 个元素,它们是 a[0][0]、a[0][1]、a[0][2] 和 a[0][3]。也就是说二维数组其实也是一个一维数组,其中每个元素又是一个一维数组。

既然数组 a 是一个一维数组,那么 a[0] 就是其第 0 个元素(也就是二维数组第 0 行的首地址),a[1] 就是其第 1 个元素(也就是二维数组第 1 行的首地址),a[2] 就是其第 2 个元素(也就是二维数组第 2 行的首地址)。

把数组 a 看成是一维数组后,其元素的大小就是原二维数组一行所有元素的大小之和。所以,第 0 行的首地址是 &a[0],也可以写成 a+0(也可以说是 a[0][0] 的地址)。同理,第一行的首地址是 &a[1],也可以写成 a+1(也可以说是 a[1][0] 的地址)。

既然数组 a[0] 是一个一维数组,那么 a[0][0] 就是其第 0 个元素(也就是二维数组的第 0 行第 0 列)的地址,a[0][1] 就是其第 1 个元素(也就是二维数组的第 0 行第 1 列)的地址,a[0][2] 就是其第 2 个元素(也就是二维数组的第 0 行第 2 列)的地址,a[0][3] 就是其第 3 个元素(也就是二维数组的第 0 行第 3 列)的地址。

a[0] 是一个一维数组,那么 a[0] 本身就是这个数组的首地址。根据一维数组元素地址的表示方法,a[0]+0 就是 a[0][0] 的地址,a[0]+1 就是 a[0][1] 的地址,a[0]+2 就是 a[0][2] 的地址,a[0]+3 就是 a[0][3] 的地址。

显然知道,*(a[0]+0) 和 a[0][0] 是一回事,*(a[0]+1) 和 a[0][1] 是一回事。以此类推,*(a[i]+j) 就是 a[i][j]。而 a[i] 和 *(a+i) 是等价的,所以得到,*(a+i)+j 就是 a[i][j] 的地址,*(*(a+i)+j) 就是 a[i][j],如图 10-3 所示。

数组的首地址 第 0 行 a[0] 首地址 a[0][0] 的地址	a	a+0	*(a+0)+0
第 i 行 a[i] 的首地址		a+i	*(a+i)+0
&a[i][j]			*(a+i)+j
a[i][j]			*(*(a+i)+j)

图 10-3　指向二维数组的指针变量

例 10-10　二维数组指针程序举例。

```
#include<stdio.h>
#define PF "%ld,%ld,%ld,%ld,%ld\n"
int main(){
  long a[3][4] = {0,1,2,3,4,5,6,7,8,9,10,11};
```

```
      printf(PF,a, * a,a[0],&a[0],&a[0][0]);                    /* 数组首地址 */
      printf(PF,a + 1, * (a + 1),a[1],&a[1],&a[1][0]);          /* 1行首地址 */
      printf(PF,a + 2, * (a + 2),a[2],&a[2],&a[2][0]);          /* 2行首地址 */
      printf(" % ld, % ld\n",a[1] + 1, * (a + 1) + 1);          /* a[1][1]的地址 */
      printf(" % ld, % ld\n", * (a[1] + 1), * ( * (a + 1) + 1)); /* a[1][1]的值 */
      getchar();
}
```

执行程序,输出:

```
2293568,2293568,2293568,2293568,2293568
2293584,2293584,2293584,2293584,2293584
2293600,2293600,2293600,2293600,2293600
2293588,2293588
5,5
```

将二维数组元素(通常是首地址)的地址赋值给一个指针变量,这个指针就成了指向二维数组的指针。这时需要将该指针定义为指向二维数组的指针类型。

指向二维数组的指针变量说明的一般形式为:

类型说明符 (* 指针变量名)[长度];

例如:

int (* p)[4];

其中“类型说明符”为所指数组的基本数据类型。“ * ”表示其后的变量是指针类型。“长度”表示二维数组分解为多个一维数组时,一维数组的长度也就是二维数组的列数。应注意“(* 指针变量名)”两边的括号不可少,如缺少括号则表示是指针数组,意义就完全不同了。

以上定义的含义为:定义了一个指针变量,该指针变量指向一个二维数组,该指针变量所指向的二维数组每行4列。

例 10-11 指向二维数组的指针程序举例。

```
# include < stdio. h >
int main(){
  int a[3][4] = {1,2,3,4,5,6,7,8,9,10,11,12};
  int( * p)[4];
  int i,j;
  p = a;
  for(i = 0;i < 3;i++){
    printf("\n");
    for(j = 0;j < 4;j++)
      printf(" % 2d ", * ( * (p + i) + j));
  }
  getchar();
}
```

执行程序,输出:

```
1  2  3  4
```

```
5  6  7  8
9 10 11 12
```

例 10-12　指向二维数组的指针程序举例。

```
# include < stdio. h>
int main(){
  int a[3][4] = {1,2,3,4,5,6,7,8,9,10,11,12};
  int ( * p)[4];
  int i,j;
  p = a;
  for(i = 0;i < 3;i++,p++){
    printf("\n");
    for(j = 0;j < 4;j++)
      printf(" % 2d ", * ( * (p) + j));
  }
  getchar();
}
```

执行程序,输出:

```
1  2  3  4
5  6  7  8
9 10 11 12
```

在本例中,指向二维整型数组(一行 4 个元素)的指针 p,其值加 1 的意义是在原来基础上指向下一行(跳过 4 个元素)。

不论是一维数组、二维数组还是多维数组,其实质都是内存中的一块连续地址空间,所以即使定义了一个普通指针变量,也能访问数组的所有元素。

例 10-13　通过普通指针变量访问二维数组元素程序举例。

```
# include < stdio. h>
int main(){
  int a[3][4] = {1,2,3,4,5,6,7,8,9,10,11,12};
  int * p,i,j;
  p = (int * )a;          / * 将二维数组首地址 a 转成普通的整型指针 * /
  for(i = 0;i < 12;i++,p++){
    printf(" % 2d ", * p);
  }
}
```

执行程序,输出:

```
1  2  3  4  5  6  7  8  9 10 11 12
```

可以将一段存有某一类型数据的内存解释成另外一种数据类型,请分析下面的例 10-14 及执行结果。

例 10-14　指针程序举例。

```
# include < stdio. h>
int main(){
```

```
char a[16] = "THIS IS A BOOK!";
long int * pi = (long int * )a;
char  * pc = (char * )a;
double  * pd = (double * )a;
for(putchar('\n');pi<(long int * )(a + 16);pi++) printf(" % ld ", * pi);
for(putchar('\n');pc<(char * )(a + 16);pc++) printf(" % c", * pc);
for(putchar('\n');pd<(double * )(a + 16);pd++) printf(" % lf ", * pd);
getchar();
}
```

执行程序,输出:

```
1397311572 542329120 1329733697 2181967
THIS IS A BOOK!
0.000000 0.000000
```

10.3.3　指向字符串的指针

将字符串中某个元素的地址(通常是首地址)赋值给一个指针变量,这个指针就成了指向字符串的指针。指向字符串的指针实际上也是指向一维数组的指针。

指向字符串的指针变量的定义说明与指向字符的指针变量说明是相同的,都是字符型指针。实际上,指向字符串的指针在某一时刻所指向的正是字符串中的一个字符。

例如:

```
char c, * p = &c;            / * 表示 p 是一个指向字符变量 c 的指针变量 * /
char * s = "C Language";     / * 表示 s 是一个指向字符串的指针变量,把字符串的首地址赋予 s * /
```

例 10-15　指向字符串的指针程序举例。

```
# include < stdio. h >
int main(){
  char c1 = 'A',c2[10] = {"ABCDEFG"};
  char * p1, * p2;
  p1 = &c1;
  p2 = c2;
  printf("\n % c", * p1);
  printf("\n % s",p2);
  getchar();
}
```

执行程序,输出:

```
A
ABCDEFG
```

例 10-16　指向字符串的指针程序举例。

```
# include < stdio. h >
int main(){
  char * ps, * p;
  ps = "ABCDE";
```

```
for(p = ps; * p! = '\0';p++)  printf(" % s\n",p);
}
```

执行程序,输出:

```
ABCDE
BCDE
CDE
DE
E
```

在本例中,首先定义 ps 是一个字符指针变量,然后把字符串的首地址赋予 ps(应写出整个字符串,以便编译系统把该串装入连续的一块内存单元),并把首地址送入 ps。程序中的 char * ps;ps＝"ABCDE";等效于 char * ps＝"ABCDE";。

例 10-17　在一行中输入一个英文句子,输出这个句子中的字母、数字和符号的个数。

```
# include< stdio. h>
int main(){
  char a[80], * p = a;
  int letter = 0,digit = 0,symbol = 0;
  gets(p);
  for(; * p! = '\0';p++)
  if( ( * p > = 'A'&& * p < = 'Z')||( * p > = 'a'&& * p < = 'z') ) letter++;
  else if ( * p > = '0'&& * p < = '9')
     digit++;
  else
     symbol++;
  printf("\nLetter: % d",letter);
  printf("\nDigit : % d",digit);
  printf("\nSymbol: % d",symbol);
  getchar();
}
```

执行程序输入:

```
ABCDEF12345,.A:1 < 5 = =
```

输出:

```
Letter:7
Digit :7
Symbol:6
```

例 10-18　在一行中输入一个英文句子,输出这个句子中单词的个数,单词之间以空格分隔。

```
# include< stdio. h>
int main(){
  char a[80], * p = a,c = ' ';
  int words = 0;
  gets(p);
  for(; * p! = '\0';p++){
```

```
      if( c = = ' '&& * p! = ' ') words++;
      c = * p;
    }
    printf("\nWords: % d",words);
    getchar();
}
```

执行程序,输入:

This is a C program. <<< = 22 =   ,,, [END]

输出:

Words:9

例 10-19 输出一个字符串中 n 个字符后的所有字符。

```
# include < stdio. h>
int main(){
  char  * ps = "this is a book";
  ps = ps + 10;
  printf(" % s\n",ps);
}
```

执行程序,输出:

book

在程序中对 ps 初始化时,即把字符串首地址赋予 ps,当 ps= ps+10 之后,ps 指向字符
'b',因此输出为 book。

例 10-20 输入一个字符串,输出在串中字符 A 是否出现。

```
# include < stdio. h>
int main(){
  char a[100], * ps = a;
  printf("Input a string:");
  gets(ps);
  for( ; * ps! = '\0';ps++)
    if( * ps == 'A'){
        printf("There is a 'A' in the string\n");
        break;
    }
  if( * ps == '\0')
    printf("There is no 'A' in the string\n");
}
```

10.4 指针变量作函数参数

在前面的章节中曾经介绍过用数组名作函数的实参和形参的问题。在学习指针变量之
后就更容易理解这个问题了。数组名就是数组的首地址,实参向形参传送数组名实际上就

是传送数组的首地址,形参得到该地址后也指向同一数组。这就好像同一件物品有两个彼此不同的名称一样。同样,指针变量的值也是地址,数组指针变量的值就是数组元素的地址,当然也可作为函数的参数使用。

例 10-21　指针变量作函数参数程序举例。

```c
#include<stdio.h>
void swap1(int x,int y){
    int t;
    t = x; x = y; y = t;
}
void swap2(int * x,int * y){
    int t;
    t = * x;  * x = * y;  * y = t;
}
int main(){
    int a = 5,b = 8;    printf("\n%d, %d",a,b);
    swap1(a,b);         printf("\n%d, %d",a,b);
    swap2(&a,&b);       printf("\n%d, %d",a,b);
}
```

执行程序,输出:

```
5,8
5,8
8,5
```

以上程序中,调用函数 swap1 的参数是值传递方式,函数内局部变量 x 和 y 的值的改变不会影响到实在参数 a 和 b;而函数调用函数 swap2 的参数传递方式为地址传递方式,将实在参数的地址传递给相应的形式参数指针变量,那么在函数内部对 * x 和 * y 的改变自然会影响到实在参数 a 和 b。

例 10-22　指针作函数参数程序举例。

```c
#include<time.h>
#include<stdio.h>
#include<stdlib.h>
void sort(int * p,int n){
    int i,j,t;
    for(i = 0;i < n - 1;i++)
        for(j = i + 1;j < n;j++)
            if( * (p + i)< * (p + j)){
                t = * (p + i); * (p + i) = * (p + j); * (p + j) = t;
            }
}
void print(int * p,int n){
    int i;
    for(i = 0;i < n;i++)printf(" %d ",p[i]);
}
int main(){
    int a[10],i;
    srand(time(NULL));
```

```
for(i = 0;i < 10;i++)a[i] = rand() % 100;
printf("\nBefore sort:");
print(a,10);
sort(a,10);
printf("\nAfter   sort:");
print(a,10);
getchar();
}
```

执行程序,输出:

```
Before sort:46 30 82 90 56 17 95 15 48 26
After   sort:95 90 82 56 48 46 30 26 17 15
```

例 10-23 编写函数把一个字符串(不超过 80 个字符)的内容复制到另一个字符串中(不能使用 strcpy 函数)。

```
# include < stdio. h >
int copystr(char * pss,char * pds){
  while(( * pds = * pss)! = '\0'){
    pds++;
    pss++;
  }
}
int main(){
  char * pa = "WWW. HRBNU. EDU. CN",b[81], * pb;
  pb = b;
  copystr(pa,pb);
  printf("string a = % s\nstring b = % s\n",pa,pb);
}
```

执行程序,输出:

```
string a = WWW. HRBNU. EDU. CN
string b = WWW. HRBNU. EDU. CN
```

本例程序把字符串指针作为函数参数使用。要求把一个字符串的内容复制到另一个字符串中,并且不能使用 strcpy 函数。函数 copystr 的形参为两个字符指针变量。pss 指向源字符串,pds 指向目标字符串。

本例程序完成了两项工作:一是把 pss 指向的源字符复制到 pds 所指向的目标字符中,二是判断所复制的字符是否为'\0',若是则表明源字符串结束,不再循环。否则,pds 和 pss 都加 1,指向下一字符。在主函数中,以指针变量 pa,pb 为实参,分别取得确定值后调用 copystr 函数。由于指针变量 pa 和 pss、pb 和 pds 均指向同一字符串,因此在主函数和 copystr 函数中均可使用这些字符串,也可以把 copystr 函数简化为以下形式:

```
copystr(char * pss,char * pds){
  while (( * pds++= * pss++)! = '\0');
}
```

即把指针的移动和赋值合并在一个语句中。进一步分析还可发现'\0'的 ASCII 码为 0,对于

while 语句只看表达式的值为非 0 就循环,为 0 则结束循环,因此也可省去"! ＝'\0'"这一判断部分,而写为以下形式:

```
copystr(char * pss,char * pds){ while ( * pdss++= * pss++); }
```

表达式的意义可解释为:源字符向目标字符赋值,移动指针,若所赋值为非 0 则循环,否则结束循环,这样使程序更加简洁。

10.5　使用字符串指针变量与字符数组的区别

用字符数组和字符指针变量都可实现字符串的存储和运算。但是两者是有区别的,在使用时应注意以下几个问题:

(1) 字符串指针变量本身是一个变量,用于存放字符串的首地址。而字符串本身是存放在以该首地址为首的一块连续的内存空间中并以'\0'作为字符串的结束。字符数组是由若干个数组元素组成的,它可用来存放整个字符串。

(2) 对字符串指针方式 char * ps ＝ "C Language";可以写为 char * ps; ps ＝ "C Language";,而对数组方式 char st[] ＝ {"C Language"};不能写为 char st[20]; st ＝ "C Language";,而只能对字符数组的各元素逐个赋值。

从以上两点可以看出字符串指针变量与字符数组在使用时的区别,同时也可看出使用指针变量更加方便。前面说过,当一个指针变量在未取得确定地址时使用是危险的,容易引起错误,但是对指针变量直接赋值是可以的,因为 C 系统对指针变量赋值时要给以确定的地址。因此,char * ps ＝ "C Language";或 char * ps;ps ＝ "C Language";都是合法的。

10.6　函数指针变量

C 语言规定一个函数总是占用一段连续的内存区,而函数名就是该函数所占内存区的首地址。可以把函数的这个首地址(或称入口地址)赋予一个指针变量,使该指针变量指向该函数,然后通过指针变量就可以找到并调用这个函数,把这种指向函数的指针变量称为"函数指针变量"。

函数指针变量定义的一般形式为:

类型说明符 (* 指针变量名)(参数说明列表);

其中"类型说明符"表示被指向函数的返回值类型,"(* 指针变量名)"表示" * "后面的变量是指针变量。第二个圆括号里面表示指针变量所指的是一个函数。

例如:

int (* pf)(int);

表示 pf 是一个指向某一个函数的指针变量,该函数的返回值(函数值)是整型,该函数的参数为 int 型的一个参数。

通过函数指针变量调用函数的一般形式为:

(* 指针变量名)(实参表)

下面通过例子来说明用指针形式实现对函数调用的方法。

例 10-24 指向函数的指针变量程序举例。

```
# include < stdio. h >
int max( int a, int b) {
  if( a > b) return a;
  else      return b;
}
int main() {
  int max( int a, int b);
  int( * pmax)( int, int);
  int x, y, z;
  pmax = max;
  printf("input two numbers:\n");
  scanf("% d % d", &x, &y);
  z = ( * pmax)( x, y);
  printf("maxmum = % d", z);
}
```

从上述程序可以看出,函数指针变量形式调用函数的步骤如下:

(1) 先定义函数指针变量,如程序中的 int (* pmax)(int, int);定义 pmax 为函数指针变量。

(2) 把被调函数的入口地址(函数名)赋予该函数指针变量,如程序中的 pmax=max;。

(3) 用函数指针变量形式调用函数,如程序中的 z=(* pmax)(x, y);。

使用函数指针变量还应注意以下两点:

(1) 函数指针变量不能进行算术运算,这是与数组指针变量不同的。数组指针变量加减一个整数可使指针移动,指向后面或前面的数组元素,而函数指针的移动是毫无意义的。

(2) 函数调用中"(* 指针变量名)"的两边的括号不可少,其中的" * "不应该理解为求值运算,在此处它只是一种表示符号。

例 10-25 指向函数的指针变量程序举例。

```
# include < stdio. h >
# include < stdlib. h >
int add( int a, int b) {
    return a + b;
}
int sub( int a, int b) {
    return a - b;
}
int error( int a, int b) {
    printf("Not define!");
    return - 1;
}
int main() {
  int x, y, z; char op;
  int( * fun)( int, int);
  fun = NULL;
  scanf("% d % c % d", &x, &op, &y);
```

```
switch(op){
  case '+': fun = add; break;
  case '-': fun = sub; break;
  default:  fun = error;
}
z = (*fun)(x,y);
printf("Result = %d\n",z);
system("pause");
}
```

10.7 指针型函数

前面介绍过所谓函数类型就是指函数返回值的类型。C语言允许一个函数的返回值是一个指针(即地址),这种返回指针值的函数称为指针型函数。

定义指针型函数的一般形式为:

```
类型说明符 *函数名(形参表){
  /* 函数体 */
}
```

其中函数名之前加了符号"*",表明这是一个指针型函数,即返回值是一个指针。类型说明符表示了返回的指针值所指向的数据类型。例如:

```
int *ap(int x,int y){
  /* 函数体 */
}
```

表示 ap 是一个返回指针值的指针型函数,它返回的指针指向一个整型变量。

例 10-26 指针型函数程序举例。

```
#include<stdio.h>
int main(){
  int i;
  char *day_name(int n);
  printf("input Day No:\n");
  scanf("%d",&i);
  printf("Day No:%2d-->%s\n",i,day_name(i));
}
char *day_name(int n){
  static char *name[] = {"NOT DEFINE","Monday","Tuesday","Wednesday",
  "Thursday","Friday","Saturday","Sunday"};
  return((n<1||n>7) ? name[0] : name[n]);
}
```

本例定义了一个指针型函数 day_name,它的返回值为指向一个字符串的指针。该函数中定义了一个静态指针数组 name。name 数组初始化赋值为 8 个字符串,分别表示各个星期名及出错提示。形参 n 表示与星期名所对应的整数。在主函数中,把输入的整数 i 作为实参,在 printf 语句中调用 day_name 函数并把 i 值传送给形参 n。day_name 函数中的

return 语句包含一个条件表达式,n 值若大于 7 或小于 1 则把 name[0]指针返回主函数输出出错提示字符串"NOT DEFINE",否则返回主函数输出对应的星期名。

应该特别注意的是函数指针变量和指针型函数这两者在写法和意义上的区别。例如 int(∗ p)()和 int ∗ p()是两个完全不同的量。int(∗ p)()是一个变量说明,说明 p 是一个指向函数入口的指针变量,该函数的返回值是整型量,(∗ p)的两边的括号不能少。int ∗ p()则不是变量说明而是函数说明,说明 p 是一个指针型函数,其返回值是一个指向整型量的指针, ∗ p 两边没有括号。作为函数说明,在括号内最好写入形式参数,这样便于与变量说明区别。对于指针型函数定义,int ∗ p()只是函数头部分,一般还应该有函数体部分。

10.8　指　针　数　组

如果一个数组的所有元素都为指针类型的变量,那么这个数组就是指针数组。指针数组是一组指针变量的集合。指针数组的所有元素都必须是具有相同存储类型和指向相同的数据类型。

指针数组说明的一般形式为:

类型说明符　　∗数组名[数组长度];

其中类型说明符为指针数组元素所指向的变量的类型。

例如:

int ∗ pa[3];

表示 pa 是一个指针数组,它有三个数组元素,每个元素值都是一个指针,指向整型变量。通常可用一个指针数组来指向一个二维数组。指针数组中的每个元素被赋予二维数组每一行的首地址,因此也可理解为指向一个一维数组。

例 10-27　指针数组程序举例。

```c
#include<stdio.h>
int a[3][3]={1,2,3,4,5,6,7,8,9};
int * pa[3]={a[0],a[1],a[2]};
int main(){
  int i;
  for(i=0;i<3;i++)
  printf("%d,%d,%d\n",pa[i][0],pa[i][1],pa[i][2]);
}
```

执行程序,输出:

```
1,2,3
4,5,6
7,8,9
```

在本例程序中,pa 是一个指针数组,三个元素分别指向二维数组 a 的各行。然后用循环语句输出指定的数组元素。

应该注意指针数组和二维数组指针变量的区别。这两者虽然都可用来表示二维数组,但是其表示方法和意义是不同的。二维数组指针变量是单个的变量，其一般形式中"（＊指针变量名）"两边的括号不可少。而指针数组类型表示的是多个指针（一组有序指针），在一般形式中"＊指针数组名"两边不能有括号。例如，int（＊p）[3]；表示一个指向二维数组的指针变量，该二维数组的列数为 3 或分解为一维数组的长度为 3。int ＊p[3]表示 p 是一个指针数组，有 3 个下标变量 p[0]，p[1]，p[2]均为指针变量。

指针数组也常用来表示一组字符串，这时指针数组的每个元素被赋予一个字符串的首地址。指向字符串的指针数组的初始化更为简单。例如，采用指针数组来表示一组字符串，其初始化赋值为：

```
char ＊ name [ ] = {"NOT DEFINE","Monday","Tuesday","Wednesday","Thursday","Friday",
"Saturday","Sunday"};
```

完成这个初始化赋值之后，name[0]即指向字符串"NOT DEFINE"，name[1]指向字符串"Monday"……

指针数组也可以用作函数参数。在下面例 10-28 的主函数中，定义了一个指针数组 name，并对 name 做了初始化赋值，其每个元素都指向一个字符串。然后，又以 name 作为实参调用指针型函数 day_name，在调用时把数组名 name 赋予形参变量 name，输入的整数 i 作为第二个实参赋予形参 n。在 day name 函数中定义了两个指针变量 pp1 和 pp2，pp1 被赋予 name[0]的值，即 ＊name，pp2 被赋予 name[n]的值，即 ＊（name＋n）。由条件表达式决定返回 pp1 或 pp2 指针给主函数中的指针变量 ps。最后输出 i 和 ps 的值。

例 10-28 指针数组程序举例。

```c
# include< stdio. h>
int main(){
    static char ＊name[] = {"NOT DEFINE","Monday","Tuesday","Wednesday",
            "Thursday","Friday","Saturday","Sunday"};
    char ＊ ps;
    int i;
    char ＊ day_name(char ＊ name[], int n);
    printf("input Day No:\n");
    scanf("%d",&i);
    ps = day_name(name, i);
    printf("Day No:%2d-->%s\n", i, ps);
}
char ＊ day_name(char ＊ name[], int n){
    char ＊ pp1, ＊ pp2;
    pp1 = ＊ name;
    pp2 = ＊ (name + n);
    return((n<1||n>7)? pp1:pp2);
}
```

执行程序，输入：

input Day No:
4

输出：

Day No: 4 --> Thursday

下例要求输入 5 个国名并按字母顺序排列后输出。在以前的例子中采用了普通的排序方法,逐个比较之后交换字符串的位置。交换字符串的物理位置是通过字符串复制函数完成的。反复的交换将使程序执行的速度很慢,同时由于各字符串(国名)的长度不同,又增加了存储管理的负担。用指针数组能很好地解决这些问题。把所有的字符串存放在一个数组中,把这些字符数组的首地址放在一个指针数组中,当需要交换两个字符串时,只需交换指针数组相应两元素的内容(地址)即可,而不必交换字符串本身。程序中定义了两个函数,一个名为 sort 完成排序,其形参为指针数组 name,即为待排序的各字符串数组的指针。形参 n 为字符串的个数。另一个函数名为 print,用于排序后字符串的输出,其形参与 sort 的形参相同。主函数 main 中,定义了指针数组 name 并作了初始化赋值。然后分别调用 sort 函数和 print 函数完成排序和输出。值得说明的是在 sort 函数中,对两个字符串比较,采用了 strcmp 函数,strcmp 函数允许参与比较的串以指针方式出现。name[k] 和 name[j]均为指针,因此是合法的。字符串比较后需要交换时,只交换指针数组元素的值,而不交换具体的字符串,这样将大大减少时间的开销,提高了运行效率。现编程如下:

例 10-29　指针数组程序举例。

```c
# include < stdio. h>
# include" string. h"
main(){
    void sort(char * name[], int n);
    void print(char * name[], int n);
    static char * name[] = {"China","American","Australia","France","German"};
    int n = 5;
    sort(name,n);
    print(name,n);
    getchar();
}
void sort(char * name[], int n){
    char * pt;
    int i,j;
    for(i = 0;i < n - 1;i++){
        for(j = i + 1;j < n;j++)
            if(strcmp(name[i],name[j]) > 0){ pt = name[i];
                name[i] = name[j];name[j] = pt;
            }
    }
}
void print(char * name[], int n){
    int i;
    for(i = 0;i < n;i++) printf(" % s\n",name[i]);
}
```

执行程序,输出:

```
American
Australia
China
France
German
```

10.9　指向指针的指针变量

如果一个指针变量存放的又是另一个指针变量的地址,则称这个指针变量为指向指针的指针变量。

前面已经介绍过,通过指针访问变量称为间接访问,简称间访。由于指针变量直接指向变量,所以称为单级间访。而如果通过指向指针的指针变量来访问变量则构成了二级或多级间访。在 C 语言程序中,对间访的级数并未明确限制,但是间访级数太多时不容易理解,也容易出错,因此,一般很少超过二级间访。

指向指针的指针变量说明的一般形式为:

类型说明符　＊＊指针变量名;

例如:

int　＊＊pp;

表示 pp 是一个指针变量,它指向另一个指针变量,而这个指针变量指向一个整型量。

例 10-30　指向指针的指针变量程序举例。

```c
# include < stdio. h >
int main(){
  int x, * p, ** pp;
  x = 10;
  p = &x;
  pp = &p;
  printf("x = % d,x = % d,x = % d\n",x, * p, ** pp);
}
```

执行程序,输出:

X = 10,x = 10,x = 10

本例程序中的 p 是一个指针变量,指向整型量 x; pp 也是一个指针变量,它指向指针变量 p。通过 pp 变量访问 x 的写法是 ＊＊pp。程序最后输出的 3 个值都是 x 的值 10。通过本例,读者可以学习指向指针的指针变量的说明和使用方法。

例 10-31　指向指针的指针变量程序举例。

```c
# include < stdio. h >
int main(){
  static char * ps[] = { "BASIC","DBASE","C","FORTRAN","PASCAL"};
  char ** pps;
  int i;
  for(i = 0;i < 5;i++){
    pps = ps + i;
    printf(" % s\n", * pps);
  }
}
```

执行程序,输出:

```
BASIC
DBASE
C
FORTRAN
PASCAL
```

本例程序首先定义说明了指针数组 ps 并作了初始化赋值,又说明了 pps 是一个指向指针的指针变量。在 5 次循环中,pps 分别取得了 ps[0],ps[1],ps[2],ps[3],ps[4]的地址值。再通过这些地址即可找到该字符串。本程序是用指向指针的指针变量来输出多个字符串。

10.10　动态内存管理

在前面学习的所有 C 语言程序中,对内存的申请和使用都是通过定义变量的形式实现的。在程序中定义变量后,运行时系统为变量申请内存,申请成功后为其分配内存。系统一旦为一个变量分配了内存,则在该变量的生存期内,其地址是固定的,直到其生存期结束,系统收回其占用的内存。所以在此情况下,内存的分配和释放(回收)都是系统自动完成的。

除此之外,C 语言还提供了对内存的动态申请和释放的功能,此功能通过 malloc 函数和 free 函数来实现。

1. 动态内存申请函数 malloc()

函数原型:

```
void * malloc(unsigned size);
```

功能说明:

(1) 该函数用于向系统申请长度为 size 字节的连续内存空间。

(2) 如果分配成功则返回被分配内存的首地址指针,否则返回空指针 NULL。

(3) 该函数返回的是一个空类型的指针,在赋值时应该先进行类型转换。

(4) 内存不再使用时,应使用 free()函数将内存块释放。

2. 内存释放函数 free()

函数原型:

```
void free(void * block);
```

功能说明:

(1) 如果给定的参数是一个由先前的 malloc 函数返回的指针,那么 free()函数会将 block 所指向的内存空间归还给操作系统。

(2) 使用以上两个函数时应该在程序开头加上 #include <malloc.h>或 #include <stdlib.h>。

例 10-32　动态存储管理程序举例。

```
# include < malloc.h >
# include < stdlib.h >
```

```
#include<stdio.h>
int main(){
  int *p;
  p = (int *)malloc(sizeof(int));
  *p = 5;
  printf("%d", *p);
  free(p);
}
```

执行程序,输出:

5

本例程序定义了一个 int 型的指针,通过 malloc() 函数向系统内存申请 1 个 int 型数据
所占用的内存(根据系统不同可能为 2 个字节或 4 个字节)。此时可以认为 *p 就是一个变
量,可以称其为无名变量。对 *p 操作完毕后,用 free() 函数释放其指向的内存。

例 10-33 动态存储管理程序举例。

```
#include<malloc.h>
#include<stdlib.h>
#include<stdio.h>
int main(){
  int *p;
  p = (int *)malloc(sizeof(int) * 0XFFFFFFFF);
  if(p == NULL)
    printf("No Enough Memory!\n");
  else
    printf("Success!\n");
}
```

执行程序,输出:

No Enough Memory!

本例程序由于通过 malloc() 函数向系统申请的内存太大,所以得到一个空指针(返回值
为 0,即 NULL)。

例 10-34 动态存储管理程序举例。

```
#include<malloc.h>
#include<stdlib.h>
#include<stdio.h>
#include<time.h>
void init(int *p, int n){
  int i;
  srand(time(NULL));
  for(i = 0; i < n; i++)p[i] = rand() % 1000;
}
void sort(int *p, int n){
  int *i, *j, t;
  for(i = p; i < p + n - 1; i++)
    for(j = i + 1; j < p + n; j++)
```

```
        if( * i < * j){t = * i; * i = * j; * j = t;}
    }
    void print(int * p,int n){
        int i;
        printf("\n");
        for(i = 0;i < n;i++)printf(" % d ", * (p + i));
    }
    int main(){
        int n, * p;
        scanf(" % d",&n);
        p = (int * )malloc(sizeof(int) * n);
        if(p = = NULL){
            printf("No Enough Memory!\n");
            exit(0);
        }
        init(p,n);
        print(p,n);
        sort(p,n);
        print(p,n);
        free(p);
        system("pause");
    }
```

执行程序,输入:

5

程序输出结果

```
253 354 675 906 287
906 675 354 287 253
```

本例程序的功能是让计算机随机生成 n 个 1000 以内的整数,然后从大到小输出。在程序中并没有定义数组,而是根据用户输入的数据个数,动态地根据需要申请内存,需要多少就申请多少。而数组一旦定义,其占据的内存大小是固定的。

10.11 小   结

1. 指针的优点
指针是 C 语言一个重要的组成部分,使用指针编程有以下优点:

(1) 提高程序的编译效率和执行速度。

(2) 通过指针可使主调函数和被调函数之间共享变量或数据结构,便于实现双向数据通信。

(3) 可以实现动态的存储分配。

(4) 便于表示各种数据结构,编写高质量的程序。

2. 指针的运算
(1) 取地址运算符 &:求变量的地址。

（2）取内容运算符 * ：表示指针所指的变量。

（3）赋值运算：

- 把变量地址赋予指针变量；
- 同类型指针变量相互赋值；
- 把数组、字符串的首地址赋予指针变量；
- 把函数入口地址赋予指针变量。

（4）加减运算：对指向数组、字符串的指针变量可以进行加减运算，如 p＋n，p－n，p＋＋，p－－等。对指向同一数组的两个指针变量可以相减。对指向其他类型的指针变量做加减运算是无意义的。

（5）关系运算：指向同一数组的两个指针变量之间可以进行大于、小于、等于比较运算。指针可与 0 比较，p＝＝0 表示 p 为空指针。

3. 与指针有关的各种说明

```
int * p;                  /* p 为指向整型量的指针变量 */
int * p[n];               /* p 为指针数组，由 n 个指向整型量的指针元素组成 */
int (* p)[n];             /* p 为指向整型二维数组的指针变量，二维数组的列数为 n */
int * p()                 /* p 为返回指针值的函数，该指针指向整型量 */
int (* p)()               /* p 为指向函数的指针，该函数返回整型量 */
int ** p                  /* p 为一个指向另一指针的指针变量，该指针指向一个整型量 */
```

有关指针的说明很多是由指针、数组、函数说明组合而成的。但并不是可以任意组合，如数组不能由函数组成，即数组元素不能是一个函数；函数也不能返回一个数组或返回另一个函数。例如，int a[5]()；就是错误的。

4. 关于括号

在解释组合说明符时，标识符右边的方括号和圆括号优先于标识符左边的"*"号，而方括号和圆括号以相同的优先级从左到右结合，可以用圆括号改变约定的结合顺序。

习　　题

一、单项选择题

1. 地址是指（　　　）。

A）变量的值　　　　　　　　　　B）变量的类型

C）变量在内存中的编号　　　　　D）变量

2. 设 p 和 q 是指向同一个数组的指针变量（q＞p），k 为同类型的变量，则下面语句不可能执行的是（　　　）。

A）k＝*(p+q)　　　B）k＝*(q－p)　　　C）p+q　　　　　D）k＝*p*(*q)

3. 假设某变量有如下语句，则通过指针变量 c 得到 a 的数值的方式为（　　　）。

```
int  a, * b, ** c;   b = &a;   c = &b;
```

A）指向运算　　　B）取地址运算　　　C）直接存取　　　D）间接存取

4. 与定义语句 char * abc＝"abc"；功能完全相同的程序段是（　　　）。

A）char abc；* abc＝"abc"；　　　　　B）char * abc，* abc＝"abc"；

C) char abc,abc="abc";   D) char * abc;abc="abc";

5. 设有定义语句 int x[10]={1,2,3}, * m=x;,则结果不能表示地址的表达式是（   ）。

A) * m   B) m   C) x   D) & x[0]

6. 若有定义 int abcd[10]={1,2,3,4,5,6,7,8,9,10}, * p=abcd,则数值为 6 的是（   ）。

A) * p+6   B) * (p+6)   C) * p+=5   D) p+5

7. 若有指针变量 fp 已指向 char 型变量 x,正确的输入语句是（   ）。

A) scanf("%c",&fp);   B) scanf("%d",fp);

C) scanf("%c", * fp);   D) scanf("%c",fp);

8. 设有定义 int a=3,b, * p=&a;,则下列语句中使 b 不为 3 的语句是（   ）。

A) b= * &a;   B) b= * p;   C) b=a;   D) b= * a;

9. 设指针 x 指向的整型变量值为 25,则 printf("%d\n", * x++);的输出是（   ）。

A) 23   B) 24   C) 25   D) 26

10. 若有说明语句 int a[10], * p=a;,对数组元素的正确引用是（   ）。

A) a[p]   B) p[a]   C) * (p+2)   D) p+2

11. 下列程序的输出结果是（   ）。

```
main( ){
 char a[10] = {9,8,7,6,5,4,3,2,1,0}, * p = a + 5;
 printf(" % d", * -- p);
}
```

A) 非法   B) a[4]的地址   C) 5   D) 3

12. 以下程序的输出结果是（   ）。

```
# include"string. h"
main( ){
 char * p1, * p2,str[50] = "ABCDEFG";
 p1 = "abcd"; p2 = "efgh";
 strcpy(str + 1,p2 + 1); strcpy(str + 3,p1 + 3);
 printf(" % s",str);
}
```

A) AfghdEFG   B) Abfhd   C) Afghd   D) Afgd

13. 若已定义：int a[ ]={0,1,2,3,4,5,6,7,8,9}, * p=a,i;,其中 0<i<9,则对 a 数组元素不正确的引用是（   ）。

A) a[p-a]   B) * (&a[i])   C) p[i]   D) a[10]

14. 设已有定义：char * st="how are you";,下列程序段中正确的是（   ）。

A) char a[11], * p;strcpy(p=a+1,&st[4]);

B) char a[11];strcpy(++a,st);

C) char a[11];strcpy(a,st);

D) char a[ ], * p;strcpy(p=&a[1],st+2);

15. 下面程序把数组元素中的最大值放入 a[0]中,则在 if 语句中的条件表达式应该是( )。

```
main( ){
 int a[10] = {6,7,2,9,1,10,5,8,4,3}, * p = a,i;
 for(i = 0;i < 10;i++,p++)
   if(_____)   * a = * p;
 printf(" % d", * a);
}
```

A) p>a   B) * p>a[0]   C) * p> * p[0]   D) * p[0]> * a[0]

16. 以下程序的输出结果是( )。

```
main( ){
 char ch[3][4] = {"123","456","78"}, * p[3]; int i;
 for(i = 0;i < 3;i++)   p[i] = ch[i];
 for(i = 0;i < 3;i++)   printf(" % s",p[i]);
}
```

A) 123456780   B) 123 456 780   C) 12345678   D) 147

17. 若已定义:int a[9], * p=a;,并在以后的语句中未改变 p 的值,不能表示 a[1] 地址的表达式是( )。

A) p+1   B) a+1   C) a++   D) ++p

18. 若有说明:long * p,a;,则不能通过 scanf 语句正确读入数据的程序段是( )。

A) * p=&a; scanf("%ld",p);   B) p=(long *)malloc(8); scanf("%ld",p);

C) scanf("%ld",p=&a);   D) scanf("%ld",&a);

19. 以下程序的输出结果是( )。

```
main( ){
  int i,x[3][3] = {9,8,7,6,5,4,3,2,1}, * p = &x[1][1];
  for(I = 0;I < 4;I += 2)   printf(" % d",p[I]);
}
```

A) 52   B) 51   C) 53   D) 97

20. 已定义 int aa[8];,则以下表达式中不能代表数组元素 aa[1]的地址的是( )。

A) &aa[0]+1   B) &aa[1]   C) &aa[0]++   D) aa+1

21. 以下程序的输出结果是( )。

```
main( ){
 char cf[3][5] = { "AAAA","BBB","CC"};
 printf("\" % s\"\n",ch[1]);
}
```

A) "AAAA"   B) "BBB"   C) "BBBCC"   D) "CC"

22. 以下不能正确进行字符串赋初值的语句是( )。

A) char str[5]= "good!";   B) char str[ ]= "good!";

C) char * str= "good!";   D) char str[5]={ 'g','o','o','d'};

23. 以下程序的输出结果是( )。

```
main( ){
 int b[3][3] = {0,1,2,0,1,2,0,1,2},i,j,t = 1;
 for(i = 0;i < 3;i++)
   for(j = i;j < = i;j++) t = t + b[i][b[j][j]];
 printf("% d\n",t);
}
```

A) 3   B) 4   C) 1   D) 9

二、填空题

1. 用以下语句调用库函数 malloc,使字符指针 st 指向具有 11 个字节的动态存储空间,st = (char *) _____。

2. p = _____ malloc(sizeof(double)); 语句使指针 p 指向一个 double 类型的动态存储单元。

3. 以下程序通过函数指针 p 调用函数 fun,请在空栏内,写出定义变量 p 的语句。

```
void fun(int * x,int * y){ ⋯ }
main( ){
  int a = 10,b = 20;
  _____;              /定义变量 p * /
  p = fun; ( * p)(&a,&b);
  ⋯
}
```

4. 以下程序的输出结果是_____。

```
main( ){
  int arr[ ] = {30,25,20,15,10,5},  * p = arr;
  p++;
  printf("% d\n", * (p + 3));
}
```

5. 若有以下定义,则不移动指针 p,且通过指针 p 引用值为 98 的数组元素的表达式是_____。

```
int w[10] = {23,54,10,33,47,98,72,80,61},  * p = w;
```

6. mystrlen 函数的功能是计算 str 所指字符串的长度,并作为函数值返回。

```
int mystrlen(char * str){
  int i;
  for(i = 0;_____ ! = '\0';i++);
  return(_____);
}
```

7. 以下函数用来求出两整数之和,并通过形参将结果传回。

```
void func(int x,int y, _____ z){   * z = x + y; }
```

8. 以下 fun 函数的功能是:求数组元数值的累加和。n 为数组中元素的个数,累加和的值放入 x 所指的存储单元中。

```
fun( int b[ ],int n, int  * x){
  int k, r = 0;
  for(k = 0;k < n;k++) r = _____ ;
  _____ = r;
  _____ ;
}
```

三、写出程序运行结果

1. ```
   # include < stdio. h >
   main(){
    char a[ ] = "morning", * p;
    p = a;
    printf(" % c, % c", * (p + 3), * p + 3);
   }
   ```

2. ```
   # include < stdio. h >
   main(){
    int i = 0;
    char a[ ] = "abcd", * p;
    for(p = a; * p! = '\0';p++) * p = * p + 1;
        for(p = a; * (p + i)! = '\0';i++)
           printf(" % c", * (p + i));
   }
   ```

3. ```
   # include < stdio. h >
   main(){
    char a[ ] = "good", * p;
    for(p = a; * p! = '\0';p++) ;
    for(p - - ;p - a > = 0;p - - )
      printf(" % c", * p);
   }
   ```

4. ```
   # include < stdio. h >
   main(){
    char  * p = "tomcat";
    p = p + 2; printf(" % s",p);
   }
   ```

5. ```
   # include < stdio. h >
   main(){
    char  * p = "Bob and Alice";
    while( * p! = '\0'){
      if( * p > = 'A' && * p < = 'Z')
        * p =  * p + 'a' - 'A';
      printf(" % c", * p);
      p++;
    }
   }
   ```
   ```

6.
```c
#include <stdio.h>
main(){
  int i = 3, * p;
  p = &i;  * p = 6;
  printf("% d, % d ", i, * p);
}
```

7.
```c
#include <stdio.h>
main(){
int a = 3, b = 5, * pa, * pb;
  pa = &a; pb = &b;  * pa = a + b;  * pb = a - b;
  printf("% d, % d ", * pa, * pb);
}
```

8.
```c
#include <stdio.h>
main(){
  int i = 3, n = 0, * p;   p = &n;
  while(i < 6) {    * p  += i;}
  printf("% d, % d ", * p, n);
```

第11章 结构体与共用体

第7章介绍了数组这一构造数据类型,数组的原理是将类型完全相同的多个变量组织到一起,利用同一个数组名通过下标来互相区分。如果是多个类型并不相同的变量,通过数组就无法实现共用一个名字,C语言提供的结构体这一构造数据类型可以实现这一功能。另外,前面的例子程序中,每个变量都存放在单独的存储单元中,互不干扰,可不可以将多个变量存于同一段内存空间中呢?C语言提供的共用体这一构造数据类型可以实现这一功能。本章介绍C语言提供的这两个构造类型的数据——结构体与共用体。

11.1 结 构 体

C语言提供了丰富的基本数据类型供用户使用,但在实际应用中程序要处理的问题往往比较复杂,而且常常是用多个不同类型的数据一起来描述一个对象。在实际问题中,一组数据往往具有不同的数据类型。例如,在学生登记表中,姓名应为字符型,学号可为整型或字符型,年龄应为整型,性别应为字符型,成绩可为整型或实型。显然不能用一个数组来存放这一组数据,因为数组中各元素的类型和长度都必须一致,以便于编译系统处理。为了解决这个问题,C语言给出了另一种构造数据类型——"结构体",它相当于其他高级语言中的记录。

"结构体"是一种构造类型,它是由若干"成员"组成的。每一个成员可以是一个基本数据类型,也可以是一个构造类型。结构体既然是一种"构造"而成的数据类型,那么在说明和使用前必须先定义它,也就是构造它,如同在说明和调用函数前要先定义函数一样。

11.1.1 结构体类型的定义

定义一个结构体类型的一般形式为:

```
struct 结构名{
    成员表列
};
```

成员表由若干个成员组成,每个成员都是该结构的一个组成部分。对每个成员也必须作类型说明,其形式为:

```
类型说明符 成员名;
```

成员名的命名应符合标识符的书写规定。例如:

```
struct stu{
    int num;
    char name[20];
    char sex;
    float score;
};
```

在这个结构定义中,结构名为 stu,该结构由 4 个成员组成。第一个成员为 num,整型变量;第二个成员为 name,字符数组;第三个成员为 sex,字符变量;第四个成员为 score,实型变量。应注意在括号后的分号是不可少的。结构体类型定义之后,即可进行该类型变量的说明。凡说明为结构 stu 的变量都由上述 4 个成员组成。由此可见,结构是一种复杂的数据类型,是数目固定、类型不同的若干有序变量的集合。

11.1.2 结构体类型变量的说明

说明结构体变量有以下三种方法(以上面定义的 stu 为例)。

(1) 先定义结构,再说明结构体变量。例如:

```
struct stu{
    int num;
    char name[20];
    char sex;
    float score;
};
struct stu s1,s2;
```

说明了两个变量 s1,s2 为 stu 结构类型。也可以通过宏定义的方法用一个符号常量来表示一个结构类型,例如:

```
#define STU struct stu
STU{
    int num;
    char name[20];
    char sex;
    float score;
};
STU s1,s2;
```

(2) 在定义结构类型的同时说明结构体变量。例如:

```
struct stu{
    int num;
    char name[20];
    char sex;
    float score;
}s1,s2;
```

(3) 直接说明结构体变量。例如:

```
struct{
    int num;
```

```
    char name[20];
    char sex;
    float score;
}s1,s2;
```

第(3)种方法与第(2)种方法的区别在于第(3)种方法中省去了结构名,而直接给出结构体变量。3 种方法中说明的 s1、s2 变量都具有相同的分量。说明了 s1、s2 变量为 stu 类型后,即可向这两个变量中的各个成员赋值。在上述 stu 结构定义中,所有的成员都是基本数据类型或数组类型。

一个结构的成员也可以又是一个结构,即嵌套的结构。例如:

```
struct date{
    int month;
    int day;
    int year;
}
struct{
    int num;
    char name[20];
    char sex;
    struct date birthday;
    float score;
}s1,s2;
```

首先定义一个结构 date,由 month、day、year 三个成员组成。在定义并说明变量 s1 和 s2 时,其中的成员 birthday 被说明为 date 结构类型。

需要说明的是:结构中的成员名可以和程序中其他变量同名,它们之间是互不干扰的,因为在 C 语言中访问成员变量和访问普通变量的方法是不同的。

11.1.3　结构体变量成员的引用

在程序中使用结构体变量时,往往不把它作为一个整体来使用。在 ANSI C 中除了允许具有相同类型的结构体变量相互赋值以外,一般对结构体变量的使用,包括赋值、输入、输出、运算等都是通过结构体变量的成员来实现的。

引用结构体变量成员的一般形式是:

结构体变量名.成员名
#

例如:s1. num 表示第一个人的学号,s2. sex 表示第二个人的性别。

如果成员本身又是一个结构则必须逐级找到最低级的成员才能使用。例如:s1. birthday. month 表示第一个人出生的月份。

成员变量可以在程序中单独使用,与普通变量完全相同。

11.1.4　结构体变量的赋值

前面已经介绍,结构体变量的赋值就是给各成员赋值,可用输入语句或赋值语句来完成。具有相同类型的结构体变量之间可以相互赋值。

例 11-1 给结构体变量赋值并输出其值。

```
#include <stdio.h>
int main(){
    struct stu{
        int num;
        char * name;
        char sex;
        float score;
    }s1,s2;
    s1.num = 1001;
    s1.name = "Liu Yuxi";
    printf("Input sex and score:");
    scanf("%c%f",&s1.sex,&s1.score);
    s2 = s1;
    printf("Number = %d\nName = %s\n",s2.num,s2.name);
    printf("Sex = %c\nScore = %f\n",s2.sex,s2.score);
}
```

执行程序,提示及输入如下:

```
Input sex and score:M 89
```

输出:

```
Number = 1001
Name = Liu Yuxi
Sex = M
Score = 89.000000
```

本程序用赋值语句给 num 和 name 两个成员赋值,name 是一个字符串指针变量。用 scanf 函数动态地输入 sex 和 score 成员值,然后把 s1 的所有成员的值整体赋予 s2。最后分别输出 s2 的各个成员值。

11.1.5　结构体变量的初始化

可以在定义结构体变量时对其进行初始化赋值,像其他类型的变量一样。对结构体变量的初始化赋值,其实就是对其各个分量进行初始化赋值操作。

例 11-2 结构体变量初始化程序举例。

```
#include <stdio.h>
struct stu{
    int num;
    char * name;
    char sex;
    float score;
};
int main(){
    struct stu s1 = {1001,"Liu Yuxi",'M',89.0},s2 = {1002,"Liang Chen"};
    s2.sex = s1.sex;
    printf("s1.Number = %d s1.Name = %s s1.Sex = %c s1.Score = %f\n",
```

```
              s1.num,s1.name,s1.sex,s1.score);
    printf("s2.Number = %d s2.Name = %s s2.Sex = %c s2.Score = %f\n",
              s2.num,s2.name,s2.sex,s2.score);
}
```

执行程序,输出:

```
s1.Number = 1001 s1.Name = Liu Yuxi s1.Sex = M s1.Score = 89.000000
s2.Number = 1002 s2.Name = Liang Chen s2.Sex = M s2.Score = 0.000000
```

在本例中,结构体类型的说明放在了主函数之外,是一个全局类型说明。这样,其他函数也可以使用这一类型。如果将结构体类型说明放在主函数之内,那么在其他函数中不能直接使用这一类型来定义变量了。

程序中 s1,s2 被定义为结构体变量,并分别对它们进行了初始化赋值。其中,对变量 s1 的全部分量进行了初始化,对变量 s2 的部分分量进行了初始化,这是允许的。在 main 函数中,把 s1 的 sex 分量值赋予 s2 的 sex 分量,然后用两个 printf 语句分别输出 s1,s2 各成员的值。s2 的 score 分量没有被初始化,系统自动对其清 0 处理。

11.2 结构体数组

数组的元素类型也可以是结构体类型,因此可以定义结构体数组。结构体数组的每一个元素都是具有相同结构类型的变量。在实际应用中,经常用结构体数组来表示具有相同数据结构的一个实体群,如一个班的学生档案,一个单位职工的工资表等。

结构体数组的定义方法和结构体变量相似,只需说明它为数组类型即可。例如:

```
struct stu{
int num;
  char * name;
  char sex;
  float score;
}s[5];
```

定义了一个结构体数组 s,共有 5 个元素 s[0]～s[4]。每个数组元素都具有 struct stu 的结构形式。对结构体数组也可以作初始化赋值,例如:

```
struct stu{
  int num;
  char * name;
  char sex;
  float score;
}s[5] = { {1001,"Liu Yuxi"     , 'M',  89},
        {1002,"Liang Chen"    , 'M',98.9},
        {1003,"Yang Yongbin" , 'F',62.5},
        {1004,"Mu Yan"       , 'F',  62},
        {1005,"Wan Lu"       , 'M',  35},
      };
```

可见对结构体数组的初始化赋值在形式上类似于二维数组,每个内层花括号负责一个结构体数组元素,内层花括号之间用逗号分隔。

同样,当对全部元素作初始化赋值时,也可以不给出数组长度。

例 11-3 计算学生的平均成绩和不及格的人数。

```c
#include<stdio.h>
struct stu{
    int num;
    char * name;
    char sex;
    float score;
}s[5] = { {1001,"Liu Yuxi"      , 'M',   89},
          {1002,"Liang Chen"     , 'M',98.9},
          {1003,"Yang Yongbin" , 'F',62.5},
          {1004,"Mu Yan"         , 'F',   62},
          {1005,"Wan Lu"         , 'M',   35},
        };
int main(){
    int i,count = 0;
    float average,sum = 0;
    for(i = 0;i < 5;i++){
        sum += s[i].score;
        if(s[i].score < 60) count++;
    }
    printf("总成绩: %f\n",sum);
    average = sum/5;
    printf("平均成绩: %f\n不及格: %d 人\n",average,count);
}
```

执行程序,输出:

总成绩: 347.399994
平均成绩: 69.479996
不及格: 1 人

在本例程序中定义了一个外部结构体数组 s,共 5 个元素,并进行了初始化赋值。在 main 函数中用 for 语句逐个累加各元素的 score 成员值存于 sum 之中,如 score 的值小于 60(不及格),即计数器 count 加 1,循环完毕后计算平均成绩,并输出全班总分、平均分及不及格人数。

例 11-4 建立同学通讯录。

```c
#include"stdio.h"
#define NUM 3
struct person{
    char name[20];
    char phone[10];
};
int main(){
    struct person m[NUM];
    int i;
    for(i = 0;i < NUM;i++){
```

```
        printf("input name:");
        gets(m[i].name);
        printf("input phone:");
        gets(m[i].phone);
    }
    printf("name\t\t\tphone\n\n");
    for(i = 0;i < NUM;i++)
    printf("%s\t\t\t%s\n",m[i].name,m[i].phone);
}
```

本程序中定义了一个结构 person,它有两个成员 name 和 phone 用来表示姓名和电话号码。在主函数中定义 m 为具有 person 类型的结构体数组。在 for 语句中,用 gets()函数分别输入各个元素中两个成员的值,然后又在 for 语句中用 printf 语句输出各元素中两个成员值。

11.3 结构体指针变量

11.3.1 结构体指针变量的说明和使用

当一个指针被用来指向一个结构体变量时,称之为结构体指针变量。结构体指针变量中的值是所指向的结构体变量的首地址。通过结构体指针即可访问该结构体变量,这与普通指针和数组指针的情况是相同的。结构体指针变量说明的一般形式如下:

struct 结构名 * 结构体指针变量名;

在前面的例子中定义了 stu 这个结构,如果要说明一个指向 stu 的指针变量 pstu,可写为:

struct stu * pstu;

当然也可在定义 stu 结构时同时说明 pstu。与前面讨论的各类指针变量相同,结构体指针变量也必须要先赋值后才能使用。赋值是把结构体变量的首地址赋予该指针变量,不能把结构体名赋予该指针变量。如果 s 是被说明为 stu 类型的结构体变量,则 pstu＝&s 是正确的,而 pstu＝&stu 是错误的。

结构名和结构体变量是两个不同的概念,不能混淆。结构名只能表示一个结构形式,编译系统并不对它分配内存空间。只有当某变量被说明为这种类型的结构时,才对该变量分配存储空间。因此上面 &stu 这种写法是错误的,不可能去取一个结构名的首地址。有了结构体指针变量,就能更方便地访问结构体变量的各个成员。

其访问的一般形式为:

(＊结构体指针变量).成员名

或者

结构体指针变量 ->成员名

例如:

(＊pstu).num

或者

```
pstu ->num
```

注意：*pstu 两侧的括号不可少，因为成员符"."的优先级高于"*"。如去掉括号写为 *pstu.num 则等效于 *(pstu.num)，这样，意义就完全不对了。

下面通过例子来说明结构体指针变量的具体说明和使用方法。

例 11-5 结构体指针变量程序举例。

```
#include"stdio.h"
struct stu{
    int num;
    char *name;
    char sex;
    float score;
} s1 = {102,"Zhang Ping",'M',78.5}, *pstu;
main(){
    pstu = &s1;
    printf("Number = %d\nName = %s\n",s1.num,s1.name);
    printf("Sex = %c\nScore = %f\n\n",s1.sex,s1.score);
    printf("Number = %d\nName = %s\n",(*pstu).num,(*pstu).name);
    printf("Sex = %c\nScore = %f\n\n",(*pstu).sex,(*pstu).score);
    printf("Number = %d\nName = %s\n",pstu->num,pstu->name);
    printf("Sex = %c\nScore = %f\n\n",pstu->sex,pstu->score);
}
```

本例程序定义了一个结构 stu,定义了 stu 类型结构体变量 s1,并进行了初始化赋值,还定义了一个指向 stu 类型结构的指针变量 pstu。在 main 函数中,pstu 被赋予 s1 的地址,因此 pstu 指向 s1。然后在 printf 语句内用三种形式输出 s1 的各个成员值。从运行结果可以看出：

结构体变量.成员名
(*结构体指针变量).成员名
结构体指针变量->成员名

这三种用于表示结构成员的形式是完全等效的。

11.3.2 结构体数组指针变量

结构体指针变量可以指向一个结构体数组,这时结构体指针变量的值是整个结构体数组的首地址。结构体指针变量也可指向结构体数组的一个元素,这时结构体指针变量的值是该结构体数组元素的首地址。设 ps 为指向结构体数组的指针变量,则 ps 也指向该结构体数组的 0 号元素,ps+1 指向 1 号元素,ps+i 则指向 i 号元素。这与普通数组的情况是一致的。

例 11-6 用指针变量输出结构体数组。

```
#include"stdio.h"
struct stu{
    int num;
```

```
    char * name;
    char sex;
    float score;
}s[5] = {  {101,"Guo Jiaqi"    , 'M',  45},
           {102,"Fu Liang"     , 'M',62.5},
           {103,"Tong Yanming", 'F',92.5},
           {104,"Liu He"       , 'F',  87},
           {105,"Ma Linchao"   , 'M',  58}
        };
main(){
    struct stu * ps;
    printf("No\tName\t\t\tSex\tScore\t\n");
    for(ps = s;ps < s + 5;ps++)
       printf("%d\t%-20s\t%c\t%f\t\n",ps->num,ps->name,ps->sex,ps->score);
}
```

执行程序,输出:

No	Name	Sex	Score
101	Guo Jiaqi	M	45.000000
102	Fu Liang	M	62.500000
103	Tong Yanming	F	92.500000
104	Liu He	F	87.000000
105	Ma Linchao	M	58.000000

在程序中,定义了 stu 结构类型的外部数组 s 并进行了初始化赋值。在 main 函数内定义 ps 为指向 stu 类型的指针。在循环语句 for 的表达式 1 中,ps 被赋予 s 的首地址,然后循环 5 次,输出 s 数组中各成员值。应该注意的是,一个结构体指针变量虽然可以用来访问结构体变量或结构体数组元素的成员,但是不能使它指向一个成员,也就是说不允许取一个成员的地址来赋予它。因此,下面的赋值是错误的:

```
ps = &s[1].sex;
```

正确的是:

```
ps = s;                       /* 赋予数组首地址 */
```

或者:

```
ps = &s[i];                   /* 赋予某个元素首地址 */
```

11.3.3 结构体指针变量作函数参数

在 ANSI C 中允许用结构体变量作函数参数进行整体传送,但是这种传送要将全部成员逐个传送,特别是成员为数组时将会使传送的时间和空间开销很大,严重地降低了程序的效率。因此最好的办法就是使用指针,即用指针变量作函数参数进行传送。这时由实参传向形参的只是地址,从而减少了时间和空间的开销。

例 11-7 计算一组学生的平均成绩和不及格人数(用结构体指针变量作函数参数编程)。

```
#include"stdio.h"
struct stu{
```

```
      int num;
      char * name;
      char sex;
      float score;
    }s[5] = {  {101,"Guo Jiaqi"    , 'M',   45},
               {102,"Fu Liang"      , 'M',62.5},
               {103,"Tong Yanming", 'F',92.5},
               {104,"Liu He"        , 'F',   87},
               {105,"Ma Linchao"    , 'M',   58}
            };
int main(){
    struct stu * ps;
    void ave(struct stu * ps);
    ps = s;
    ave(ps);
}
void ave(struct stu * ps){
    int c = 0,i;
    float ave,s = 0;
    for(i = 0;i < 5;i++,ps++){
      s += ps -> score;
      if(ps -> score < 60) c += 1;
    }
    printf("s = % f\n",s);
    ave = s/5;
    printf("average = % f\ncount = % d\n",ave,c);
}
```

　　本程序定义了函数 ave,其形参为结构体指针变量 ps。s 被定义为外部结构体数组,因此在整个源程序中有效。在 main 函数中定义说明了结构体指针变量 ps,并把 s 的首地址赋予它,使 ps 指向 s 数组。然后以 ps 作实参调用函数 ave。在函数 ave 中完成计算平均成绩和统计不及格人数的工作并输出结果。由于本程序全部采用指针变量进行运算和处理,故速度快,程序效率高。

11.4 共　用　体

　　在某学校的某个调查表中有"单位"这一项,对于教师来说应该填写某系某教研室(字符串),而对于学生来说应该填写班级编号(整数)。这样就要求把这两种类型不同的数据都填入"单位"这个变量中,如何处理这一问题呢? C 语言提供了一个新的数据类型——共用体,可以解决这一问题。

　　共用体也称为联合,与结构体有一些相似之处,但两者有本质上的不同。在结构中各成员有各自的内存空间,一个结构体变量的总长度是各成员长度之和。而在共用体中,各成员共享一段内存空间,一个共用体变量的长度等于各成员中最长的长度。应该说明的是,这里所谓的共享不是指把多个成员同时装入一个共用体变量内,而是指该共用体变量可被赋予任一成员值,但每次只能赋一种值,赋入新值则冲去旧值。如前面介绍的"单位"变量,如定义为一个可装入"班级"或"教研室"的联合后,就允许赋予整型值(班级)或字符串(教研室)。

要么赋予整型值,要么赋予字符串,不能把两者同时赋予它。

11.4.1 共用体类型的定义和共用体变量的说明

一个联合类型必须经过定义之后,才能把变量说明为该联合类型。

定义一个共用体类型的一般形式为:

```
union 共用体名{
  成员表
};
```

成员表中含有若干成员,成员的一般形式为:

```
类型说明符 成员名
```

例如:

```
union udata{
   int class;
   char office[10];
};
```

本例定义了一个名为 udata 的共用体类型,它含有两个成员,一个为整型,成员名为 class;另一个为字符数组,数组名为 office。共用体定义之后,即可进行共用体变量说明,被说明为 udata 类型的变量可以存放整型量 class 或存放字符数组 office。

11.4.2 共用体变量的说明

共用体变量的说明和结构体变量的说明方式相同,也有三种形式,即先定义再说明,定义可同时说明或直接说明。以 udata 类型为例,说明如下:

```
union udata{
   int class;
   char officae[10];
};
union udata a,b;                 /* 说明 a,b 为 udata 类型 */
```

或可同时说明为:

```
union udata{
   int class;
   char office[10];
}a,b;
```

或直接说明为:

```
union{
   int class;
   char office[10];
}a,b
```

经说明后的 a,b 变量均为 udata 类型。a,b 变量的长度应等于 udata 的成员中最长的长度,即等于 office 数组的长度,共 10 个字节。a,b 变量如赋予整型值时,只用 2 个字节,而赋予字符数组时,可用 10 个字节。

11.4.3 共用体变量的赋值和使用

对共用体变量不能整体赋值和使用,只能对变量的某个成员单独进行某个操作。共用体变量的成员表示为:

共用体变量名. 成员名

例如,a 被说明为 udata 类型的变量之后,可使用 a. class 及 a. office。不允许只用共用体变量名作赋值或其他操作,也不允许对共用体变量作初始化赋值,赋值只能在程序中进行。还要再强调说明的是,一个共用体变量,每次只能赋予一个成员值。换句话说,一个共用体变量的值就是共用体变员的某一个成员值。

例 11-8 设有一个教师与学生通用的表格,教师数据有姓名、年龄、职业、教研室 4 项。学生有姓名、年龄、职业、班级 4 项。编程输入人员数据,再以表格输出。

```c
#include"stdio.h"
int main(){
  struct{
    char name[10];
    int age;
    char job;
    union{
      int class;
      char office[10];
    }depa;
  }body[2];

  int n,i;
  for(i=0;i<2;i++){
    printf("input name,age,job[s or t] and department\n");
    scanf("%s %d %c",body[i].name,&body[i].age,&body[i].job);
    if(body[i].job=='s')
      scanf("%d",&body[i].depa.class);
    else
      scanf("%s",body[i].depa.office);
  }
  printf("name\tage\tjob\tclass/office\n");
  for(i=0;i<2;i++){
    if(body[i].job=='s')
      printf("%s\t%3d\t%3c\t%d\n",body[i].name,body[i].age,
          body[i].job,body[i].depa.class);
    else
      printf("%s\t%3d\t%3c\t%s\n",body[i].name,body[i].age,
          body[i].job,body[i].depa.office);
  }
  system("Pause");
}
```

执行程序,输入数据:

```
LiuYuxi  30 t soft
MaWenjie 20 s 4
```

输出:

```
name       age job  class/office
LiuYuxi     30   t    soft
MaWenjie    20   s    4
```

本例程序用一个结构体数组 body 来存放人员数据,该结构共有 4 个成员。其中成员项 depa 是一个共用体类型,这个共用体又由两个成员组成,一个为整型量 class,一个为字符数组 office。在程序的第一个 for 语句中,输入人员的各项数据,先输入结构的前三个成员 name,age 和 job,然后判别 job 成员项,如为 's' 则对共用体 depa.class 输入(对学生赋班级编号),否则对 depa.office 输入(对教师赋教研组名)。

11.5 小 结

(1) 结构和共用体是两种构造类型数据,是用户定义新数据类型的重要手段。结构和共用体有很多的相似之处,它们都是由成员组成,成员可以具有不同的数据类型,成员的表示方法相同,都可用三种方式作变量说明。

(2) 在结构中,各成员都占有自己的内存空间,它们是同时存在的。一个结构体变量的总长度等于所有成员长度之和。在共用体中,所有成员不能同时占用它的内存空间,它们不能同时存在。共用体变量的长度等于最长的成员的长度。

(3) "."是成员运算符,可用它表示成员项,成员还可用"—>"运算符来表示。

(4) 结构体变量可以作为函数参数,函数也可返回指向结构的指针变量。而共用体变量不能作为函数参数,函数也不能返回指向共用体的指针变量,但可以使用指向共用体变量的指针,也可使用共用体数组。

(5) 结构定义允许嵌套,结构中也可用共用体作为成员,形成结构和共用体的嵌套。

习 题

一、单项选择题

1. 根据如下定义,能输出字母 M 的语句是(   )。

```
struct person{char name[9]; int age;};
struct person class[10] = {"Johu",17,"Paul",19,"Mary",18,"Adam",16};
```

A) prinft("%c\n",class[3]. mane);   B) pfintf("%c\n",class[3]. name[1]);
C) prinft("%c\n",class[2].name[1]); D) printf("%c\n",class[2]. name[0]);

2. 设有以下说明语句,则下面的叙述中不正确的是(   )。

```
struct ex{ int x;float y;char z;}example;
```

A) struct 是结构体类型的关键字　　　B) example 是结构体类型

C) x,y,z 都是结构体成员名　　　D) struct ex 是结构体类型名

3. 以下程序的输出结果是(　　　)。

```
struct st{ int x;int * y;} * p;
int dt[4] = { 10,20,30,40 };
struct st aa[4] = { 50,&dt[0],60,&dt[0],60,&dt[0],60,&dt[0]};
main( ){
  p = aa;printf(" % d\n",++(p->x));
}
```

A) 10　　　　　　B) 11　　　　　　C) 51　　　　　　D) 60

4. 在 C 语言中,当定义一个结构体类型,并用其定义某变量后,系统分配给该变量的内存大小是(　　　)。

A) 各成员所需要内存空间的总和　　　B) 第一个成员所占内存空间

C) 成员中所有成员空间最大者　　　D) 成员中所有成员空间最小者

5. 下面程序的运行结果是(　　　)。

```
main(){
 struct   abcd{
   int m ;
   int n ;
 }cm[2] = {1,2,3,7 };
 printf(" % d\n",cm[0].n/cm[0].m * cm[1].m);
}
```

A) 0　　　　　　B) 1　　　　　　C) 3　　　　　　D) 6

6. 若有下面的定义和语句,执行完后正确的语句是(　　　)。

```
union   data {
 int i;   char c ;   float  f ;
} a ;
int n;
```

A) a=5　　　　　　　　　　B) a={2,'a',1.2}

C) printf("%d",a);　　　　　　D) n=a;

7. 在 C 语言中,若有如下的定义,则共用体变量 m 所占内存的字节是(　　　)。

```
union   student { int  a ; char   b; float  c; } m ;
```

A) 1　　　　　　B) 2　　　　　　C) 8　　　　　　D) 11

8. 在 C 语言中,若有如下的定义,当进行如下赋值后,m 的结果是(　　　)。

```
union   student { int  a ; char b ; float   c; } m ;
m.a = 3;   m.b = 'z'; m.c = 3.7
```

A) 3　　　　　　B) 'z'　　　　　　C) 3.7　　　　　　D) 3+'z'+3.7

9. 下面程序的输出结果是(　　　)。

```
union   abcd{ char i[2]; int k; } rat;
```

```
rat.i[0] = 2;    rat.i[1] = 0;
printf("%d\n",r.k);
```

A) 2   B) 1   C) 0   D) 不确定

10. 下面对结构体变量 s 定义合法的是(   )。

A) typedef struct stu { double m;char n; } s;

B) struct { float   m;char n } s;

C) struct s {double   a;char b;} s;

D) typedef stu { double a; char b; } stu s;

11. C语言共用体变量在程序运行期间,满足(   )。

A) 所有成员都不驻留内存   B) 只有一个成员驻留内存

C) 部分成员驻留内存   D) 所有成员一直驻留内存

12. 以下对结构体变量成员引用非法的是(   )。

```
struct student{ int age; int num; }stu1, * p;
```

A) stu1.num   B) student.age   C) p—>num   D) (* p).age;

13. 若要利用下面的程序段对指针变量 p 指向一个存储整型变量的存储单元,则下面正确的选项是(   )。

```
int * p ; p =    malloc(sizeof(int));
```

A) int   B) int *   C) (* int)   D) (int *)

14. 设有如下定义,若使 p1 指向 dt 中的 m 域,正确的语句是(   )。

```
struct  student{ int m ; float   n ; } dt ;
struct   * p1 ;
```

A) p1=&m;   B) p1=dt.m;   C) p1=&dt.m   D) * p=&dt.m

15. 若有下面的说明和定义,则 sizeof(struct word) 的值是(   )。

```
struct word {
 int a; char   b;   float c;
 union  uu {   float   u; int v; } ua;
} myaa;
```

A) 13   B) 7   C) 9   D) 11

16. 若有以下定义,设在一个链表中有 a,b 两个结点为相邻结点,指针 p 指向变量 a ,另有新结点 c,指针 q 指向结点 c。下面能够将结点 c 插入到链表中 a,b 结点之间的语句是(   )。

```
struct link { int data; struct link   * next; } a,b,c, * p, * q;
```

A) a.next=c; c.next=b;

B) p.next=q;q.next=p.next;

C) p—>next=&c; q—>next=q—>next;

D) (* p).next=q;(* q).next=&b;

结构体与共用体

17. 设有如下定义,下面各输入语句中错误的是( )。

`struct ss { char name[10]; int age; char sex; } std[3], * p = std;`

A) scanf("%d", &(* p). age);　　　　　B) scanf("%s", &std. name);

C) scanf("%c", &std[0]. sex);　　　　　D) scanf("%c", &(p->sex));

二、填空题

1. 定义结构体的关键字是_____,定义共用体的关键字是_____。

2. 结构体和共用体的相同点是_____,不同点是_____,结构体、共用体和数组构成之间的区别是_____。

3. 对于一个已经定义过的结构体,并且为该结构体定义了变量和指针变量,引用结构体变量的方法有_____。

4. 若有以下定义和语句,则 sizeof(a)的值是_____,而 sizeof(b)的值是_____。

`struct tu{ int m; char n; int y; } a;`
`struct { float p, char q; struct tu r} b;`

5. 设有下面结构类型说明和变量定义,则变量 a 在内存所占字节数是_____。 如果将该结构改成共用体,结果为_____。

`struct stud { char num[6]; int s[4]; double ave; } a;`

6. 下面程序用来输出结构体变量 ex 所占存储单元的字节数。

`struct st{ char name[20]; double score; };`
`main(){ struct st ex ; printf("ex size: % d\n", sizeof _____); }`

7. 以下定义的结构体类型拟包含两个成员,其中成员变量 info 用来存入整型数据,成员变量 link 是指向自身结构体的指针,将定义补充完整。

`struct node{ int info; _____ link; }`

8. 设有如下宏定义 ♯define MYSWAP(z,x,y) {z=x;x=y;y=z},以下程序段通过宏调用实现变量 a,b 内容交换。

`float  a = 5,b = 16,c;  MYSWAP(_____,a,b);`

9. 以下程序段用于构成一个简单的单向链表_____。

`struct STRU{ int x, y ; float rate; _____ p; } a, b;`
`a. x = 0; a. y = 0; a. rate = 0; a. p = &b;`
`b. x = 0; b. y = 0; b. rate = 0; b. p = NULL;`

10. 设有以下结构类型说明和变量定义,则变量 a 在内存所占字节数是_____。

`struct stud{ char num[6]; int s[4]; double ave; } a, * p;`

11. 有如下定义:

`struct{ int x; char * y; }tab[2] = {{1,"ab"},{2,"cd"}}, * p = tab;`

表达式 * p->y 的结果是_____。
表达式 * (++p)->y 的结果是_____。

三、写出程序运行结果

1.
```c
struct stru{
    int x;
    char c;
};
main( ){
    struct  stru  a = {10, 'x'};
    func(a);
    printf("%d, %c\n", a.x, a.c);
}
func(struct stru b){
    b.x = 20;
    b.c = 'y';
}
```

2.
```c
struct stru{
    int x;
    char c;
};
main( ){
    struct  stru  a = {10, 'x'},  *p = &a;
    func(p);
    printf("%d, %c\n", a.x, a.c);
}
func(struct  stru  *b){
    b->x = 20;
    b->c = 'y';
}
```

3.
```c
#include <stdio.h>
main( ){
    union{
        int i[2];
        long k;
        char c[4];
    } r, *p = &r;
    p->i[0] = 9;
    p->i[1] = 8;
    printf("%d, %d, %d, %d\n", p->c[0], p->c[1], p->c[2], p->c[3]);
}
```

4.
```c
#include <stdio.h>
typedef struct strin{ char c[5];  char *s; }st;
main(){
    static st   s1[2] = {{"ABCD", "EFGH"}, {"IJK", "LMN"}};
    static struct str2{ st  sr;  int d; }s2 = {"OPQ", "RST", 32765};
    st *p[] = {&s1[0], &s1[1]};
    printf("%c\n", p[0]->c[1]);      printf("%s\n", ++p[0]->s);
    printf("%c\n", s2.sr.c[2]);      printf("%d\n", s2.d+1);
}
```

结构体与共用体

四、编程题

1. 定义 5 个元素的 struct STUDENT 数组 a[5]，编写函数（结构体数组名作为函数参数）实现如下功能：

(1) 从键盘输入 5 个学生的姓名、年龄、语文成绩、数学成绩保存到数组中。

(2) 计算这 5 个学生的平均分并保存到相应的结构体成员 average 中。

(3) 按照总分降序排序。

(4) 输出这 5 个学生排序后的列表。

2. 编程实现单链表元素的插入、修改、删除、排序、输出等操作。

第 12 章　　　　文　　件

在本章之前,所有的输入和输出操作都是通过键盘和显示器来进行的,无论是输入的数据,还是输出的数据,都无法长期保存。如何解决这一问题呢?读者一定能想到文件这一概念,文件是程序设计语言中的重要内容,是计算机存储信息的唯一方式。实际上在前面的各章已经多次使用文件,例如源程序文件、目标文件、可执行义件、库文件(头文件)等。

在 C 语言中,文件的各种操作都是通过系统函数来完成的,本章主要介绍文件的打开、关闭、读写等函数的使用,同时也介绍了与文件处理有关的其他函数的使用方法。

12.1　文　件　概　述

文件是指一组存储在外部介质上的相关数据的有序集合。这个数据集合有一个名称,叫做文件名。文件通常是驻留在外部介质(如磁盘等)上的,在使用时才调入内存中。对文件的处理主要是指对文件的读写过程,或者说是对文件的输入输出过程。

从不同的角度,文件有不同的分类方法。

(1) 从用户的角度看,文件可分为普通文件和设备文件两种。

普通文件是指驻留在磁盘或其他外部介质上的一个有序数据集,可以是源文件、目标文件及可执行程序,也可以是一组等待输入处理的原始数据,或者是一组输出的结果。源文件、目标文件、可执行程序可以称为程序文件,用于输入输出数据的文件可称为数据文件。

设备文件是指与主机相连的各种外部设备,如显示器、打印机、键盘等。在操作系统中,通常把外部设备也看作是一个文件来进行管理。系统把它们的输入、输出等同于对磁盘文件的读和写。系统通常把显示器定义为标准输出文件,一般情况下在屏幕上显示有关信息就是向标准输出文件输出。例如前面经常使用的 printf()和 putchar()函数就是这类输出。键盘通常被指定为标准的输入文件,从键盘上输入就意味着从标准输入文件上输入数据。scanf()和 getchar()函数就属于这类输入。也可以说 printf()和 putchar()函数的功能是向标准输出设备(显示器)输出数据,scanf()和 getchar()函数是从标准输入设备(键盘)中读取数据。

(2) 从文件编码的方式来看,文件可分为 ASCII 码文件和二进制码文件两种。

ASCII 码文件就是只含有用标准 ASCII 字符集编码的字符的文件。文本文件(如字处理文件、批处理文件和源语言程序)通常都是 ASCII 文件,因为它们只含有字母、数字和常见的符号。ASCII 文件在磁盘中存放时每个字符对应 1 个字节,用于存放对应的 ASCII 码。例如,字符串 CHINA 的存储形式为:

ASCII 码: 01000011 01001000　01001001　01001110　01000001 00000000

　　　　　　↓　　　　↓　　　　　↓　　　　　↓　　　　　↓　　　　↓

代表字符:　C　　　H　　　 I　　　　N　　　　A　　　 '\0'

共占用 6 个字节。ASCII 码文件可在屏幕上按字符显示。例如,C 语言源程序文件就是 ASCII 文件,用 DOS 命令 TYPE 可显示文件的内容。

　　二进制文件是按二进制的编码方式来存放文件的。例如,整数 5678 的存储形式为 00010110 00101110,只占 2 个字节。二进制文件虽然也可在屏幕上显示,但其内容无法读懂。

　　C 语言的编译系统在处理这些文件时,并不区分具体的文件类型,把文件内容都看成是字符流,按字节进行处理。输入字符流与输出字符流的开始和结束只由程序控制而不受物理符号(如回车符)的控制。因此也把这种文件称为"流式文件"。

　　(3) 从系统处理文件方式的角度看,文件可分为缓冲文件系统和非缓冲文件系统两种。

　　当程序中的指令要读写文件数据时,系统并不是只对处理的那个数据进行读写,而是一次性读写一批数据存放在内存的某个区域中。这样做的目的是加快读写磁盘文件的速度。因为磁盘是机械设备,从开始启动到读写数据要花费较长的时间。当用户要读取某个数据时,先在这个内存区域中寻找,如果找到则直接从内存区域中读取数据。如果找不到则再读一次磁盘。当用户要将某个数据写到磁盘上,先是写到这个内存区,当内存区中数据已写满时,将会自动地全部写入磁盘文件。这个内存区是磁盘文件和程序中的变量之间交换数据的缓冲区域,称为"文件缓冲区"。

　　C 语言早期规定可以使用两种形式来建立这个文件缓冲区,一种称为缓冲文件系统,另一种称为非缓冲文件系统。缓冲文件系统的缓冲区是系统自动设定的,随着一个文件的打开,自动设置一段内存区域作为这个文件的缓冲区。非缓冲文件系统不会自动设置缓冲区,要求用户在程序中自己为打开的文件设置缓冲区。由于缓冲文件系统操作简单,所以 ANSI C 决定仅采用缓冲文件系统来处理文件。这里主要以缓冲文件系统为基础,介绍文件的处理方法。

　　由于文件是存放在外部介质(磁盘等)上的,而程序只能处理内存中的数据,不能直接操作磁盘文件中的数据。只有把磁盘文件中的数据读取到内存(变量、数组等)中,才能操作文件中的数据。同样,修改文件中的数据后,由于被修改的是读到内存的数据,所以还需要将内存中的数据存回到磁盘上,才能保证文件中的数据被修改。

　　通常把从磁盘文件中读取数据到内存称为"文件的读取",把内存中的数据存回到磁盘文件称为"文件的写入"。在第一次读取文件之前要先打开文件,在最后一次写入之后应关闭文件。因此,使用文件要先打开,使用后必须关闭。

12.2　文　件　指　针

　　文件指针是文件系统中的一个重要的概念。在 C 语言中用一个指针变量指向一个文件,这个指针称为文件指针。通过文件指针就可对它所指向的文件进行各种操作。

　　由于关于文件指针及文件操作函数的定义被放在头文件 stdio.h 中,所以在使用文件指针及文件操作函数的程序开头应该包含下面的预处理命令。

```
#include "stdio.h"
```

12.2.1 文件指针的定义

定义文件指针的一般形式是：

FILE * 文件指针;

例如：

FILE * fp;
FILE * fp1, * fp2;

功能说明：

(1) FILE 应为大写，它实际上是由系统定义的一个结构体，该结构体中含有文件名、文件状态和文件当前位置等信息，由系统定义。在 Turbo C 2.0 中，头文件 stdio.h 中有以下的 FILE 类型的定义：

```
typedef struct
{
  short level;
  unsigned flags;
  char fd;
  unsigned char hold;
  short bsize;
  unsigned char * buffer;
  unsigned char * curp;
  unsigned istemp;
  short token;
}FILE;
```

对于每一个要操作的文件，都必须定义一个指向该文件夹的指针。只有通过文件指针才能对其所代表的文件进行操作。文件结构体是由系统定义的，读者在编写源程序时不必关心 FILE 结构体的细节。

(2) 文件指针是指向 FILE 结构体的指针变量，通过文件指针即可找到存放某个文件信息的结构体变量，然后按结构体变量提供的信息找到该文件，实施对文件的操作。也可以把文件指针称为指向一个文件的指针。

(3) 文件在进行读写操作之前要先打开，使用完毕要关闭。打开文件，实际上是建立文件的各种有关信息，并使文件指针指向该文件，以便进行其他操作。关闭文件则是断开指针与文件之间的联系，也就禁止再对该文件进行操作。在 C 语言中，文件操作都是由库函数来完成的。

12.2.2 文件打开函数

fopen()函数用来打开一个文件，其定义形式如下：

FILE fopen(char * filename,char * mode)

调用 fopen()函数的一般形式如下：

fp = fopen("文件名","打开文件方式")

功能说明：

(1) fp 是已经被说明为 FILE 类型的指针变量。文件名是指被打开文件的名称，文件名应该是字符串常量或字符串数组。打开文件方式是指文件的打开类型（操作要求）。例如：

```
FILE * fp;
fp = ("c:\\file.dat","r");
```

其意义是打开 C 盘根目录下的文件 file.dat，"r"的含义是以只读方式打开文件，并使文件指针 fp 指向该文件。两个反斜线"\\"中的第一个表示转义字符。又如：

```
FILE * fp;
fp = ("c:\\dat\\demo","rb")
```

其意义是打开 C 驱动器磁盘的根目录下的文件夹 dat 下的文件 demo，"rb"的含义是按二进制方式进行只读操作。两个反斜线"\\"中的第一个表示转义字符。

(2) 打开文件的方式共有 12 种，表 12-1 给出了它们的符号和意义。

表 12-1　文件打开方式及意义

打开方式	意　　义
rt	只读打开一个文本文件，只允许读数据
wt	只写打开或建立一个文本文件，只允许写数据
at	追加打开一个文本文件，并在文件末尾写数据
rb	只读打开一个二进制文件，只允许读数据
wb	只写打开或建立一个二进制文件，只允许写数据
ab	追加打开一个二进制文件，并在文件末尾写数据
rt+	读写打开一个文本文件，允许读和写
wt+	读写打开或建立一个文本文件，允许读写
at+	读写打开一个文本文件，允许读，或在文件末追加数
rb+	读写打开一个二进制文件，允许读和写
wb+	读写打开或建立一个二进制文件，允许读和写
ab+	读写打开一个二进制文件，允许读，或在文件末追加数据

对于文件的使用处理方式有以下几点说明：

① 文件使用方式由 r、w、a、t、b、+ 6 个字符拼成，各字符的含义如下：
- r(read)：只读方式。
- w(write)：只写方式。
- a(append)：追加方式。
- t(text)：文本文件，可省略不写。
- b(banary)：二进制文件。
- +：读写方式。

② 凡用"r"打开一个文件时，该文件必须已经存在，且只能从该文件读出数据。

③ 凡用"w"打开的文件只能向该文件写入。若打开的文件不存在，则以指定的文件名建立一个新文件，若打开的文件已经存在，则将该文件删去，重新创建一个新文件。

④ 若要向一个已存在的文件追加新的信息,只能用"a"方式打开文件。但此时该文件必须是已经存在的,否则将会出错。

⑤ 在打开一个文件时,如果操作成功,fopen()将返回该文件的首地址。如果操作失败(出错),fopen()将返回一个空指针值 NULL。在程序中可以用这一信息来判别是否完成打开文件的工作,并进行相应的处理。因此常用以下程序段来打开文件:

```
if((fp = fopen("c:\\file.dat","rb") == NULL)
{
    printf("\nError on open c:\\file.dat file!");
    getch();
    exit(1);
}
```

或改写成:

```
fp = fopen("c:\\file.dat","rb");
if(fp == NULL)
{
    printf("\nError on open c:\\file.dat file!");
    getch();
    exit(1);
}
```

这段程序的意义是:如果返回的指针为空,则表示不能打开指定的文件,这时输出提示信息"Error on open c:\file.dat file!",然后系统等待用户从键盘敲任一键时,程序才继续执行,因此用户可利用这个等待时间阅读出错提示(在这里起到暂停的作用)。敲键后执行exit(1)退出程序。函数 exit 的功能是关闭所有文件并终止程序的运行,通常用 exit(1)来表示程序因有错而终止,也可以使用 exit(0)来表示程序正常终止。

标准输入文件(键盘)、标准输出文件(显示器)以及标准出错输出(出错信息)都是系统默认的设备文件,在这几个设备文件中输入输出数据时,不需要使用 fopen()函数打开。因为这些文件用是由系统自动打开的,可直接使用。

文件操作完成,应该及时使用 fclose()函数关闭文件,以避免文件的数据丢失等错误。

12.2.3　文件关闭函数

fclose()函数用来关闭一个文件,其定义的一般形式如下:

int fclose(FILE * fp)

调用 fclose()函数的一般形式如下:

fclose(fp)

功能说明:

(1) fp 是通过 fopen()函数赋值的指针变量。

(2) 正常完成关闭文件操作时,fclose()函数返回值为 0。如返回非 0 值则表示有错误发生。

一般对文件的打开与关闭操作的顺序如下:

```
#include "stdio.h"
…
FILE fp;
if((fp = fopen("c:\\file.dat","rb") = = NULL)
{
    printf("\nerror on open c:\\file.dat file!");
    getch();
    exit(1);
}
…
fclose(fp);
…
```

例 12-1 文件的打开与关闭例子程序。

```
#include <stdio.h>
int main(){
    FILE *fp;
    char fname[20];
    gets(fname);
    if((fp = fopen(fname,"r")) = = NULL){
        printf("\n 文件 % s 打开失败!",fname);
        getch();
        exit(1);
    }
    else{
        printf("\n 文件 % s 打开成功!",fname);
        getch();
    }
    fclose(fp);
    printf("\n 文件 % s 已关闭!",fname);
    getch();
}
```

执行程序,输入一个文件名,如果该文件存在则输出文件打开成功的信息,如果文件不存在,则输出文件打开失败的信息。

12.2.4 标准设备文件的打开与关闭

C 语言定义了三种标准输入输出设备,在使用时不必事先打开对应的设备文件,因为在系统启动后,已自动打开这三个设备文件,并且为它们各自设置了一个文件型指针,名称如表 12-2 所示。

表 12-2 标准设备文件

标准设备名称	对应文件型指针名标
标准输入设备(键盘)	stdin
标准输出设备(显示器)	stdout
标准错误输出设备(显示器)	stderr

程序中可以直接使用这些文件型指针来处理上述三种标准设备文件。

三种标准输入输出设备文件使用后,也不必关闭。因为在退出系统时,将自动关闭这三个设备文件。

12.3 文件的读写

以某种合适的方式打开了文件,就可以对文件进行读数据或写数据的操作,这些操作都是通过系统函数来完成的。

12.3.1 文件尾测试函数

在对文件进行读写数据操作时,我们会关心读和写的操作位置在哪里,读哪个位置的数据? 数据写到哪个位置? 在 C 语言中规定,当某个文件被打开时,系统自动生成一个文件内部指针指向磁盘文件中的第 1 个数据,当读取了这个内部指针指向的数据后,内部指针会自动指向下一个数据。同样,当向某个文件写入数据时,这个内部指针总是自动指向下一个要写入数据的位置。这个内部指针随着文件的打开而自动设置,随着文件的关闭将自动消失。

在连续读取文件中的数据时,需要判断文件内部指针是否到达文件尾。文件尾就是文件最后一个字节的下一个位置。若到达文件尾,则无法继续读取数据。系统提供的文件尾测试函数可以帮助用户判断文件内部指针是否到达文件尾。

文件尾测试函数 feof()的定义形式如下:

```
int feof(FILE * fp)
```

调用 feof()函数的一般形式如下:

```
feof(fp)
```

功能说明:

(1) fp 为文件型指针,是之前通过 fopen()函数获得的,已指向某个打开的文件。

(2) 该函数的功能是测试 fp 所指向文件的内部指针是否指向文件尾。如果是文件尾则返回一个非 0 值,否则返回 0 值。

通常在读文件中的数据时,都要事先利用该函数来做一下判断。如果不是文件尾则读取数据,如果是文件尾则不能读取数据。该函数常见的应用形式可以参看下列程序段:

```
…                  /* 设已使文件型指针 fp 指向一个可读文件 */
while(!feof(fp)){   /* 若不是文件尾则进入循环 */
 …                 /* 读取一个数据并处理 */
}
```

只有这样,程序才不会因读数据而出错,尤其是在不知道文件中有多少个数据时。

12.3.2 读/写字符函数

读/写字符函数处理的文件类型可以是文本文件,也可以是二进制文件。读写的数据以一个字节为单位,可能是字符或其他类型数据的一部分。总之,不论任何文件,都可以用字符读/写函数来处理。

1. 写字符函数 fputc()

fputc()函数用来向文件中写入一个字符,函数定义形式为:

```
int fputc(char ch,FILE *fp)
```

功能说明:

(1) ch 是准备写到文件中的字符,可以是字符常量或变量;fp 是已指向某个文件的文件指针。

(2) 将 ch 中的字符写到 fp 所指向文件中内部指针指向的当前位置。

(3) 如果写入成功,该函数的返回值为刚刚写入的字符;如果写入失败,该函数的返回值为 EOF(一个由系统定义的符号常量,值为－1)。

(4) 被写入的文件可以用写、读写、追加方式打开。用写或读写方式打开一个已存在的文件时将清除原有的文件内容,写入字符从文件首开始。如需保留原有文件内容,希望写入的字符在文件末尾开始存放,必须以追加方式打开文件。

(5) 每写入一个字符,文件内部位置指针向后移动一个字节,指向下一个将写入的位置(在这里实际上是文件尾)。

例 12-2 写字符函数 fputc()应用举例。程序功能为:将 26 个大写英文字符写到文本文件 C:\FILE1202.TXT 中。

```c
# include"stdio.h"
int main(){
  FILE *fp;
  char c;
  if((fp = fopen("C:\\FILE1202.TXT","w")) = = NULL){
    printf("file can not open!\n");
    exit(0);
  }
  for(c = 'A';c < = 'Z';c++)
    fputc(c,fp);
  fclose(fp);
}
```

执行程序,然后会在 C 盘的根目录找到文件 FILE1202.TXT,打开它发现这个文件的内容为:

ABCDEFGHIJKLMNOPQRSTUVWXYZ

这正是所希望看到的,利用这个程序创建了一个文本文件(ASCII 码文件)。程序中 fputc(c,fp)的功能正是把字符 c 写入 fp 所指向的文件中。这个程序所生成的文件内容是固定的,能不能自主地从键盘输入文件内容呢?请看下面的例 12-3。

例 12-3　从键盘输入一串字符(以文件结束标志 EOF 结束,字符 EOF 在键盘输入时对应功能键 F6 或组合键 Ctrl + Z),将输入的所有内容(包括回车符)写入文本文件 C:\FILE1203. TXT 中。

```c
#include <stdio.h>
#include <stdlib.h>
int main(){
  FILE *fp;
  char c;
  if((fp = fopen("C:\\FILE1203.TXT","w")) == NULL){
    printf("file can not open!\n");
    exit(0);
  }
  while((c = getchar())! = EOF){
    fputc(c,fp),
  }
  fclose(fp);
}
```

运行程序,输入:

HELLO!
THIS IS A C PROGRAM.
THE END. ∧Z

其中,∧Z 表示组合键 Ctrl + Z。

打开文件 C:\FILE1202. TXT,会发现其文件内容为:

HELLO!
THIS IS A C PROGRAM.
THE END.

这也正是所希望的结果。利用 fputc() 函数,可以很方便地向一个文件中写入字符。程序中的 EOF 是一个宏,表示文件结束标志。

练习 12-1　从键盘输入一串字符,以回车符作为输入结束标志。将输入的所有内容中的英文字母写入文本文件 C:\E01. TXT 中,如果输入的是小写字母,则先变为大写后再写入。

练习 12-2　从键盘输入一串字符,以回车符作为输入结束标志。将输入的所有字符的 ASCII 码以逗号分隔写入文本文件 C:\E02. TXT 中,输入输出格式如下:

若输入:

Ab5C

则文件内容应为:

65,98,53,67

2. 读字符函数 fgetc()

fgetc() 函数用来从文件中读出一个字符,函数定义形式为:

```c
int fgetc(FILE *fp)
```

功能说明：

（1）fp 是已经指向某个文件的文件指针，就从这个文件中读出字符。

（2）该函数的功能是从 fp 所指向文件的当前数据位置读出一个字符。如果当前数据位置为文件尾，则操作失败，该函数的返回值为 EOF（−1）。

（3）如果读字符操作成功，该函数的返回值为刚刚读出的字符，并且文件内部位置指针自动向后移动一个位置；如果读字符操作失败，该函数的返回值为 EOF（−1）。

（4）在 fgetc（）函数调用中，读取的文件必须以读或读写方式打开。

（5）fgetc（）函数一般的应用都是将读取的字符赋值给一个变量或参加运算，例如 c＝fgetc（fp），但也可以既不向字符变量赋值也不参加运算，例如 fgetc（fp）读出的字符不能被利用和保存。

（6）在文件内部有一个位置指针，用来指向文件的当前读写字节。在文件打开时，该指针总是指向文件的第一个字节。使用 fgetc（）函数后，该位置指针将自动向后移动一个字节。因此可以连续多次使用 fgetc（）函数读取多个字符。

应该注意文件指针和文件内部的位置指针不是一回事。文件指针是指向整个文件的，需要在程序中定义说明，只要不重新赋值，文件指针的值是不变的。文件内部的位置指针用于指示文件内部的当前读写位置，每读写一次，该指针均向后移动，它不需要在程序中定义说明，而是由系统自动设置的。

例 12-4　编程从文件 FILE1201.TXT 中读取所有字符，显示在屏幕上。

```
#include "stdio.h"
#include "stdlib.h"
int main(){
  FILE * fp; int i; char c;
  if((fp = fopen("C:\\FILE1202.TXT","r")) == NULL){
    printf("file can not open!\n");
    exit(0);
  }
  for(i = 1;i <= 26;i++){
    c = fgetc(fp);
    putchar(c);
  }
  fclose(fp);
}
```

执行程序，输出结果为：

ABCDEFGHIJKLMNOPQRSTUVWXYZ

在这个程序中，应该保证文件 C:\FILE1202.TXT 存在。如果该文件不存在，程序将输出文件不能打开的信息，并终止。在程序执行之前，应该保证文件 FILE1202.TXT 中至少应该有 26 个字符，否则程序不会得到预期的结果。

例 12-5　编程从文件 FILE1203.TXT 中读取所有字符，显示在屏幕上。

```
#include "stdio.h"
#include "stdlib.h"
int main(){
```

```
FILE * fp; int i; char c;
if((fp = fopen("C:\\FILE1203.TXT","r")) = = NULL){
  printf("file can not open!\n");
  exit(0);
}
while(!feof(fp)){
  c = fgetc(fp);
  putchar(c);
}
fclose(fp);
}
```

执行程序,输出结果为:

HELLO!
THIS IS A C PROGRAM.
THE END.

在这个程序中,应该保证文件 C:\FILE1203. TXT 存在。如果该文件不存在,程序将输出文件不能打开的信息,并终止。

注意:程序的执行结果会随文件内容的不同而不同。

也可以同时定义多个文件指针,同时打开多个文件,同时对多个文件进行读写操作,下面例 12-6 就是一个实际的例子。

例 12-6　编程将文件 C:\FILE1202. TXT 的内容和文件 C:\FILE1203. TXT 内容首尾连接复制到文件 C:\FILE1206. TXT 中。

```
# include "stdio.h"
# include "stdlib.h"
int main(){
  FILE * fp1, * fp2, * fp3; char c;
  if((fp1 = fopen("C:\\FILE1202.TXT","r")) = = NULL){
    printf("file can not open!\n");
    exit(0);
  }
  if((fp2 = fopen("C:\\FILE1203.TXT","r")) = = NULL){
    printf("file can not open!\n");
    exit(0);
  }
  if((fp3 = fopen("C:\\FILE1206.TXT","w")) = = NULL){
    printf("file can not open!\n");
    exit(0);
  }
  while((c = fgetc(fp1))! = EOF) fputc(c,fp3);
  fputc('\n',fp3);
  while((c = fgetc(fp2))! = EOF) fputc(c,fp3);
  fclose(fp1);
  fclose(fp2);
  fclose(fp3);
}
```

执行程序,然后打开文本文件 C:\FILE1206.TXT,可以看到文件内容如下:

ABCDEFGHIJKLMNOPQRSTUVWXYZ

HELLO!

THIS IS A C PROGRAM.

THE END.

例 12-7 将磁盘上的文本文件 C:\FILE1202.TXT 的内容输出到屏幕上,并同时在打印机上打印输出。

```c
# include "stdio.h"
# include "stdlib.h"
int main(){
  FILE * fp, * fprint;
  char c;
  fp = fopen("C:\\FILE1202.TXT","r");        /* 打开文本文件 */
  fprint = fopen("PRN","w");                 /* 启动打印机 */
  if(fp == NULL){                            /* 打开文本文件失败 */
    printf("file FILE1202.TXT not found!\n");
    system("pause");
    exit(0);                                 /* 退出程序 */
  }
  if(fprint == NULL){                        /* 打印机开启失败 */
    printf("PRINTER not found!\n");
    system("pause");
    exit(0);                                 /* 退出程序 */
  }
  while ((c = getc(fp))! = EOF){             /* 从文件中得到一个字符 */
    putchar(c);                              /* 在屏幕上显示字符 */
    putc(c,fprint);                          /* 在打印机上打印字符 */
  }
  fclose(fp); fclose(fprint);                /* 关闭数据文件和打印机 */
  system("pause");
}
```

练习 12-3 从练习 12-2 所生成的文本文件 C:\E02.TXT 中读取所有的 ASCII 码值(ASCII 码之间以逗号分隔),把每个 ASCII 码转换成字符后写入新的文本文件 C:\E04.TXT 中。

练习 12-4 先在磁盘上建立两个文本文件 C:\E0501.TXT 和 C:\E0502.TXT,并分别输入若干字符后保存。编程将这两个文件中的字符一一交替保存在新的文本文件 C:\E05.TXT 中,若某一文件中的字符已经取尽,则另一文件中剩余的所有字符依次写入新文件。

12.3.3 字符串读/写函数

对于文本文件,除了可以以一个字符为单位进行读写外,也可以以字符串为单位来进行读写。C 语言的字符串读写函数就是为这一功能设置的。

1. 写字符串函数 fputs()

写字符串函数 fputs()的定义形式如下:

```
int * fputs(char * str,FILE * fp)
```

功能说明：

（1）str 是准备写到文件中的字符串数据，可以是字符串常量或字符数组的首地址；fp 是已指向某个文件的指针，字符串 str 就是写到这个文件中。

（2）该函数的功能是将 str 所指向的字符串舍去结束标记'\0'后写到 fp 所指向的文件的当前位置。

（3）如果写入成功，该函数的返回值为刚刚写入的字符串的字符个数；如果写入失败，该函数的返回值为 EOF(−1)。

例 12-8 编程以行为单位输入 3 行文本，把这行文本作为 3 个字符串写入到文本文件 C:\FILE1208. TXT 中。

```
# include "stdio.h"
# include "stdlib.h"
int main(){
  FILE * fp;
  char s[80];
  int i;
  if((fp = fopen("C:\\FILE1208.TXT","w")) = = NULL){
    printf("file can not open!\n");
    exit(0);
  }
  for(i = 0;i < 3;i++){
    gets(s);
    fputs(s,fp);
  }
  fclose(fp);
}
```

运行程序，输入：

```
Hello!↙
This is a C program.↙
The end.↙
```

程序运行结束后，打开文本文件 C:\FILE1208. TXT，会发现文件内容为：

```
Hello! This is a C program. The end.
```

fputs()函数的功能是向文件中写入一个字符串，并不包括空字符'\0'，也不将'\0'转化成'\n'写入。如果想在生成的文件中也实现分行存储，则必须在程序中向目标文件手动写入换行符'\n'。方法是在程序中的语句 fputs(s,fp);后面加上一个语句 fputc('\n',fp);即可，读者可以自己试一试。

2. 读字符串函数 fgets()

读字符串函数 fgets()的定义形如下：

```
char * fgets(char * str,int n,FILE * fp)
```

功能说明：

（1）str 是字符串，可以是字符数组的首地址，也可以是某个字符指针；n 为整型，可以是整型变量、常量或表达式；fp 是已指向某个文件的文件指针，就是从这个文件中读出字符串。

（2）该函数的功能为从 fp 所指向的文件的当前位置读出 n－1 个字符，在其后补充一个字符串结束标记'\0'，组成字符串并存入由字符指针 str 所指示的内存区。如果在读取前 n－1 个字符时遇到了回车符，则这一次读取只读到回车符为止，并加上'\0'，回车符之后的字符将被留待下一次读取。如果在读取前 n－1 个字符时遇到了 EOF（文件尾），则这一次读取只读到 EOF 的前一个字符为止，并加上'\0'。

（3）如果读操作成功，该函数的返回值为 str 对应的地址；如果读操作失败，该函数的返回值为 NULL（一个由系统定义的符号常量，值为 0）。

例 12-9 已知文本文件 C:\FILE1208.TXT 中存有若干行字符，每行不超过 80 个字符。编程请按行读出所有数据，输出到屏幕中。

```
# include "stdio.h"
# include "stdlib.h"
int main(){
  FILE * fp; char s[80];
  if((fp = fopen("C:\\FILE1208.TXT","r")) == NULL){
    printf("file can not open!\n");
    exit(0);
  }
  while(!feof(fp)){
    fgets(s,80,fp);
    puts(s);
  }
  fclose(fp);
}
```

运行程序，输出结果为：

```
HELLO!
THIS IS A C PROGRAM.
THE END.
```

例 12-10 请编程将存在于磁盘 C:\下的两个文本文件 T1.TXT 和 T2.TXT 合并到文件 T3.TXT 中，合并的规则是以行（行之间以回车符分隔）为单位交替从 T1.TXT 和 T2.TXT 中取一行添加到 T3.TXT 中，如某一文件有剩余行，则剩余部分全部添加到 T3.TXT 中。

```
# include "stdio.h"
# include "stdlib.h"
int main(){
  FILE * fp1, * fp2, * fp3;
  char c[80]; int i;
  if((fp1 = fopen("C:\\T1.TXT","r")) == NULL){
    printf("file can not open!\n");
    exit(0);
```

```
        }
        if((fp2 = fopen("C:\\T2.TXT","r")) == NULL){
          printf("file can not open!\n");
          exit(0);
        }
        if((fp3 = fopen("C:\\T3.TXT","w")) == NULL){
          printf("file can not open!\n");
          exit(0);
        }
        while(!feof(fp1)&& !feof(fp2)){
          fgets(c,80,fp1); fputs(c,fp3);
          fgets(c,80,fp2); fputs(c,fp3);
        }
        while(!feof(fp1)){
          fgets(c,80,fp1); fputs(c,fp3);
        }
        while(!feof(fp2)){
          fgets(c,80,fp2); fputs(c,fp3);
        }
        fclose(fp1);
        fclose(fp2);
        fclose(fp3);
}
```

如果文件 T1.TXT 的内容为：

```
111
22222
3333333
```

而文件 T2.TXT 的内容为：

```
AAA
BBBBBB
CCCCCCCC
DDDDDDDDDD
```

则运行程序后,文件 T3.TXT 的内容为：

```
111
AAA
22222
BBBBB
3333333
CCCCCCCCC
DDDDDDDDDD
```

12.3.4　格式化读写函数

格式化读写函数 fscanf()和 fprintf()的调用格式分别如下：

fscanf (文件指针,格式字符串,输入表列);
fprintf(文件指针,格式字符串,输出表列);

例如：

```
fscanf(fp,"%d%s",&i,s);
fprintf(fp,"%d%c",j,ch);
```

功能说明：

（1）这两个函数中的格式字符串和输入输出表列与前面所熟悉的 scanf()函数和 printf()函数的含义完全相同，功能上都是格式化读写函数。两者的区别在于 fscanf()函数和 fprintf()函数的读写对象不是键盘和显示器，而是磁盘文件。

（2）fp 是已经指向某个文件的文件指针，就从这个文件中读出数据或写入数据。

例 12-11　编程随机生成若干个（数量为 100～200）整数，写入文本文件 FILE1211-01. TXT 中，然后将所有数据读出，并将数据的个数、总和、均值数等信息写入文件 FILE1211-02. TXT 中。

```
# include "stdio.h"
# include "stdlib.h"
# include "time.h"
int main(){
  FILE *fp1,*fp2;
  int n,i,data;
  double sum;
  if((fp1 = fopen("C:\\FILE1211 - 01.TXT","w")) == NULL){
    printf("file can not open!\n"); exit(0);
  }
  if((fp2 = fopen("C:\\FILE1211 - 02.TXT","w")) == NULL){
    printf("file can not open!\n"); exit(0);
  }
  srand(time(NULL));
  n = (int)(100 + rand() % 100);
  for(i = 1; i <= n; i++)
    fprintf(fp1,"%d ",rand());
  fclose(fp1);
  if((fp1 = fopen("C:\\FILE1211 - 01.TXT","r")) == NULL){
    printf("file can not open!\n"); exit(0);
  }
  n = 0;
  sum = 0;
  while(!feof(fp1)){
    fscanf(fp1,"%d",&data);
    n++;
    sum += data;
  }
  fprintf(fp2,"数据数量: %d\n",n);
  fprintf(fp2,"总和: %lf\n",sum);
  fprintf(fp2,"均值: %lf\n",sum/n);
  fclose(fp1);
  fclose(fp2);
}
```

例 12-12   请计算角度 0～360 之间每一度的正弦值和余弦值,结果以每度一行存入文件 FILE1212. TXT 中,每行包括 3 个数据:角度值、正弦值和余弦值。

```
# include "stdio.h"
# include "stdlib.h"
# include "math.h"
# define PI 3.14159265
int main(){
  FILE * fp;
  int i;
  double r;
  if((fp = fopen("C:\\FILE1212.TXT","w")) = = NULL){
    printf("file can not open!\n");
    exit(0);
  }
  for(i = 0;i < = 360;i++){
    r = i * PI/180;
    fprintf(fp," % 5d   % 10.6lf   % 10.6lf\n",
            i,sin(r),cos(r));
  }
  fclose(fp);
}
```

12.3.5 数据块读写函数

C 语言还提供了用于整块数据的读写函数 fread()和 fwrite(),可用来读写一组数据。如一个数组的所有元素、一个结构体变量的值等。这两个函数一般用来读写二进制文件。

读数据块函数调用的一般形式如下:

fread(buffer,size,count,fp);

写数据块函数调用的一般形式如下:

fwrite(buffer,size,count,fp);

功能说明:

(1) buffer 是一个指针,在 fread 函数中,它表示存放输入数据的首地址。在 fwrite()函数中,它表示存放输出数据的首地址。

(2) size 表示数据块的大小(字节数),count 表示要读写的数据块块数。

(3) fp 表示文件指针。

例如:

fread(f_data,4,5,fp);

其意义是从 fp 所指的文件中,每次读 4 个字节(一个实数)送入实数组 f_data 中,连续读 5 次,即读 5 个实数到 f_data 中。

例 12-13   从键盘输入两个学生数据,写入一个文件中,再读出这两个学生的数据显示在屏幕上。

```
# include < stdio. h >
struct stu{
    char name[10];
    int num;
    int age;
    char addr[15];
}sa[2],sb[2], * p, * q;
int main(){
    FILE * fp;
    char ch;
    int i;
    p = sa;
    q = sb;
    if((fp = fopen("stu_list.dat","wb + ")) = = NULL){
        printf("Cannot open file strike any key exit!");
        getch();
        exit(1);
    }
    printf("\nInput data:\n");
    for(i = 0;i < 2;i++,p++)
        scanf("% s% d% d% s",p - > name,&p - > num,&p - > age,p - > addr);
    p = sa;
    fwrite(p,sizeof(struct stu),2,fp);
    rewind(fp);                                    /* 使文件内部数据指针回到文件头 */
    fread(q,sizeof(struct stu),2,fp);
    printf("\n\nname\tnumber age addr\n");
    for(i = 0;i < 2;i++,q++)
        printf("% s\t% 5d   % 7d   % s\n",q - > name,q - > num,q - > age,q - > addr);
    fclose(fp);
}
```

本例程序定义了一个结构体类型 stu，说明了两个结构体数组 sa 和 sb 以及两个结构体指针变量 p 和 q。p 指向 sa，q 指向 sb。程序以读写方式打开二进制文件 stu_list.dat，输入两个学生数据之后，写入该文件中，然后把文件内部位置指针移到文件首（通过 rewind()函数实现），读出两个学生数据后，在屏幕上显示。

本例程序用到了一个使文件内部指针重新指向文件头的函数 rewind()，这个函数的原型是：

```
int rewind(FILE fp)
```

使用这个函数可使文件内部指针重新定位到文件头，以便于重新从头开始处理文件中的数据。

数据块读写函数主要用于二进制文件，当要处理的数据为字符数组时，也可用于文本文件。

例 12-14 让计算机随机生成 100 个整数，写入文本文件 C:\12-14-01.TXT 中。然后读出，按从大到小排序后再写入文本文件 C:\12-14-02.TXT 中。

```
# include "stdio.h"
# include "stdlib.h"
# include "time.h"
int main(){
```

```
FILE * fp1, * fp2;
int i,j,n,t,data1[100],data2[100];
double sum;
if((fp1 = fopen("C:\\1214 - 01.TXT","wb + ")) = = NULL)
{ printf("file can not open!\n"); exit(0); }
if((fp2 = fopen("C:\\1214 - 02.TXT","w")) = = NULL)
{ printf("file can not open!\n"); exit(0); }
srand(time(NULL));
for(i = 0;i < 100;i++) data1[i] = rand();
fwrite(data1,sizeof(int),100,fp1);
rewind(fp1);
fread(data2,sizeof(int),100,fp1);
for(i = 0;i < 99;i++)
  for(j = i + 1;j < 100;j++)
    if(data2[i]< data1[j]){
      t = data2[i]; data2[i] = data2[j]; data2[j] = t;
    }
fwrite(data2,sizeof(int),100,fp2);
fclose(fp1);
fclose(fp2);
}
```

12.4　文件的随机读写

前面介绍的对文件的读写方式都是顺序读写,即读写文件只能从头开始,顺序读写各个数据。但在实际问题中常要求只读写文件中某一指定的部分。为了解决这个问题可移动文件内部的位置指针到需要读写的位置,再进行读写,这种读写方式称为随机读写。实现随机读写的关键是要按要求移动位置指针,这称为文件的定位。实现文件指针定位的函数主要有两个,即 rewind()函数和 fseek()函数。

rewind()函数前面已使用过,它的功能是把文件内部的位置指针移到文件首。

下面主要介绍 fseek()函数。fseek()函数用来移动文件内部位置指针,其调用形式为:

```
fseek(FILE fp,long offset,int from)
```

功能说明:

(1) fp 为指向被移动文件的文件指针。

(2) offset 为位移量,表示移动的字节数,要求位移量是 long 型数据,以便在文件长度大于 64KB 时不会出错。当用常量表示位移量时,要求加后缀"L"。

(3) from 指"起始点",表示从何处开始计算位移量,规定的起始点有三种: 文件首、当前位置和文件尾。其表示方法如表 12-3 所示。

表 12-3　文件内部指针定位的起始点常量

起始点	表示符号	数字表示
文件首	SEEK－SET	0
当前位置	SEEK－CUR	1
文件尾	SEEK－END	2

例如：

```
fseek(fp,100L,0);
```

其意义是把位置指针移到离文件首 100 个字节处。还要说明的是 fseek() 函数一般用于二进制文件。在文本文件中由于要进行转换，故往往计算的位置会出现错误。

文件在移动位置指针之后，即可用前面介绍的任一种读写函数进行读写。由于一般是读写一个数据块，因此常用 fread() 和 fwrite() 函数。

例 12-15 编程计算 $0 \sim 360°$ 之间每一度的正弦值，请将结果顺序存入二进制文件 C：\1215. DAT 中，然后随机读出一个数据输出到屏幕上。

```
# include "stdio. h"
# include "stdlib. h"
# include "time. h"
# include "math. h"
# define PI 3.14159265
int main(){
  FILE *fp;
  int i,n;
  double data,r[361];
  if((fp = fopen("C:\\1215.DAT","wb + ")) = = NULL){
    printf("file can not open!\n"); exit(0);
  }
  for(i = 0;i < = 360;i++) r[i] = sin(i * PI/180);
    fwrite(r,sizeof(double),361,fp);
  srand(time(NULL));
  n = rand() % 361;
  fseek(fp,(long)(sizeof(double) * n),0);
  fread(&data,sizeof(double),1,fp);
  printf("sin( % d) = % 10.8lf\n",n,data);
  fclose(fp);
  system("pause");
}
```

12.5　文件操作出错检测函数

在使用各种文件读写函数对文件进行操作时，如果出现错误，调用函数会返回一个值来有所反映。例如 fopen() 函数的返回值如果为 NULL(值为 0)说明出错。除此之外，还可以用出错检测函数 ferror() 来检查。它的一般调用形式为：

```
ferror(文件指针)
```

功能：检查文件在用各种输入输出函数进行读写时是否出错。如 ferror() 返回值为 0 表示未出错，否则表示有错。

还可以使用清除错误标志函数 clearerr() 来清除文件的错误状态，clearerr() 函数的一般调用形式为：

```
clearerr(文件指针);
```

功能：用于清除出错标志和文件结束标志，使它们的值为 0。

12.6 C语言库文件

C语言系统提供了丰富的系统文件,称为库文件。C的库文件分为两类,一类是扩展名为.h的文件,称为头文件,在前面的包含命令中已多次使用过。在.h文件中包含了常量定义、类型定义、宏定义、函数原型以及各种编译选择设置等信息。

另一类是函数库,包括了各种函数的目标代码,供用户在程序中调用。通常在程序中调用一个库函数时,要在调用之前包含该函数原型所在的.h文件。表12-4列出了Turbo C的全部.h文件。

表12-4 Turbo C的.h文件

文件名	含 义
ALLOC. H	说明内存管理函数(分配、释放等)
ASSERT. H	定义 assert 调试宏
BIOS. H	说明调用 IBM－PC ROM BIOS 子程序的各个函数
CONIO. H	说明调用 DOS 控制台 I/O 子程序的各个函数
CTYPE. H	包含有关字符分类及转换的名类信息(如 isalpha 和 toascii 等)
DIR. H	包含有关目录和路径的结构、宏定义和函数
DOS. H	定义和说明 MSDOS 和 8086 调用的一些常量和函数
ERRON. H	定义错误代码的助记符
FCNTL. H	定义在与 open 库子程序连接时的符号常量
FLOAT. H	包含有关浮点运算的一些参数和函数
GRAPHICS. H	说明有关图形功能的各个函数,图形错误代码的常量定义,正对不同驱动程序的各种颜色值,及函数用到的一些特殊结构
IO. H	包含低级 I/O 子程序的结构和说明
LIMIT. H	包含各环境参数、编译时间限制、数的范围等信息
MATH. H	说明数学运算函数,还定义了 HUGE VAL 宏,说明了 matherr 和 matherr 子程序用到的特殊结构
MEM. H	说明一些内存操作函数(其中大多数也在 string 中作了说明)
PROCESS. H	说明进程管理的各个函数
SETJMP. H	定义 longjmp() 和 setjmp() 函数用到的 jmp buf 类型,说明这两个函数
SHARE. H	定义文件共享函数的参数
SIGNAL. H	定义 SIG[ZZ(Z)[ZZ]]IGN 和 SIG[ZZ(Z)[ZZ]]DFL 常量,说明 rajse() 和 signal() 两个函数
STDARG. H	定义读函数参数表的宏(如 vprintf(),vscarf() 函数)
STDDEF. H	定义一些公共数据类型和宏
STDIO. H	定义 Kernighan 和 Ritchie 在 UNIX System V 中定义的标准和扩展的类型和宏。还定义标准 I/O 预定义流:stdin,stdout 和 stderr,说明 I/O 流子程序
STDLIB. H	说明一些常用的子程序:转换子程序、搜索/排序子程序等
STRING. H	说明一些串操作和内存操作函数
SYS\STAT. H	定义在打开和创建文件时用到的一些符号常量
SYS\TYPES. H	说明 ftime() 函数和 timeb 结构
SYS\TIME. H	定义时间的类型 time[ZZ(Z)[ZZ]]t
TIME. H	定义时间转换子程序 asctime、localtime 和 gmtime 的结构,ctime、difftime、gmtime、localtime 和 stime 用到的类型,并提供这些函数的原型
VALUE. H	定义一些重要常量,包括依赖于机器硬件的和为与 UNIX System V 相兼容而说明的一些常量,包括浮点和双精度值的范围

习　　题

一、单项选择题

1. 在 C 语言程序中,可把整型数以二进制形式存放到文件中的函数是(　　)。

A) fprintf()函数　　　B) fread()函数　　　C) fwrite()函数　　　D) fputc()函数

2. 若 fp 是指向某文件的指针,且已读到此文件末尾,则库函数 feof(fp)的返回值是(　　)。

A) EOF　　　　　　B) 0　　　　　　　C) 非 0 值　　　　　D) NULL

3. 若要打开 A 盘上的 user 子目录下名为 abc.txt 的文本文件进行读、写操作,下面符合此要求的函数调用是(　　)。

A) fopen("A:\\user\\abc.txt","r")　　　B) fopen("A:\\user\\abc.txt","r+")

C) fopen("A:\\user\\abc.txt","rb")　　　D) fopen("A:\\user\\abc.txt","w")

4. 系统的标准输入文件是指(　　)。

A) 键盘　　　　　　B) 显示器　　　　　C) 软盘　　　　　　D) 硬盘

5. 若执行 fopen()函数时发生错误,则函数的返回值是(　　)。

A) 地址值　　　　　B) 0　　　　　　　C) 1　　　　　　　D) EOF

6. fscanf()函数的正确调用形式是(　　)。

A) fscanf(fp,格式字符串,输出表列)

B) fscanf(格式字符串,文件指针,输出表列);

C) fscanf(格式字符串,输出表列,fp);

D) fscanf(文件指针,格式字符串,输入表列);

7. fgetc()函数的作用是从指定文件读入一个字符,该文件的打开方式必须是(　　)。

A) 只写　　　　　　　　　　　　　B) 追加

C) 读或读写　　　　　　　　　　　D) 答案 B 和 C 都正确

8. 函数调用语句：fseek(fp,−20L,2);的含义是(　　)。

A) 将文件位置指针移到距离文件头 20 个字节处

B) 将文件位置指针从当前位置向后移动 20 个字节

C) 将文件位置指针从文件末尾处后退 20 个字节

D) 将文件位置指针移到离当前位置 20 个字节处

9. 利用 fseek()函数可实现的操作(　　)。

A) fseek(文件类型指针,起始点,位移量);

B) fseek(fp,位移量,起始点);

C) fseek(位移量,起始点,fp);

D) fseek(起始点,位移量,文件类型指针);

10. 在执行 fopen()函数时,ferror 函数的初值是(　　)。

A) TURE　　　　　　B) −1　　　　　　C) 1　　　　　　　D) 0

11. 若要用 fopen()函数打开一个新的二进制文件,该文件要既能读也能写,则文件方式字符串应是(　　)。

A) "ab+"　　　　　B) "wb+"　　　　　C) "rb+"　　　　　D) "ab"

12. 以下叙述不正确的是(　　　)。

A) C 语言程序的 main 函数可以没有参数

B) C 语言程序的 main 函数可以有参数

C) C 语言程序的 main 函数若有参数,必须为三个参数

D) main 函数的第一个参数必须是整型,其名字一般为 argc,第二个参数可以定义成 char * argv[],名字一般为 argv

13. 下面程序的输出结果是(　　　)。

```
char cchar(char ch){
    if(ch>= 'A'&&ch<= 'Z') ch=ch-'A'+'a';
    return ch;
}
int main(){
    char s[] = "ABC + abc = defDEF", * p = s;
    while( * p){
        * p = cchar( * p);
        p++;
    }
    printf(" % s\n",s);
}
```

A) abc＋ABC＝DEFdef　　　　　　B) abc＋abc＝defdef

C) abcaABCDEFdef　　　　　　　D) abcabcdefdef

二、填空题

1. 在 C 语言文件中,按照不同的分类标准有不同的分类形式。其中,按照文件存储内容分可将文件分成_____和_____,按照结构形式分为_____和_____。

2. 语句 fgets(buf,n,fp);表示从 fp 指向的文件中读取_____个字符放到 buf 字符数组中,函数值为_____。

3. 在 C 语言中,feof(fp)用来判断文件是否结束,如果遇到文件结束,则函数值为_____,否则函数值为_____。

4. 在 C 语言文件函数中,fseek(fp,－20L,2)的功能是_____。

5. 有如下函数：fread(buffer,count,size,fp);,则 buffer 是指_____,完成的功能是_____。

三、程序填空题

1. 以下程序用来统计文件中字符个数。

```
# include"stdio. h"
main( ){
    FILE * fp;    long num = 0L;
    if((fp = fopen("fname. dat","r") == NULL) {
        printf("Open error\n");    exit(0);
    }
    while(_____){
        fgetc(fp); num++;
```

```
    }
    printf("num = % ld\n",num - 1);
    fclose(fp);
}
```

2. 下面程序把从终端读入的文本(用@作为文本结束标志)输出到一个名为 b. dat 的新文件中。

```
# include "stdio. h"
FILE * fp;
main(){
    char ch;
    if( (fp = fopen ( _____ ) ) =  = NULL)exit(0);
    while( (ch = getchar( )) ! = '@') fputc (ch,fp);
    fclose(fp);
}
```

四、阅读程序并完成相应的要求

1. 阅读下面的程序,分析其功能。

```
# include < stdio. h >
main(){
    FILE * fp; char ch,fname[32]; int count = 0;
    printf("Input the filename: ");
    scanf(" % s",fname);
    if((fp = fopen(fname,"w + ")) = = NULL){
        printf("Can't open file: % s \n",fname); exit(0);
    }
    printf("Enter data: \n");
    while((ch = getchar())! = "#"){ fputc(ch,fp); count++; }
    fprintf(fp,"\n % d\n",count); fclose(fp);
}
```

2. 阅读下面的程序,分析其功能。

```
main(){
    FILE * myf; long f1; myf = fopen("test.t","rb");
    fseek(myf,0,SEEK END); f1 = ftell(myf); fclose(myf); printf(" % ld\n",f1);
}
```

该程序中 fseek 实现的功能是_____。

该程序中 ftell 实现的功能是_____。

3. 下面的程序是通过函数调用实现对文件的操作。

```
# include < stdio. h >
void fun(char * fname. char * st){
    FILE * myf; int i; myf = fopen(fname,"w" );
    for(i = 0;i < strlen(st); i++) fputc(st[i],myf);
    fclose(myf);
}
main(){ fun("test","new world"); fun("test","hello,") ; }
```

该程序运行的结果是_____。

4. 从名字为 abc.txt 的文本文件中读取前 150 个字符,依次显示在屏幕上,程序如下,在空白处填写适当的语句,完成其功能。

```
# include < stdio.h>
main(){
  FILE * fp;   int i; char c;
  if ((fp = fopen(_____)) == NULL){ printf("not open!\n"); exit(0); }
  for(i = 0;i < 150;i++){
    if(feof(fp))_____
    c = fgetc(fp);   putchar();
  }
  _____
}
```

五、编程题

1. 有两个磁盘文件 A.TXT 和 B.TXT,各存放一行字母,要求把这两个文件中的信息合并(按字母顺序排列),输出到一个新文件 C.TXT 中。

2. 有一个磁盘文件 emploee,用于存放职工的数据。每个职工的数据包括职工姓名、职工号、姓名要求、年龄、住址、工资、健康状况、文化程度。要求将职工和工资的信息单独抽出来另建一个简明的职工工资文件。

3. 有两个已知的文件 FA.TXT 和 FB.TXT,文件内容是两篇英文文章。编程将这两篇文章中出现的相同单词找出来,并存放在 FC.TXT 中。

附录 A ASCII 码

二进制	十进制	字符	二进制	十进制	字符	二进制	十进制	字符	二进制	十进制	字符
0000000	0	nul	0100000	32	sp	1000000	64	@	1100000	96	`
0000001	1	soh	0100001	33	!	1000001	65	A	1100001	97	a
0000010	2	stx	0100010	34	"	1000010	66	B	1100010	98	b
0000011	3	etx	0100011	35	#	1000011	67	C	1100011	99	c
0000100	4	eot	0100100	36	$	1000100	68	D	1100100	100	d
0000101	5	enq	0100101	37	%	1000101	69	E	1100101	101	e
0000110	6	ack	0100110	38	&	1000110	70	F	1100110	102	f
0000111	7	bel	0100111	39	`	1000111	71	G	1100111	103	g
0001000	8	bs	0101000	40	(	1001000	72	H	1101000	104	h
0001001	9	ht	0101001	41	)	1001001	73	I	1101001	105	i
0001010	10	nl	0101010	42	*	1001010	74	J	1101010	106	j
0001011	11	vt	0101011	43	+	1001011	75	K	1101011	107	k
0001100	12	ff	0101100	44	,	1001100	76	L	1101100	108	l
0001101	13	er	0101101	45	—	1001101	77	M	1101101	109	m
0001110	14	so	0101110	46	.	1001110	78	N	1101110	110	n
0001111	15	si	0101111	47	/	1001111	79	O	1101111	111	o
0010000	16	dle	0110000	48	0	1010000	80	P	1110000	112	p
0010001	17	dc1	0110001	49	1	1010001	81	Q	1110001	113	q
0010010	18	dc2	0110010	50	2	1010010	82	R	1110010	114	r
0010011	19	dc3	0110011	51	3	1010011	83	S	1110011	115	s
0010100	20	dc4	0110100	52	4	1010100	84	T	1110100	116	t
0010101	21	nak	0110101	53	5	1010101	85	U	1110101	117	u
0010110	22	syn	0110110	54	6	1010110	86	V	1110110	118	v
0010111	23	etb	0110111	55	7	1010111	87	W	1110111	119	w
0011000	24	can	0111000	56	8	1011000	88	X	1111000	120	x
0011001	25	em	0111001	57	9	1011001	89	Y	1111001	121	y
0011010	26	sub	0111010	58	:	1011010	90	Z	1111010	122	z
0011011	27	esc	0111011	59	;	1011011	91	[	1111011	123	{
0011100	28	fs	0111100	60	<	1011100	92	\	1111100	124	|
0011101	29	gs	0111101	61	=	1011101	93	]	1111101	125	}
0011110	30	re	0111110	62	>	1011110	94	^	1111110	126	~
0011111	31	us	0111111	63	?	1011111	95	_	1111111	127	del

主函数的参数

前面介绍的 main 函数都是不带参数的,因此 main 后的括号都是空括号。实际上,main 函数可以带参数,这些参数可以认为是 main 函数的形式参数。

在 Turbo C 2.0 启动过程中,传递给 main()函数的参数有三个:argc,argv 和 env。

(1) argc:整数,为传给 main()的命令行参数个数。

(2) argv:字符串数组。

- 在 DOS 3.X 版本中, argv[0] 为程序运行的全路径名;
- 对 DOS 3.0 以前的版本, argv[0]为空串"";
- argv[1] 为在 DOS 命令行中执行程序名后的第一个字符串;
- argv[2] 为执行程序名后的第二个字符串;

……

- argv[argc]为 NULL。

(3) env:字符串数组。env[] 的每一个元素都是包含 ENVVAR = value 形式的字符串。其中 ENVVAR 为环境变量如 PATH 或 87。value 为 ENVVAR 的对应值如 C:\DOS, C:\TURBOC(对于 PATH) 或 YES(对于 87)。

Turbo C 2.0 启动时总是把这三个参数传递给 main()函数,可以在用户程序中说明(或不说明)它们,如果说明了部分(或全部)参数,它们就成为 main()子程序的局部变量。

请注意:一旦想说明这些参数,则必须按 argc,argv,env 的顺序。例如:

```
main()
main(int argc)
main(int argc, char * argv[])
main(int argc, char * argv[], char * env[])
```

其中第二种情况是合法的,但不常见,因为在程序中很少有只用 argc,而不用 argv[]的情况。

以下提供一个例子程序 EXAMPLE.EXE,演示如何在 main()函数中使用三个参数。

```
/ * program name EXAMPLE.EXE * /
# include < stdio.h >
# include < stdlib.h >
main(int argc, char * argv[], char * env[])
{
    int i;
    printf("These are the % d  command - line  arguments passed  to
            main:\n\n", argc);
    for(i = 0; i < = argc; i++)
       printf("argv[ % d]: % s\n", i, argv[i]);
    printf("\nThe environment string(s)on this system are:\n\n");
```

```
    for(i = 0; env[i]! = NULL; i++)
        printf(" env[ % d]: % s\n", i, env[i]);
}
```

如果在 DOS 提示符下，按以下方式运行 EXAMPLE. EXE：

C:\example first "argument with blanks" 3 4 "last   but one" stop!↙

注意：可以用双引号括起内含空格的参数，如本例中的："argument with blanks"和 "last but one"。

程序运行结果可能是这样的（系统不同，输出结果可能不同）：

```
The value of argc is 7
These are the 7 command - linearguments passed to main:
argv[0]:C:\TURBO\EXAMPLE.EXE
argv[1]:first
argv[2]:argument with blanks
argv[3]:3
argv[4]:4
argv[5]:last but one
argv[6]:stop!
argv[7]:(NULL)
The environment string(s) on this system are:
env[0]: COMSPEC = C:\COMMAND.COM
env[1]: PROMPT = $ P $ G          / * 视具体设置而定 * /
env[2]: PATH = C:\DOS;C:\TC       / * 视具体设置而定 * /
```

注意：传送 main() 函数的命令行参数的最大长度为 128 个字符（包括参数间的空格），这是由 DOS 限制的。

有时不关心第三个参数，这时使用的 main 函数的参数只有两个，这两个参数写为 argc 和 argv。因此，main 函数的函数头可写为：

```
main (argc,argv)
```

C 语言还规定 argc（第一个形参）必须是整型变量，argv（第二个形参）必须是指向字符串的指针数组。加上形参说明后，main 函数的函数头应写为：

```
main (argc,argv)
{ int argv;
  char * argv[];
}
```

或写成：

```
main (int argc,char * argv[])
{
}
```

由于 main 函数不能被其他函数调用，因此不可能在程序内部取得实际值。那么，在何处把实参值赋予 main 函数的形参呢？实际上，main 函数的参数值是从操作系统命令行上获得的。当运行一个可执行文件时，在 DOS 提示符下输入文件名，再输入实际参数即可把这些实参传送到 main 的形参中。

DOS 提示符下命令行的一般形式为：

C:\>可执行文件名 参数 参数…

main 的两个形参和命令行中的参数在位置上不是一一对应的。因为，main 的形参只有两个，而命令行中的参数个数原则上未加限制。argc 参数表示了命令行中参数的个数（文件名本身也算一个参数），argc 的值是在输入命令行时由系统按实际参数的个数自动赋予的。例如，文件名为 EXAM.C 的程序文件如下：

```
main( int argc, char * argv)
{ while(argc - - > 1)
  printf(" % s\n", * ++argv);
}
```

执行程序输入如下命令行：

C:\> EXAM BASIC dbase FORTRAN

由于文件名 EXAM 本身也算一个参数，所以共有 4 个参数，因此 argc 取得的值为 4。argv 参数是字符串指针数组，其各元素值为命令行中各字符串（参数均按字符串处理）的首地址，指针数组的长度即为参数个数，数组元素初值由系统自动赋予。

本例是显示命令行中输入的参数，运行结果为：

```
BASIC
dbase
FORTRAN
```

该行共有 4 个参数，执行 main 时，argc 的初值即为 4。argv 的 4 个元素分为 4 个字符串的首地址。执行 while 语句，每循环一次 argv 值减 1，当 argv 等于 1 时停止循环，共循环三次，因此共可输出三个参数。在 printf 函数中，由于打印项 * ++argv 是先加 1 再打印，故第一次打印的是 argv[1]所指的字符串 BASIC。第二、第三次循环分别打印后两个字符串。而参数 EXAM 是文件名，不必输出。

假设输入的命令行为：

C:\> EXAM 20↙

命令行中有两个参数，第二个参数 20 即为输入的 n 值。在程序中 * ++argv 的值为字符串"20"，然后用函数 atoi() 把它换为整型作为 while 语句中的循环控制变量，输出 20 个偶数。

```
# include"stdlib. h"
main( int argc, char * argv[ ])
{ int a = 0, n;
  n = atoi( * ++argv);
  while(n - - ) printf(" % d ", a++ * 2);
}
```

本程序是从 0 开始输出 n 个偶数。

相关课程教材推荐

以上教材样书可以免费赠送给授课教师,如果需要,请发电子邮件与我们联系。

教学资源支持

敬爱的教师:

感谢您一直以来对清华版计算机教材的支持和爱护。为了配合本课程的教学需要,本教材配有配套的电子教案(素材),有需求的教师可以与我们联系,我们将向使用本教材进行教学的教师免费赠送电子教案(素材),希望有助于教学活动的开展。

相关信息请拨打电话 010-62776969 或发送电子邮件至 fuhy@tup. tsinghua. edu. cn 咨询,也可以到清华大学出版社主页(http://www. tup. com. cn 或 http://www. tup. tsinghua. edu. cn)上查询和下载。

如果您在使用本教材的过程中遇到了什么问题,或者有相关教材出版计划,也请您发邮件或来信告诉我们,以便我们更好为您服务。

地址:北京市海淀区双清路学研大厦 A 座 708 室　　计算机与信息分社付弘宇　收
邮编:100084　　　　　　　　　　　　电子邮件:fuhy@tup. tsinghua. edu. cn
电话:010-62770175-4604　　　　　　邮购电话:010-62786544